美的哲学

——叶秀山美学文选

叶秀山 著

山东文艺出版社

图书在版编目（CIP）数据

美的哲学：叶秀山美学文选 / 叶秀山著.
—济南：山东文艺出版社，2020.1
ISBN 978-7-5329-5966-2

Ⅰ. ①美… Ⅱ. ①叶… Ⅲ. ①美学—文集
Ⅳ. ①B83-53

中国版本图书馆CIP数据核字（2019）第247439号

美的哲学
——叶秀山美学文选

叶秀山　著

主管单位	山东出版传媒股份有限公司
出版发行	山东文艺出版社
社　　址	山东省济南市英雄山路189号
邮　　编	250002
网　　址	www.sdwypress.com
读者服务	0531-82098776（总编室）
	0531-82098775（市场营销部）
电子邮箱	sdwy@sdpress.com.cn
印　　刷	山东临沂新华印刷物流集团有限责任公司
开　　本	890毫米×1240毫米　1/32
印　　张	11.75
字　　数	282千
版　　次	2020年1月第1版
印　　次	2020年1月第1次印刷
书　　号	ISBN 978-7-5329-5966-2
定　　价	76.00元

版权专有，侵权必究。如有图书质量问题，请与出版社联系调换。

出版说明

"中国现代美学大家文库"共收入王国维、蔡元培、朱光潜、宗白华、蔡仪、李泽厚、汝信、蒋孔阳、刘纲纪、胡经之、周来祥、叶秀山、杨春时、朱立元、曾繁仁等15位美学大家的著作。这些大家分别为中国现代美学开创奠基时期、建设发展时期与当代反思超越时期的代表性学者。所选文章均为他们的代表性作品,且有部分是未发表的新作。作为现代著名美学家主要成果的汇集,本文库旨在对一百多年中国美学辉煌而曲折的发展历程进行梳理与回顾,全面立体地展示现代美学大家的主要学术成果,给美学研究者与普通读者提供经典、全面、权威的美学文本,从而推动新时代中国美学研究向纵深发展。

在编选过程中,对于王国维、蔡元培、朱光潜、宗白华、蔡仪等开创奠基时期美学大家的作品,为了保存历史的真实,依据其原始版本,除对文字明显讹误进行订正外,其余不做较大修改。对于其他美学大家的作品也尽量保持初次发表时的原貌。其中疏漏,尚祈读者指正。

山东文艺出版社
2019年12月

总序

中国百年美学辉煌而曲折的创新之路

尽管审美作为一种艺术的生存方式在中国五千多年悠久文化中有着极为丰富的呈现,中国自有独具特色的东方形态的美学,但现代美学学科却由西方创立并于20世纪初传入中国,迄今已有一百多年的历史。一百多年来,美学领域一代又一代学人在中国传统文化的基础上,历经艰难曲折,辛勤耕耘,不断创新,出现众多著名学者,涌现一批又一批丰硕成果。本丛书作为现代著名美学家主要成果的汇集,旨在回顾这一百多年中国美学辉煌而曲折的发展历程。同时,今年正值新中国成立70周年,中国美学发展的一百多年占据主要时间域的是党所领导的新中国成立后的70年,特别是改革开放40年。因此,本丛书从某种意义上来说,也是新中国成立70年的一份献礼。回顾历史是为了在新时代推动中国美学走向更加辉煌的未来。

众所周知,"美学"一词由德国学者鲍姆加登于1735年首次提出,其原文实为"感性学"之意,日本学人中江肇民用汉语"美学"一词翻译,传入中国后王国维使"美学"成为定译并被中国学人普遍接受。尽管"美学"一词来自外国,美学学科也是近代以来才出现的,但审美作为一种艺术的生存方式却早就存在于中国悠久的历史之中,美学也随着中国五千年的文明史而存在。现代以来伴随着中华民族坎坷曲折的发展历史,美学也在中国不断地发展,而且呈现空前兴盛的状态,这在世界美学史上是罕见的。美学为现代以来中国的人文教育贡献了自己的力量,也在诸多学人的努力与中西古今的冲撞影响中逐步形成现代中国特有的美学精神,值得我们为之书写与发扬。为此,山东文艺出版社特地出版本丛书,共收入15位现代美学家的文选。现代中国美学面临中与西、古与今、革命与学术三种发展境遇。首先是中西之间的关系,这是一种矛盾共存、吸收融合的关系。中西之间一直存在体用之争,长期以来中国美学走的是"以西释中"之路,但历史证明审美既然作为人的一种艺术的生存方式,那么中西之间就不存在先进与落后之别,而只有类型之不同。因此中国美学必须走出一条立足本土、吸收西方有益经验的美学建设之路。本丛书中的美学家的学术之路进一步证明了这一点,充分说明百年中国美学就是一条奋力探索中国美学话语之路,并取得显著成就,给我们以激励与启示,需要我们一代又一代美学工作者承前启后,继续前进,以创新性发展与创造性转化向中国和世界提供愈来愈有价值的美学理论。而马克思主义是放之四海而皆准的真理,马克思主义特别是中国化的马克思主义,对于现代中国美学的指导作用已经被历史事实充分证明。其次是古今关系问题,现代以来中国美学发展面临的主题是中国古代美学资源的现代转化问题。因为中国古代美学资源虽有着与现代美学相异的面貌，但有着巨大的价值，无论从民族立场还是从美学自身建设来说，都需要利用这一宝贵的资源，以便建设具有中国气派与中国面貌的现代美学形态。百年来中国美学界同仁为此付出艰辛努力，本丛书15位美学家的奋斗史也呈现了这种为中国美学民族资源现代转换而奋斗的现实状况。中国现代美学发展还面临着学术与革命的二重变奏，此前被认为是启蒙与救亡的二重变奏，有"救亡压倒启蒙"之说。但笔者倒认为，无论是启蒙与救亡，或者是学术与革命，都是历史的宿命，可以说不是美学工作者自己所能选择的，而且两者之间不仅是一种矛盾，也呈现一种互补。正是在民族救亡的抗日战争硝烟烽火之中，才出现了中国现代"为人民"与"为人生"的美学，才涌现了充满民族情怀的文艺作品，成为中华民族史的辉煌篇章。新中国成立后发生在中国的两次美学大讨论，面临着美学自身学术的发展与批判唯心论革命任务的二重变奏，使得唯物与唯心成为衡量正误的标准，这当然有限制学术发展的局限，但也促使美学界同仁钻研马克思主义，特别是马克思的《1844年经济学哲学手稿》，使得我国现代美学的马克思主义水平有了明显提高，这也是一种重要的学术收获。

本丛书收入的15位美学家其历史跨越幅度较大，基本上可分为中国现代美学开创奠基时期、建设发展时期与当代反思超越时期等三个时期。我们分别按照不同时期对于15位美学家做一个基本介绍。

首先是从20世纪初期开始直至新中国建立前的开创奠基时期，众所周知，包括美学在内的诸多人文学科的现代开创奠基之功首先归于王国维与蔡元培，现代形态的美学与美育就是他们率先引进并加以初步构建的。前已说到"美学"一词就是由王国维认可而从日本引进的。王国维还在1903年《论教育之宗旨》一文中首倡"美育"，并将之界定为"心育"，并提出了美育的"无用之用"的重要作用。当然，王国维还在著名的《人间词话》中提出了"审美的境界"论，继承古代"意境"之说，吸收西方理念之论，成为20世纪中西交融美学之重要成果。

蔡元培也是中国现代美学的重要奠基者之一，他以中西交融的学术修养和崇高的政治学术地位对现代美学，特别是美育的发展与传播做出了杰出的贡献。首先是以其担任教育总长与北大校长的便利，将美育首次纳入教育方针，并力倡"以美育代宗教"之说，强调了美育的科学与民主精神。蔡氏还在美学与美育的学科建设与课程建设上进行了开创性的探索。

朱光潜、宗白华与蔡仪则是继他们之后中国现代美学的开创者与奠基者。朱光潜在20世纪20年代后期即开始在中国倡导美学，并在美学基本知识、文艺心理学、悲剧美学、西方美学与中西比较美学等诸多方面最早进行研究介绍，出版《谈美》《悲剧心理学》《文艺心理学》《诗论》等论著，产生了重大影响，成为现代中国美学史上用力最多最专、影响最广的美学家之一。朱光潜对我国西方美学研究领域有开拓之功，他在新中国成立前的两本心理学论著就是以西方文献为主，并于1948年出版《克罗齐哲学述评》，其中对克罗齐直觉论美学的评述，使其成为我国研究西方美学的领跑者。特别是1963年出版的《西方美学史》，奠定了我国西方美学学科的发展基础，成为该领域的经典。朱光潜倾其毕生精力于西方美学论著的翻译，译介了柏拉图《文艺对话集》、黑格尔《美学》与维科《新科学》等名著，为我们提供了集信、达、雅于一体的西方美学经典译本，惠及一代又一代学人。朱光潜也是我国主客观统一的"创造论美学"的奠基者。在1957年开始的那场美学大讨论之中，朱光潜作为被批判者一方面努力学习马克思主义论著，一方面积极应对论争。他根据马克思主义基本观点明确表示不同意当时占据话语统治地位的"认识论"美学，因为"依照马克思主义把文艺作为生产实践来看，美学就不能只是一种认识论了，就要包括艺术创造过程的研究了"。朱光潜认为艺术创造是以主客观统一为前提的，他的创造论美学是我国美学大讨论的重要理论收获之一。朱光潜还是我国中西美学比较研究的开创者之一，他早期写作的《诗论》，应用文艺心理学原理，采用中西比较方法，对中国传统诗学与美学进行了认真的梳理，是我国现代中西比较美学研究的重要成果。朱光潜晚年潜心钻研马克思主义基本理论，特别是《1844年经济学哲学手稿》，写作了《谈美书简》和《美学拾穗集》，力图以马克思主义为指导研究美与美感、形象思维、现实主义与浪漫主义等基本问题，成为马克思主义美学中国化的可贵探索。朱光潜为我国美学事业奋斗了一生，被称为"美学老人",其作品和思想在国内外具有广泛深远的影响。

宗白华是我国古代美学研究的重要开创者与奠基者。宗白华有深厚的西方学术功底,曾经留学欧洲,翻译了多种西方美学经典,特别是他所翻译的康德《判断力批判》上卷,表现了对于康德美学的深刻理解,成为该论著的翻译经典,至今仍有重要价值。但宗白华却将自己的研究视角聚焦于中国古代美学,在中西结合的广阔视域中提出"气本论生命美学",为立足本土创建具有中国特色的美学理论奠定了基础,做出了示范。宗白华于20世纪80年代出版的《美学散步》与《艺境》,成为现代中国美学研究的经典读本和当代研究古代美学的必备之书,被广泛地引用与研究。宗白华于1928年前后写作《形上学——中西哲学之比较》,又于1979年发表《中国美学史中重要问题的初步探索》等文,为中国古代美学研究奠定了哲学的基础。在前文之中,宗白华明确将西方哲学(包括美学)基础表述为抽象时空之几何哲学,中国乃"四时自成岁之历律哲学",划分了西方美学之科学主义与中国美学之天人合一人文主义之区别。后文乃第一次将《周易》作为我国最重要的古代美学经典之一,指出"《易经》是儒家经典,包含了宝贵的美学思想。如《易经》有六个字:'刚健、笃实、辉光',就代表了我们民族一种很健全的美学思想"。这就为后人的中国美学研究奠定了扎实的理论基础。宗白华首次提出中国古代美学研究应以传统艺术与艺术创作为中心,由此开辟了中国传统美学独特的研究路径。他说,"在西方,美学是大哲学家思想体系的一部分,属于哲学史的内容……在中国,美学思想却更是总结了艺术实践,回过头来又影响艺术的发展";因此,他主张"研究中国美学史的人应当打破过去的一些成见,而从中国极为丰富的艺术成就和艺人的思想里,去考察中国美学思想的特点"。他本人正是这样实践的,总结了绘画、戏剧、建筑、音乐、诗歌之中的美学思想,别开生面,使人耳目一新。宗白华还以中西比较的视野建构了中国传统美学研究的特殊内涵。首先是他对中国传统美学"意境"的理论进行了全新的研究与阐释,将意境阐释为"有节奏的生命"或"生命的节奏";同时,宗白华还深入研究了中国传统美学之中的时间与空间关系,提出中国传统美学化空间于时间的重要艺术论题,对中国传统美学的虚实相生进行了独特的研究。宗白华还阐发了中国传统美学的其他有关范畴,例如国画的"气韵生动"、书法的"筋血骨肉"、建筑的"飞动之美"、戏曲的"以动代静"、舞蹈的"生命玄冥的肉身化之美"、音乐的"声情并茂的胜妙之美"和诗歌的"情景交融的意境之美"等等。可以说,宗白华的成果尽管字数不多,却是浓缩的精华,可谓字字千金。

蔡仪是中国现代唯物主义美学的开创者与积极推动者。他于20世纪40年代白色恐怖的历史语境下,排除重重障碍写作出版了著名的《新艺术论》和《新美学》两本专著,以大无畏的理论勇气力批当时盛行的唯心主义哲学与美学理论,系统而有力地创立了富有理论特色的唯物主义美学与艺术思想体系。他在《新美学》开头第一句话就指出：旧美学已完全暴露了它的矛盾，而他的新美学是以新的方法建立新的体系。他在这两本著作之中明确提出"美在客观事物"与"美在典型"等崭新的美学理论观点，被称为"中国现代第一个依据自己的思考去表述自己的有系统的美学思想的学者"。新中国成立后，蔡仪继续以其对马克思主义的信仰与对真理的追求，带领他的团队为创立中国特色的马克思主义的唯物论美学而奋斗，进行了科研、学生培养与文献译介等一系列富有成效的学术工作。特别是以其坚持真理、矢志不渝的精神投入第一、二次美学大讨论之中，树起了"客观派"的美学大旗，深入阐释了他所坚持的马克思主义唯物主义美学原理，积极参与学术论辩，建构具有鲜明特色的中国式的马克思主义唯物主义美学体系。该体系包括"美在客观存在""美的认识""美是典型"等紧密相关的美学范畴。蔡仪旗帜鲜明地提出："美的本质是什么呢？我们认为美是客观，不是主观。"他又说："美的事物就是典型的事物，就是种类的普遍性、必然性的显现者。"后来蔡仪又引入了马克思《1844年经济学哲学手稿》中有关"美的规律"的论述，认为美的客观性与典型性表现为按照美的规律来造形。蔡仪还提出了"自然美""社会美""具象概念"与"美的观念"等美学范畴，具有创造性的学术价值。他所主编的《文学概论》教材为推动我国高校美学与文艺学教学起到重大作用。

我国美学发展的第二个时期是新中国成立之后，在马克思主义与毛泽东思想的指导下美学有了新的发展，具有显著的中国特色。这一时期最重要的美学学术事件就是两次美学大讨论，使得美学出现了从未有过的兴盛，尤其改革开放后的第二次美学大讨论更是兴起了一股美学热，为世界美学史所罕见。新中国成立后的美学发展交织着革命与学术的二重变奏，所谓"革命"是指第一次美学大讨论起源于对唯心主义美学观之批判，目的是进一步普及马克思主义的唯物论，政治的指向性非常明显，大讨论中的政治色彩也非常浓厚；所谓"学术"是指这次美学大讨论是以"百家争鸣，百花齐放"的方式展开的，也就是说大讨论的过程中对于所谓唯心主义观点一般当作"学术问题"处理，而其结果也的确在一定程度上起到了普及马克思主义唯物论的作用，产生了以李泽厚为代表的"实践论"美学，其具有科学性与理论的自洽性，极大地影响到中国很长一段时期内美学学科的发展及其面貌。本丛书涉及的李泽厚、汝信、蒋孔阳、刘纲纪、胡经之、周来祥与叶秀山就是这一时期的代表人物。

李泽厚是新中国成立后我国美学研究领域的标志性人物，是社会论实践美学的创立者与两次美学大讨论的重要推动者，也是少有的具有重要国际影响的中国现代美学家。他是巴黎国际哲学院院士、美国科罗拉多学院荣誉人文学博士，其《美学四讲》入选著名的《诺顿文学理论与批评选集》。李泽厚在哲学基本理论、中国思想史、美学与伦理学领域均有重要建树。在美学领域，他成为第一次美学大讨论社会学派的领军人物，在这次美学大讨论中起到实际的主导作用。在20世纪80年代的第二次美学大讨论中他力倡的"主体性"理论成为改革开放后思想解放运动的代表性思潮。他更加明确地提出"实践论美学",以马克思关于物质生产实践是人类一切活动之基础的理论为指导,提出"人化自然""实践本体""情本体"与"积淀说"等一系列具有独创性的美学观点。他出版了《批判哲学的批判》《美的历程》《华夏美学》与《美学四讲》等经典美学论著。晚年,李泽厚深入研究中国传统文化,探索"以儒学代宗教"的"天地境界论",提出"中国审美主义的感情以深植历史性为'本体'"的"以美育代宗教"之说。李泽厚强调的"美是合规律性与合目的性的统一""救亡压倒启蒙"与"中国文化的儒道互补"等观念对中国现代美学的发展产生了重要影响。

汝信是这一时期西方美学学科的重要开拓者,他早在20世纪50年代就开始了西方哲学与美学的研究,并于1958年在《哲学研究》上发表《论车尔尼雪夫斯基对黑格尔美学的批判》。1963年又出版了《西方美学史论丛》,是国内第一本以西方美学为主题的综合研究著作,与同年出版的朱光潜的《西方美学史》一起,标志着在我国西方美学已经成为一门独立的学科。1983年汝信又出版了《西方美学史论丛续编》。汝信坚持马克思主义指导西方美学研究,特别坚持马克思主义唯物史观的指导。他从宇宙观、认识论、伦理观与政治思想等方面全面地、认真地研究柏拉图的美学思想,对新柏拉图主义的重要代表普罗提诺进行了深入剖析,填补了这一方面的研究空白。他的《黑格尔的悲剧论》深刻剖析了黑格尔悲剧论广阔的历史感与社会文化视野，成为西方美学研究的范本。汝信还对俄国别林斯基、车尔尼雪夫斯基与普列汉诺夫等人的美学思想进行了深入的研究，均有开拓的价值。汝信用具有说服力的材料批驳了当时苏联哲学界流行的将德国古典哲学说成是德国贵族对于法国大革命的一种反动的错误判断，论证了青年黑格尔是当时德国新兴资产阶级的思想代表，黑格尔的辩证法反映了资产阶级上升时期的愿望和要求。汝信对黑格尔的劳动和异化理论的开拓性研究填补了国内研究的空白。此外，他在现代西方美学研究方面有许多新的拓展。20世纪80年代，汝信到美国哈佛大学访学之时即逐步将美学研究的注意力转向黑格尔以后发展起来的另一条相反的思想线索，即以个人为特征的由克尔凯郭尔和尼采所代表的社会思潮。此时汝信逐步转向现代西方哲学与美学研究，他率先并引领学生发表了有关文章，出版了专著，在国内学术界开风气之先，影响深远。汝信不仅在西方美学理论研究方面辛勤耕耘，还直接从西方艺术作品与古迹中去找寻美，并于1992年出版了《美的找寻》一书，成为西方美学审美意识研究的重要范本。他担任主编，历时九年写作出版了四卷本《西方美学史》，以其资料的原初性与理论创新性为特点，成为进入西方美学研究的"钥匙"。1998年，汝信担任中华美学学会第三任会长，以其谦虚、开放与睿智的人格与扎实学风富有成效地引领中国美学学科由20世纪进入21世纪。

蒋孔阳是我国现代美学建设发展时期最重要的代表人物之一，他的美学贡献是多方面的。首先，他是我国现代西方美学研究的奠基者之一，1980年《德国古典美学》出版，该书是蒋孔阳的代表作，也是我国第一部断代的西方美学专著，在国内外均产生了重大影响。该书以整体研究的方法，坚持唯物史观的指导，对德国古典美学的产生、发展与内涵进行了深入的研究与阐发，具有独到的见解。蒋孔阳还与朱立元一起主编了七卷本《西方美学通史》，是迄今为止我国最全的一部西方美学通史，对西方美学研究起到了重要推动作用。蒋孔阳是中国古代音乐美学研究的奠基者之一，他于1986年出版的《先秦音乐美学思想论稿》一书，引起广泛影响，至今仍然是音乐美学领域的经典论著之一。蒋孔阳首先确定了中国古代音乐美学的重要地位，认为公元前2世纪的《乐记》完全可以与古希腊亚里士多德的《诗学》相媲美。他以唯物史观为指导，从经济社会的广阔背景上研究了先秦音乐产生的社会文化根源。蒋孔阳以扎实稳妥的文献考订为基础，探索了中国先秦时期音乐思想的特殊范畴及丰富内涵。他还采取整体研究方法，将先秦时期诸多学派的音乐思想作为一个整体来审视。蒋孔阳是我国美学大讨论的主将，也是实践派美学的重要参与者与创新者之一。特别是1993年出版的《美学新论》，是他一生美学研究的总结，也是新时期我国美学研究的重要成果与收获。他突破了实践美学"美先于美感"的基本判断，提出美与美感同生同在的观点。美与美感到底谁先谁后呢？他说，"从生活和历史的实践来说，我们很难确定先有那么一个形而上学的、与人的主体无关的美的存在，然后再由人去感受和欣赏它，再由美产生出美感来"，事实上，美与美感，像"火与光一样，同时诞生，同时存在"。这实际上是对实践美学的重大突破，并从实践美学的人生本体走向审美关系论美学，因此蒋孔阳的"新美学"可以概括为"审美关系论美学"。他提出了审美关系的四重属性：感性基础、自由属性、整体属性与情感属性。蒋孔阳突破了实践美学将实践局限于物质生产的理论界定，而是将精神生产甚至是审美活动也看作一种实践。蒋孔阳还在《美学新论》中突出了审美的"创造性"特色，提出独树一帜的"多层累的突创说"。总之，蒋孔阳的审美关系论美学是新中国成立以来直至20世纪90年代我国美学研究的一个总结。

刘纲纪是我国美学建设发展时期的重要推动者，他在美学基本理论、中国古代美学与书画美学方面取得一系列具有突破性的重要成就。刘纲纪是我国两次美学大讨论的重要参与者，也是实践美学的重要开创者之一。他在20世纪80年代出版的《艺术哲学》已经成为实践美学的经典论著之一。刘纲纪从研究马克思《1844年经济学哲学手稿》出发，提出"社会实践本体论"的重要观点，认为马克思的本体论在本质上是实践本体论，并认为物质生产实践是艺术、美感与美的本源，认为劳动对美的创造还与人类生活实践创造紧密结合。刘纲纪构建了一个实践美学理论框架，这个框架以实践本体论为哲学基础，以创造为主体性活动，最后以自由为人的根本诉求，可概括为"实践—创造—自由"相统一的美学体系。刘纲纪继承宗白华美学传统并加以发展，成为中国美学领域的重要开拓者之一。20

世纪80年代，刘纲纪与李泽厚共同主编《中国美学史》，特别是由刘纲纪独立执笔撰写的第一、二卷被认为是中国美学史的开山之作。该著作提出了中国美学史的对象、任务、特征与分期等问题，以及儒、道、释、禅四大主干的重要观点和中国美学史的六大特征，为中国美学史的进一步发展奠定了基础。刘纲纪于20世纪90年代初出版的《周易美学》是对宗白华周易美学研究的拓展，成为中国周易美学研究的经典之作。刘纲纪准确地提出将《周易》作为中国古代美学研究的切入点，挖掘其生命论美学内涵，为中国古代美学进一步健康发展找到了一条较佳路线。刘纲纪结合中国美学特别是周易美学特点提出，中国美学常常在没有"美"字的地方包含着美的内涵，从而揭示了中国美学的特殊性所在。他还具体揭示了《周易》之"元亨利贞"与"阳刚阴柔"所包含的美学内涵。刘纲纪还从中西比较视野深入阐释了《周易》之生命论美学相异于西方的特殊价值意义，《周易美学》是中华美学走向世界与走向现代的有益尝试。刘纲纪还是著名书画家，在书画美学领域建树颇多。

胡经之教授是我国文艺美学学科的重要倡导者。1980年在昆明召开的全国首届美学会上，胡经之在发言中指出，高等学校的美学教学不能只停留在讲美学原理的层面，还应开拓和发展文艺美学。这实际上是在改革开放背景下贯彻"解放思想，实事求是"思想路线的结果，试图突破以政治代艺术的错误思潮，加强对文艺内部规律的研究。胡经之又于1982年1月在北京大学出版社出版的《美学向导》一书中发表《文艺美学及其他》一文，第一次从独立学科的角度论述了文艺美学。他还于1989年在北京大学出版社出版的《文艺美学》学术专著中，全面论述了文艺美学的对象、方法与内涵。胡经之教授还主编了与文艺美学有关的《中国古典美学丛编》《中国现代美学丛编》《西方文艺理论名著教程》等书，为中国文艺美学的进一步发展奠定了文献基础。正是在胡经之等学者的不懈努力下，文艺美学正式进入被教育部认可的学科体系，成为中国语言文学学科的二级学科文艺学的重要学科方向之一，进而培养了数量众多的研究人才。

周来祥是我国美学建设发展时期的重要参与者与积极推动者。他从事美学研究60多年，涉及领域广泛，在美学基本理论、文艺美学、中国古典美学、中西比较美学与审美文化史等方面均有特殊贡献，尤其是他倾其毕生精力创立并发展了"和谐美学学派"，影响深远。他于1984年就出版了《论美是和谐》，此后又出版了《再论美是和谐》《三论美是和谐》与《古代的美　近代的美　现代的美》等论著，全面阐释了"美是和谐"的基本命题。周来祥是中国两次美学大讨论的积极参与者和实践派美学的重要推动者。他以社会实践为哲学前提，而其学术指向则是"和谐"，即"人与自然、人与社会、人与自身的和谐"，和谐既是美学追求的最高目标，也是人生最高的审美境界。他以马克思主义为指导论述了古代素朴的和谐美、近代的崇高美以及社会主义的新型的辩证的和谐美，构建了自己的"文艺美学"体系，被称为"和谐论文艺美学"。周来祥还以"和谐美学"为指导对中西美学进行了深入的比较研究,撰写了《中西古典美理论比较研究》等专著,他认为中西美学都以古典和谐美为理想,既有共同规律又有各自特点。周来祥还以"和谐美学"为指导主编了大型的六卷本《中华审美文化通史》,在中国审美文化研究方面多有建树。

在我国美学的建设发展时期,还必须提到叶朗教授对于中国传统美学研究发展所做出的重要贡献,他的《中国小说美学》《中国美学史大纲》与《美在意象》成为我国新时期传统美学研究的代表性成果。

叶秀山是我国著名哲学家与美学家,中国社科院学部委员。他的主要成就在于西方哲学研究上的诸多创新,但叶秀山对于美学也有着浓厚的兴趣,并积极参与,著作甚多,影响深远。他曾经参与了王朝闻主编的《美学概论》的编写,历时四年,做出了自己的贡献。在美学理论上,他于1988年出版著名的《思·史·诗》,成为我国最重要的现象学哲学与美学论著之一。该书深入地论述了现象学领域中哲思、历史与诗歌的关系,以及后现代理论家对此的解构与超越,给我国当代美学建设诸多启发。他于1991年出版《美的哲学》一书,该书并没有局限于美学学科内部研究范式,探讨"美"的本质与现象,而是从哲学的高度进行高屋建瓴式的阐发。叶秀山通过剖析人与世界的关系和人的生存状态,将艺术视为一种基本的生活经验和基本的文化形式、一种历史的"见证",在独特的哲学视角下阐释了自己的美学观与艺术观,呼吁让生活充满美和诗意。叶秀山对京剧与书法有着特殊的兴趣并进行了深入的研究。20世纪60年代开始，他出版了《京剧流派欣赏》与《古中国的歌——京剧演唱艺术赏析》等书，深入阐发了作为世界三大戏剧流派之一的京剧载歌载舞的艺术特征。他酷爱中国书法，曾经在20世纪70年代特殊时期偷偷研究书法艺术并练字。1987年他出版《书法美学引论》，提出"西方文化重语言，重说；而中国文化重文字，重写"的观点，开启了从这一特殊视角进行中西对话的新领域；并在该书中提出，中国书法"是一种活动的线条的舞蹈，那么，很自然地就会以草书作为它的范本"，从美学的角度阐述了书法重节奏和韵律的美学特点，深化了我国书法美学研究。

20世纪90年代以来，中国改革开放进一步深化，工业化的弊端逐步显露。加上西方后现代文化的影响，中国文化领域逐步步入具有后现代色彩的反思与超越阶段。在美学领域，表现为对于两次美学大讨论，特别是对于"实践美学"的反思与超越，反思其固有的认识论理论根基、主客二分的思维模式与"人化自然"的理论局限，于是出现"后实践美学"。

首先是杨春时在1993年北京美学年会上提出了"超越实践美学，建立超越美学"的新见解，成为新时期当代中国美学的新气象。由此，出现"实践美学"与"后实践美学"的争论，这实际上是对实践美学的反思与超越，对于推进和活跃中国美学研究具有重要意义。杨春时也在批判以认识论为基础的实践美学的基础上建立了自己的生存论美学体系，用

"审美是自由的生存方式与超越解释方式"取代"美是人的本质力量的对象化"的定义,树立起自己的后实践美学的大旗。"生存"是其超越美学的逻辑起点,他认为,"生存"既不是"物的存在",也不是"动物的存在",而是"人的存在",是一种"自我的存在""有意义的存在"。"生存"与"实践"的区别在于它有超越性的本质,以理想超越现实,以感性超越理性,以精神超越物质,以个性超越社会性。2002年之后,他从生存论走向存在论,从主体性走向主体间性,逐步建立起自己的以"存在"为本体的"主体间性"超越美学的理论体系。由此说明,中国美学发展终于开始与世界美学的发展相同步。

1900年,胡塞尔即提出"现象学"方法,"悬搁"工具理性时代流行的主客二分对立,后来又发展到"相互主体性",即"主体间性",欧陆现象学以及由之产生的存在论哲学与美学逐步成为哲学与美学的主潮。与之相应,英美分析哲学与美学日渐发展,以"分析"解构了各种理性主义的本质主义。中国新时期的"后实践美学"就是试图以这种现象学与分析哲学的武器,突破传统美学,建设当代新的美学形态,朱立元就是从实践美学阵营中脱颖而出的当代美学家。他是继朱光潜、汝信与蒋孔阳之后我国西方美学研究方面的代表人物。他先是协助蒋孔阳主编了七卷本的《西方美学通史》,本人也著有多本西方美学论著,具有广泛的影响。朱立元长期继承发展蒋孔阳的实践美学思想,并持此观点参加当代学术界有关实践美学的讨论。但从20世纪90年代中期以后,朱立元开始反思实践美学认识本体论的局限。他从哲学范畴"本体"即"存在"的视角思考突破实践美学认识本体论的理论框架，逐步形成自己的"实践存在论美学"理论。2004年，朱立元发表论文正式提出自己的美学思想"以实践论与存在论的结合为哲学基础"。2008年，朱立元主编的《实践存在论美学丛书》五卷本出版，将实践存在论美学以较为完整的理论形态呈现于学术界。朱立元的"实践存在论美学"的基本特点是将马克思的"实践"概念赋予"实践存在论"的崭新含义，实际上是对传统实践美学的突破与发展。他指出，马克思在《1844年经济学哲学手稿》中多次提到"存在论的"（ontologisch）一词，"有力地证明了马克思存在论思想和维度的客观存在"。他以马克思的"实践存在论"为出发点，突破传统的"美的本质"的美学研究逻辑起点，认为"审美活动是美学问题的起点"，因为审美活动是人的实践存在方式之一，而审美活动正是审美关系的具体展开。为此，朱立元突破传统的"美、美感与艺术"的三元美学研究逻辑框架，提出"审美活动—审美形态—审美经验—艺术审美—审美教育"的美学研究逻辑框架。朱立元的探索是对传统实践论美学的突破，也是对马克思美学思想的新理解与新阐释，具有重要的学术意义。

承蒙山东文艺出版社的抬爱，将笔者作品也收入本丛书。笔者是从20世纪80年代初期由于教学工作的需要参与美学研究的，主要在西方美学、审美教育与生态美学方面用力较多。西方美学方面出版《西方美学简论》《西方美学论纲》与《西方美学范畴研究》等论著，审美教育方面曾出版《美育十讲》与《美育十五讲》等论著。收入本丛书的是生态美学方面的论文。生态美学是20世纪90年代中期在反思与超越的基础上产生的一种美学形态，笔者第一篇生态美学文章《生态美学：后现代语境下崭新的生态存在论美学观》发表于2002年，此后出版《生态存在论美学论稿》《生态美学导论》《生态美学基本问题研究》与《中西对话中的生态美学》等论著。生态美学产生于反思我国严重的环境污染、人类中心论的蔓延与美学领域实践美学的"人本体""工具本体"与"自然人化"等美学观点，在哲学基础上由传统认识论过渡到实践存在论，并由人类中心论过渡到生态整体论；在美学研究对象上突破"美学是艺术哲学"的观点，而将人与自然的审美关系包含在审美对象之中；在哲学方法上，突破传统美学主客二分的认识论方法，运用生态现象学方法；在自然审美上突破传统的"人化自然"的观点，认为没有实体性的自然美，自然美是审美对象的审美属性与人的审美能力交互产生的人与自然的审美关系；在审美属性上，否定静观美学，倡导"参与美学"；在美学范式上突破传统的以如画为主的形式美学，倡导一种生态存在论美学，将诗意的栖居、家园意识与场所意识等引入生态美学；在传统文化上，认为中国传统社会以农为本的特点决定了中国传统美学本身就是一种生态的美学与艺术，是一种生生美学，应当发扬光大。生态美学是一种正在建设发展中的美学形态，需要更好地结合生活与文化的现实，在中西比较对话中加以完善，有望成为与欧陆现象学生态美学、英美分析哲学环境美学鼎足而立的中国特色生态美学。

回顾历史是为了更好地推动中国美学发展，当前我国进入中国特色社会主义建设的新时代,在"两个一百年"奋斗目标中,国家将"美丽中国"建设写到社会主义宏伟蓝图之上,为我国美学学科的未来发展开辟了更加广阔的天地。相信更多的青年学者会在美学学科中大展宏图,书写更加辉煌的美学篇章。

注:本文写作过程中参阅了科学出版社出版的《20世纪中国知名科学家学术成就概览》(哲学卷)等文献。

曾繁仁2018年9月29日写,2019年3月21日改定

目录

序言 / 001

何谓"人诗意地居住在大地上" / 001

论美学在康德哲学体系中的地位 / 009

谈"美育" / 036

美学与哲学 / 051

艺术作为一种符号形式 / 078

审美经验之普遍性 / 086

评伽达默的美学观 / 099

尼采论悲剧 / 115

"一切哲学的入门"
　　——研读《判断力批判》的一些体会 / 132

"画面""语言"和"诗"
　　——读福柯的《这不是烟斗》 / 159

哲思中的艺术 / 183

中国艺术之"形而上"意义 / 202

从脸谱说起 / 212

余叔岩艺术的启示 / 216

论艺术的古典精神
　　——纪念艺术大师梅兰芳 / 221

"诗"与"史"的结合
　　——谈梅兰芳艺术精神 / 238

程砚秋艺术的启示
　　——程砚秋百年诞辰有感 / 241

京剧的不朽魅力 / 247

书法美学告诉我们什么 / 253

"有人在思"
　　——谈中国书法艺术的意义 / 268

王国维与哲学 / 277

"思无邪"及其他 / 300

守护着那诗的意境
　　——读宗白华《美学与意境》 / 317

附录　叶秀山作品年表 / 327

序言

斯人"在""诗"

叶秀山先生生活在一个并不平静的时代,其间很多时候并不适合读书研究。他靠着学者的使命感和隐忍平静的心性,孜孜矻矻,在动荡岁月的"缝隙"里,为自己的审美趣味和精神诉求创造了一个家园,使它们能够在纯粹哲思中"诗意地"栖居。

叶秀山先生是哲学家,也是美学家,美学思考贯穿他的整个学术生涯,并最终成就他的纯粹哲学气象。叶秀山的哲学与美学,本质上是一,是"美的哲学"。

叶先生把自己的美学历程概括为两个阶段,先是从"艺术"到"哲学",后来是从"哲学"到"艺术"。前一个阶段虽然对康德、黑格尔的美学思想有所研究,但主要精力用在了对京剧、戏剧、书法等艺术部类的内部探索和把握上,想通过对具体艺术理论和实践的研究,总结出一些规律,并将它们"上升"到"哲学"的高度。后来他逐渐意识到,哲学的工作不止于此,哲学和一般的经验总结、和一般的理论工作是不同的。真正的美学,"还得从哲学的源头抓起"。

20世纪80年代初,叶先生从美国进修回国,其美学思考开始转向从"哲学"到"艺术"的阶段,也就是从哲学本身思考美学的阶段,或者说,反思哲学本身的审美意义阶段,其美学与哲学思想也随之日趋成熟,渐入佳境。"从哲学的源头抓起",实际上是从德国古典哲学特别是康德整个批判哲学抓起。在对《判断力批判》以及整个批判哲学系统深入的研究中,许多重要的理路澄显出来,而这种澄显与他当时对现象学特别是海德格尔存在论思想的深入研究是相互发挥的。

可以说叶先生的哲学美学,植根于康德哲学,绽放于海德格尔哲学,圆融于中国传统艺术思想,而自成一家。

写于1983年底的《论美学在康德哲学体系中的地位》一文,可以视为叶先生哲学与美学思考转向的标识。三大批判的关系被重新深入思考,审美判断力批判被置于康德批判哲学的基础和本体地位,这种理解在当时的汉语哲学研究界具有开创性:

> 那个在知识领域里看不见、摸不着的"物自体",却在美的鉴赏中看到了、摸着了。无论咏梅也好、诵海也好,花和大海都不再只是一个现象、一个知识的对象,而是体现了一种本体的意味,或者用哲学的语言说,它们象征着(表现着)"物本身"(本体)。于是,"自然"也好,"自由"也好,在美的鉴赏中,都出于一源:对"物本身"、"世界本质"、"人生真谛"的把握。

这个理路在2006年的《哲思中的艺术》一文中表达得更为

明确：

> 我受康德以后谢林甚至包括费希特、黑格尔的哲学思路特别是海德格尔的思路之启发，曾说康德《判断力批判》或可是他的哲学的"基础"，"思辨理性"和"实践理性"或是从它那里"分析–解析"出来的，《判断力批判》所涉及问题是"鲜活"的，是"哲学"的"生活"之"树"，在《判断力批判》里"人"是"活生生"的，是"诗意地存在（栖居）着"。

哲学可以是政治哲学，可以是道德哲学，可以是宗教哲学、思辨哲学、科学哲学，但哲学首先或最终应该是美的哲学。美的哲学，本质上不是研究"美"的哲学，而是对生命自然的本质性敞开，在这种敞开中，生命自然自身的"存在"和意义自己澄显出来。这种澄显，乃是"诗意地存在着"，一如神圣之光的照亮，乃是哲学的根底与终极诉求，是"哲学""本身"。有了这种神圣之光的澄显，哲学可以是政治哲学，可以是道德哲学，可以是宗教哲学，没有这种神圣"存在"之光的澄显，（一切）哲学将失去根基、不复存在。

中国自古不乏政治哲学，更不缺少道德哲学，但对哲学本身的追问却十分地稀少，这意味着汉语传统哲学根基的虚弱，也就是生命自然"存在性""本源性"意义的虚弱。因为，生命自然"存在"意义的自身澄显，本质上意味着人与万物的独立、自在、自由，"'诗的境界'是'自由的境界'"，无自由，则无哲学。古今中西之辨的核心，在"自由"一词。

叶秀山先生应该是不甘心于自由和哲学在汉语世界的虚弱

命运，他尝试用自己的理路"唤起""焕发"其"存在性"意义，让"哲学"澄显于汉语艺术与思想传统。

在叶先生看来，康德美学的"存在性"本体意义虽然"尽善"，但尚未"尽美"，尚需完善，剩下的工作是海德格尔完成的。正是海德格尔的工作，给叶先生的中西会通提供了契机，这个契机是"时间"：

> 康德《纯粹理性批判》所涉及的乃是"诸存在者"何以能够成为"科学知识"的"对象"，而到了《判断力批判》，问题才转向了"存在"。……然则，康德仅将"时间"限于《纯粹理性批判》的"诸存在者"，即他的"经验之存在（ontic）"，而在《判断力批判》里则并无"时间"问题之地位，亦即康德的"时间"观念尚未至于"本体存在论的（ontological）"，这方面的工作，海德格尔做了。海德格尔将"时间"引进"本体-本质"对于哲学思维功莫大矣。……当我将我的思考重心从艺术的细节又收回到哲学时，我对中国艺术的理解，一直比较重视"时间"的因素。中国传统艺术的本质是"时间"的，而不仅仅是"空间"的。（《哲思中的艺术》）

叶先生没有对康德审美鉴赏中情感和想象力的时间维度做更多的考量，而直接诉诸海德格尔对"时间"的存在性思考，并由此思入中国传统艺术的"本质"与"存在"。"时间"的存在性意义何在？"时间"意味着"活的"，意味着"鲜活的""生动的""存在"。中国的书法、音乐、舞蹈和戏曲，本质上都是"时间"性的，都是"鲜活"生命及其意义的澄显，

"为保存那基础性、本源性的'意义'提供了一种有价值的'储存方式'"：

> 历代书法艺术就是以各种丰富多彩的形式，即不同的"写"的方式保存了那个原始的、超越的"是"和"在"的"意义"。"写""刻""划"亦即"思"，所以艺术性、文化性的"在"（是）实亦即"在思"。这样，书法艺术所保存的"意义"，即"思""在思"的意义。（《"有人在思"——谈中国书法艺术的意义》）

叶先生为中国传统艺术找到了"哲学"根基，"存在论的"根基，进而断言：

> 中华民族是最善于知根、知本的民族，是最善于从包括"文字"在内的一切"工具性"的"符号"中"看出"其"存在性"意义的民族，是最善于从那大千世界的"什么"中"看出""是"和"在"的民族，也就是说，中国人是最善于透过"现象"看"本质"的民族；不过这个"本质"并不像西方哲学教导我们的那样是"抽象性的"、"概念性的"，而恰恰是具体的、生动的、活泼的"根"和"本"。（《"有人在思"——谈中国书法艺术的意义》）

与其说这是叶先生对中国传统艺术思想的"断言"，不如说是他的"唤起""创造""去蔽"。中国的传统艺术与思想被漫长历史的种种"什么""积淀""淤埋"得太深，需要通过叶先生这样的纯粹哲人的创造性"唤起"与"去蔽"，汉语文化的"生命""存在""意义"才可能涤除岁月的泥污，"自己""澄显""闪耀"。

叶先生为他的老师宗白华写过一篇美文《守护着那诗的意境》，可以视为其"美的哲学"或"诗"学的经典表达：

> "诗意的世界"，在广义的而不是在文体意义上来理解"诗"，则是最为基本的、本源性的世界，是孕育着科学、艺术（狭义的），甚至是宗教的世界。在本源性定义下，诗、艺术与生活本为一体，"诗"是"世界"的存在方式，也是"人"的存在方式……在这个意义下，"艺术、诗的世界"，就不是各种"世界"中的一个"世界"，而是，各种世界得以产生的本源世界。（《守护着那诗的意境——读宗白华〈美学与意境〉》）

哲学家的工作，应该在于从"蒙蔽""失落""遗忘"中揭示作为人生世界根底、本源的"诗""意"，还人生世界一个本来的"美"的"意境"；哲学家的生活，则是要"在更多的人为各种实际事务奋斗的时候，守护着那原始的诗的境界。诗的意境有时竟会被失落，并不是人们太'普通'、太'平常'，而是因为人们都想'不平常''不普通'"（《守护着那诗的意境——读宗白华〈美学与意境〉》）。

美的哲学并不玄奥，诗意的人生原本平常。叶秀山先生在一个"不平静""不平常"的时代，守护住了人生的"平静"与"平常"，守住了"思"与"诗"，成就了属于他自己也属于世界的"诗意"的"时间–历史"。

斯人"在""思"，斯人"在""诗"。

赵广明

2019年6月

何谓"人诗意地居住在大地上"

"人诗意地居住在大地上"("……dichterisch Wohnet der Mensch auf dieser Erde"),荷尔德林这句诗因海德格尔的阐发而在学术界广为流传。怎样理解这句话?海德格尔在他的《文集》中有集中的论述。我过去把"人诗意地存在"与"人思想地存在"对应起来讲,说"诗意地存在着"为"现实地存在着"的意思,在理解上有些帮助,但总觉得还不够透彻,今试再加研讨,看看能否弄得更加清楚些。

"人诗意地居住在大地上",说得是何等浪漫,何等美好!可是世上又有如此多的辛酸苦难,残酷斗争,何尝有多少"诗意"?所以,我思考的重点先不集中在"大地"上,也不着重分析"居住"——这是海德格尔那篇文章的侧重点,他自有他的独到之处。我的重点放在"诗意"上。我觉得,在哲学家读起来,荷尔德林这句诗中的"诗意地"并不带有很多浪漫的情调,却有很重的形而上学的意味。"诗意地"涉及对哲学的一个整体性的理解,即"诗意"在哲学里占有一个特殊的地位。

我最近在做亚里士多德的研究,注意到他的知识三分法虽然为大家所熟知,但他本人以及研究他的一些古典学者往往只满足于指出这个事实,进一步的探讨却嫌不够。

亚里士多德在《形而上学》（1025，b）中说，知识（智慧）分"实践的"（πρακτική, practical）、"理论的"（θεωρητική, theoretical）和"制作的"（ποιητική, productive），可是他的研究重点似乎集中在"理论的"。在"实践的"方面，他有"道德、伦理规范学"；在"制作的"方面，他有讲悲剧、喜剧的"诗学"。而在这两方面他的工作侧重在经验科学性方面，较少地在他的"形而上学"（第一哲学）的层次。

哲学后来的发展，似乎把亚里士多德这个三分法忘掉了，常说的是"实践的"和"理论的"二分法。"ποιητική"这个度，被遗忘了，或者至少被忽视了。

ποιητική来源于动词ποιέω，意思是制作、去做……，古典学者们将ποιητική英译成productive，以示区别于狭义的、指一种文学品类的"诗"（poem）、"诗（意）的"（poetical），自有其道理，但显得过于机械，缺乏活力，缺乏"诗意"。

ποιητική被遗忘，被忽略，被冷淡，说明人们对这个"度"的研究和理解不够深入。哲学作为一门学问，长期执着于理论的，概念和"逻辑"是"哲学"的"家"。

哲学可以"居住"在"概念""理论"里，但活生生的人必定要"居住"在"大地"上。人不能仅仅"哲学地"居住在"大地"上，也不能仅仅"物质"地存留在"大地"上。"大地"养育着"人"，但"大地"也养育着犬、马、牛、羊，"大地"养育着"万物"；不过只有人才"诗意地""居住"在"大地"上。"诗意""居住""大地"对人说来，缺一不可，"诗意"是"劳作"，"居住"为"栖息"，"大地"是人"劳作"和"栖息"的"处所"，"大地"是人"作""息"之"所"，是人"安身立命"的地方。"劳绩"使人"立命"，"栖息"使人"安身"，二者皆离不开"大地"。

海德格尔对诗句中的"居住"（Wohnet）有很详细的阐发，但人的"居住"本身也是一种"劳作"——"建筑"。

动物也"劳作"，"营造"自己的栖息地；但动物的"劳作"是"自然"的一个部分，"鸟入林""鸡上窝"只是变换自然的另一种存在方式。林中鸟，安睡在自己营造的巢里，仍是"自然"的一个部分。人"日出而作""日入而息"，则有另一番意义。

人"营造""居室"，不仅仅在"营造"自然，同时也在"营造"自己。人回到"居处"——"家"，就是回到了自己。日出而作，人似乎与"自然"打交道——改造自然；日落而归，人似乎"归"于自己。这确是一种"异化"，人在"劳作"中似乎不是自己，而在"栖息"时反倒似乎是自己，鸟儿无论动、静，都是自然，因而它没有自己。

可见，海德格尔重视阐述"居处"的意义，确有他的见地。我这里想进一步说明的是：

"居处"把人与自然"分隔"了开来，"居处"使人自由。这倒不是说，人回到家里可以放纵地为所欲为，而是说，"居处"培养了人的一种特殊的态度：自由地对待自然的态度。

"居处"把人与自然"分隔"开来，不是"隔绝"开来，不是把人"封闭"开来，而是使人与自然拉开了距离，使人与自然有了"间（隔）"，而不是"浑然一体"。"居处"中的人与自然仍然息息相关，但这种关系既不是"实用（践）的"，也不是"理论的"（概念的），而是"自由的"。

"居处"有"顶"，有"墙"，为避风雨，为防日晒，为遮冬雪；但"居处"有"窗"，近观门前桃柳，陌上桑榆，远眺隐隐青山和天际的白云，时常见到的或是落日之晚霞。自然不仅仅是我的物质生活的一个部分——我向自然要吃、要喝，为此而辛勤劳动；我也不仅仅是自然的一个部分——我不受风雪之扰，挑灯夜读，和弦而歌……的确，我与自然"同在"！你是"在"，我也是"在"；我是"在"，你也是"在"。我和自然都"自在"。"自在"即"自由"，"自由自在"。

"居处""保护"了人，也"保护"了自然；人"暂时地"不再向自然"索取"什么，让自然"自在"，这岂不正是海德格尔所说的"让—存在"（Sein—lassen），而"让—存在"，正是"自由"。人对自然取"自由"的态度，人"让"自然"自由"。"自由"即"自在"。

人"让"自然"自在"，自然就向人显示出另一种"意义"。门前桃树，院中梨花，原为"果实"对人有意义——可以食用，而且有美味；但"食用"乃在"消灭"它，我们至今还常说"要把这桌上的菜消灭掉"，至少是"改变"它，改变其存在形态——总之使它不"自在"。如今"让"其"自在"，不采撷它，不吃它，甚至不碰它，它对我则是另一番景象。这种景象，正是那"诗的境界"。

"诗的境界"是"自由的境界"，是"自在的境界。"

然而，这样说，是不是"自由""自在"的境界是"不劳作"的境界？的确，像"诗"这样的文学，似乎应是与有闲阶级的兴起大有关系的，有了这个阶级，"诗"才作为一种高雅文学成熟、发展起来。希腊人也是这样说的，叫作"悠闲出智慧"。

然而，ποιεω原是"劳作""制作"的意思，这也是希腊人的意思。于是，我们又回到前面说的亚里士多德的"三分法"。

"制作的"不是"理论的"，而且也不是"实用（践）的"，是三个度，不是两个度。"理论"讲"概念""逻辑"的必然性，"实用（践）"讲物质欲求的必然性——顺便说起，"必然性"这个词在西文（英文necessary，德文notwendig）原来是指物质需求的必定性的意思，而正是在"制作的"这个度中，具有更多的"自由"的意味。

人由"居处"培养出来的这种"自由"的态度，使人对"劳作"的观念也起了一种变化，即产生一种"自由""劳作"的问题，人们意识到，"劳作"不仅仅为"物质"欲求所驱使，"劳作"不是为了直接"占有"，除"占有"性"劳作"外，还有"不占有"的"劳作"——"劳动"摆脱直接实用占有这方面的问题马克思对我们有过非常深刻的教导。

不仅不为我"占有"，而且也不为他人"占有"的"劳作"，就是自由的"劳作"，亦即不是为"实用"的、"实践"的"劳作"——即在亚里士多德所谓的"制作的"度中。ποιεω，ποιητική，就是指"自由的劳作"，而不同于"实践的"和"理论的"。

"居处""栖息"中的人意识到自己不仅可以"自由地"对待自然，而且可以"自由地"对待自己的"作品"。我栽种了门前的桃树，不仅为了吃桃子，而且也为"观赏"桃花。为"桃花"而"栽种"，"栽种"就具有"自由劳作"的意味，即让桃树"自在"，让桃花"自在"——当然，同时我这个栽种者也"自在"。

这样，"自由""自在"并不是弃绝劳作，而是使劳作具有另一种性质，具有另一种意义。不仅如此，此种"自由""自在"之所以可能，要以劳作为前提，因为"居处"原本是劳作的产物。

任何劳作都需要"技术"，"自由的劳作"更需要"技巧（术）"。亚里士多德也正是在ποιητική这个度里，强调了"技术"（τέχνη）。

通常认为，海德格尔这些人对现代社会的科技发展抱忧虑、批评的态度。这当然是正确的。在海德格尔看来，现代科技的发展使人的控制自然的欲望膨胀，以致忘却了人原是应与自然"同在"的。

不过，海德格尔之所以有这种态度，是因为他认为现代技术，太过于强调自身的工具性，为了达到控制自然的目的，被不恰当地使用了。从根本上说，海德格尔并不反对技术，相反，他把技术放到了他的"存在"的层次，与"自由""真（理）"等问题联系了起来：技术是"揭蔽"（Entbergen），"揭蔽""无蔽"状态，即"真实状态"，为此他专门作过讲演，阐述得很详细。所以，海德格尔认为，技术不仅产生危险（害），也产生拯救，这个思想很值得我们重视。

在这个关于"诗意"的讲演中，海德格尔指出，柏拉图在《会饮篇》（205，6）中说过，使"不存在""存在"的"原因"（αἰτία）为"制作"（ποίησις），即"制作"是"制作"那原来没有的东西，"制作"为"使存在"，因此，技术就是"使存在"的环节。从这个角度来理解技术，技术就不是工具性的，不是满足人的主观需要的一种手段，而是两个"存在（者）"之间的"沟通"方式。"制作"并非仅仅为制作者自身之需要，而是使两个"存在（者）"互相适应，集合于一个世界中，所以制作之活动、技术之把握，不仅仅是为了人的某种主观目的，而且是人的一种存在方式，所以不是工具性的，而是存在性的。

海德格尔在关于技术的讲演中还提到现代技术不同于过去的特点，现代技术储存能量，不同于过去风车式的直接利用能量，但他说现代技术同样应从"使存在""揭蔽"方面来理解。如今，我们已进入高科技时代，智能型机器的出现，使技术与科学（知识）更加紧密地结合起来，使技术不仅是一种机械性的重复性的活动。

高科技的发展，大大增强了人类制服自然的力量，似乎使人的主体性更有膨胀的余地,然而人仍然与自然"同在"。高科技智能型机器的发展,将智能机器化,也给人们提示了智能外在化的倾向。不仅"他人"为"另一个"智能者,而且一切的他者都可能成为另一个智能者。人并不能在最后的意义上掌握、制服他自己的"作品",更不用说那无限的自然。

技术——包括高科技在内,同样是"让""存在",亦即"让""自由""自在"。人的一切"产品""作品"都与人"同在"。人控制着天上的卫星,但当卫星升天以后,似乎就是卫星自己控制自己。卫星自由、自在,人也自由、自在。当然,卫星的程序是人设计出来的,但此种设计本身就是要"让"卫星(升天)之后自己运行。人殚精竭虑制造(作)了星星,其功也浩荡,其绩也伟岸,但天上原有星星,比起那亘古之银河来说,人造卫星又显得相当渺小,就像门前的菜园子,比起那一望无际的原野来显得渺小一样。广义地说,自然(φύσις)也在制作(ποίησις),小到花蕾之绽放,大到沧海桑田,都是自然的大制(运)作、大手笔,人只是这个"运(制)作"中的一个环节,人亦是自然的作品。

所以,西方古典哲学在"实践"和"理论"这两个度中,都含有"必然性"的意思在内。"理论理性"摆脱直接实际需求,对世界作静观考察,但遵守着"先天的"逻辑法则;"实践理性"出自"意志自由",不受任何"条件"限制,但"无条件者"却是一道不可抗拒的"命令"。而似乎只当在那"制作"的领域里,在那"技术(巧)"的领域里,在那"诗"的领域里,人才有"真实"的——不是概念的、思想的自由,而是"实在"的自由,也就是说,不仅是自由,而且是自在。

就学术言,我一直觉得我们对康德的《判断力批判》研究得太少,国外似乎对这个《批判》也注意得不够,但是大学者却都没有放过它。我想，理解十九世纪德国古典哲学从康德经费希特，特别是到谢林、黑格尔的发展，《判断力批判》是一个关键，因为正是在这里我们可以看到黑格尔那个主客统一的"大全"。当然，也可以把黑格尔的绝对哲学理解为康德《纯粹理性批判》"理念论"部分的积极发展，但要使绝对理念活起来，成为绝对精神，则没有由谢林所倚重的《判断力批判》不行。

海德格尔的《康德与形而上学问题》重点只研究了《纯粹理性批判》的分析篇。我猜想，他故意不说《判断力批判》，为的是把这部分问题留给自己来说。"人诗意地居住在大地上"，正是《判断力批判》中所侧重的"审美的"与"目的论的"问题，亦即"制作""诗"的问题。

说到这里，我们似乎可以概括地说："人诗意地居住在大地上"也就是"人劳作地居住在大地上"，即"人技术（巧）地居住在大地上"，亦即"人自由地居住在大地上"。

1995年4月24日于哲学研究所

（原载《读书》1995年第10期）

论美学在康德哲学体系中的地位

康德57岁（1781年）发表了《纯粹理性批判》。无论是该书的体系或许多具体段落（特别是"辩证篇"的许多部分）都暗示着他的思想体系的两大支柱——理论理性和实践理性的问题——已经考虑成熟了，但还没有多少地方说明他关于《判断力批判》的内容有多少成熟的看法。这并不是说，关于"情感"问题康德尚未考虑过，早在1764年他就发表了发挥英国经验主义者柏克思想的《对于美和崇高的情感的观察》，但直到《纯粹理性批判》出版，康德思想中与后来《判断力批判》所涉内容相呼应的甚少，在《实践理性批判》出版（1787年）以前，有一篇《论目的论原理在哲学中的运用》发表，两年以后（1789年）才有《判断力批判》问世。

我们将会看到，这样一个思想发展过程并不意味着第三个批判和前两个批判有什么原则性修改的地方。相反，康德的《纯粹理性批判》虽然没有给《判断力批判》留下多少暗示，但他的《判断力批判》却处处与前两个批判呼应，所以我们并不能发现第三个批判与前两个有多少明显矛盾的地方。应该看到，康德这三大批判是一个相当严密的体系，到了《判断力批判》，康德的哲学思想已是相当完整、相当成熟的了。我们只是说，在康德哲学思想中，"美学"是他的哲学体系的逻辑"逼"出来的，是他的哲学体系的需要，而不是他对艺术问题有多大兴趣，或者对艺术有多高修养。除了上述发挥柏克思想的论文外，康德似乎没有写过什么有关艺术的专论。从他的著作目录来看，他早年侧重于自然科学的研究，这种兴趣贯穿了他的学术工作的始终，但他对宗教、道德也逐渐表现出相当的关心。也许我们可以说，康德虽然力图"贬抑"科学知识，但他自己恰恰是通过研究自然的道路，即通过科学的道路来探讨哲学问题的。①

也许是哥尼斯堡这个穷乡僻壤的环境，也许是卢梭崇尚道德、贬抑艺术文化论文的影响，也许是他个人那种孤独生活的原因，康德与艺术的缘分很少，他不懂绘画、讨厌音乐，连对他比较熟悉、也比较推崇的诗，似乎也没有表现出有多高的鉴赏水平。然而，就是这样一位脱离生活、沉寂于抽象玄思的学究，却构造出了人类历史上第一个有影响的美学体系②，系统地提出了一系列重大美学理论问题，而在他的《判断力批判》中对一些具体美学和艺术现象也有相当敏锐的看法，尽管读者的立场观点可以和他完全不同，但读起来仍是兴味盎然。

然而，正因为有上述这些原因，我们也应该指出，思想史上这样一个成大气候的美学体系，却也有其先天的局限性。也许，我们再也找不出一本美学著作像康德《判断力批判》那样晦涩，那样枯燥无味的了。《纯粹理性批判》讨论知识和形而上学，《实践理性批判》讨论至上命令、意志自由，这些问题本身就够抽象的，康德用

---

① 这种情形相当类似古代希腊的苏格拉底，他也是总结了自泰利士到阿那克萨哥拉的早期自然哲学的漫长道路提出自己的"理念论"哲学的。

② 一般说，"美学"（Aesthetic）由沃尔夫学派的鲍姆加登提出第一个体系，但他的思想早已没有多大影响，自不能与康德美学同日而语。

那种拖沓枯燥的语言已令人烦恼，竟然在讨论美、艺术这样一些理应趣味横生的问题时，仍然用那一套语言，则令人难以忍受了。所以，读康德的《判断力批判》需要很大的耐心，才不至半途而废。

《判断力批判》关于美学部分的兴趣完全是哲学性的、理论性的，这里显示了哲学本身的巨大力量。尽管康德哲学本身是唯心主义的，他是以唯心主义的立场、观点、方法来解决所提出的哲学问题，是和我们马克思主义辩证唯物主义完全对立的，但他提出的问题本身，包括关于美和艺术的哲学问题在内，都仍值得我们从我们自己的立场、观点、方法去探讨。

一、理性的原则与情感判断

从1770年开始，康德在他的学位论文《论感觉世界和理智世界的形式和原则》中把感觉与理智从原则上分别开来，他的思想重心就由考察自然（感觉世界）转向考察人的理性（理智世界）。既然如休谟已经指出的，感觉世界不可能给我们提供必然可靠的知识，那么，这种知识根源就不能从人的感觉中去寻找，而要从人的理性中去寻找，于是考察（分析、批判、研究）人的理性就成为哲学的最根本的课题，这就是康德在哲学上的"哥白尼式的革命"。

"理性"（Vernunft，Reason）是人作为主体不同于感官感觉的理智性功能，感官感觉向人提供外部世界的材料，理性向人们提供规整这些材料的规则，给这些材料以形式，这本是从亚里士多德以来的古老的哲学问题，当时德国从中世纪以来的亚里士多德主义到变革了的沃尔夫学派都没有离开这个传统多远；而离这个传统较远的则是从文艺复兴以来经培根批判亚里士多德哲学、工具论以来的经验主义思潮。康德的工作在于把这种在当时是新的、经验主义思潮引入德国并与德国传统的理性主义相结合，既规范了发展至怀疑论、主观主义的经验主义，又改造了传统的理性主义。在知识论中的"先天综合判断"的成立，就是这种结合的表现。然而，这种结合，又是不彻底的，不是一种原则上的结合，即感觉经验和理智理性遵循着不同的原则，有完全不同的来源。理性的原则不可能来自感觉经验的概括或归纳，虽然我们可以有"桌子""椅子"等经验的概念来自同类事物的概括，但它们都不是绝对的；经验材料不可能不来自理性，虽然它们可以有一些习惯的观念（意见），但它们只能是相对的。理性是一种绝对的原则，不依赖于经验，不是经验的归纳、概括，用现代欧洲分析哲学的语言说，理性是确定、建立必然要遵循的"规则"的能力，像"博弈"一样，"规则"必须在"博弈"之前就确立完毕，而且是绝对必须遵守的。应该说，康德心目中的"理性"，就是这种确定普遍、必然规则的能力，没有这种能力，人则无异于动物。

然而，理性原则固然不能不来自感觉经验，但却要对感觉经验发生作用，否则这些原则又是空洞的。这样，感觉经验与理性原则、即客体与主体之间的关系，构成了整个所谓"先验哲学"的核心内容，而"批判哲学"的主要任务，就在于"批判"地划清理性对感觉经验的不同作用，即主体对客体的复杂关系的各种具体内容，一句话，即"批判"理性的不同的功能，划清它们的界限，并正确地指出不同功能之间的联系。

这样，在纯粹的理性能力这一总的题目下，按照它的不同的功能，即按照它的不同的可能的适用范围，可以分成不同的部门，这就是通常研究康德哲学时所谓知识、情感和意志三大领域，以相应于康德自己的三大批判，而研究这三者之间的关系，是研究康德思想的重要课题。

我们看到,知、情、意三者的关系,正是康德《判断力批判》的主要问题,康德以"情感"为知识和意志的桥梁,这当然是康德在这个问题上的核心命题,现在的问题是,康德在论述这种联结作用时,在理论上是如何与前两个领域的批判相呼应的,这是我们理解康德心目中三者关系的关键。

我们认为,理解"情感"的桥梁作用的关键性观念应是《判断力批判》1790年第一版序中着重提到的理性的两种不同的功能:构成性的(konstitutiv)功能和调节性的(regulativ)功能。这两者的区别,是《纯粹理性批判》的主要论题之一,但或许我们可以说,在第一个批判里,康德主要着力于论述理性的构成性功能(原理),论述科学知识的普遍性、必然性,而在《判断力批判》中,则继续这一思路,着力于论述理性的调节性原理(功能),以研究"情感"的普遍性。

我们已经提到,在康德看来,理性的本质在于它的先天的"立法"作用,即不依赖经验给出规则、制定规则的作用,而由理性所给出的规则,可以是构成性的,也可以是调节性的。所谓构成性与调节性的区别,在康德看来,最本质的在于前者为客观的对象给出规则,后者则只给理性各功能之间制定规则,而没有该规则制约的客观对象。因此,构成性的原理有它自己独特的领域,而调节性原理则不然,这就是说,它所涉及的范围是和构成性原理相同的领域,不过在这个领域中它不为客体立法(制定规则),而只是为主体立法(制定规则)。

在第一个批判中,理性为科学知识制定规则,通过先天的感性直观形式(时间、空间)、知性的十二个范畴,知识的必然性就有了根据,这种先天的、必然的形式和范畴使感性的自然界成为科学知识的对象，"构成了"自然的秩序和法则，理性的知性功能在自然中有制定规则的权力（立法权），否则自然就成为只能感觉而不能理解的东西，就无科学知识可言。

　　在这个批判里，康德分析了传统的"形而上学"问题。自亚里士多德把"存在的存在"问题放在"物理学"之后，"形而上学"（metaphysics）就成为探讨"本体"（"存在的存在"）的一门学问，因而几乎与"哲学"同义。[①]康德在指出形而上学问题不是知识问题、不能用科学的直观形式和知性范畴去套之后，承认了理性概念（理念）的合法性，即形而上学的诸概念（如自由、第一因等）虽系借用于知性，但不是构成性的范畴。这就是说，理性在运用这些概念时，并不是要为自然界制定什么规则，因而在自然界中永远找不出"第一因"来，但它们却对主体的各种功能起一种调节的作用，对我们的知识，起一种规范的作用，可以推动我们的知识不断往前进步。在康德看来，只要承认理性这两种功能的不同，形而上学仍有其不可磨灭的意义。

　　理性概念（理念）对科学知识来说是调节性的作用，但对实践意志而言，则是构成性的，即它有一种客观的、"树立一个对象"的制定规则（立法）作用。前者是自然的世界，后者是自由的世界。在自然的世界，"理念"只是调节的作用，在自由的世界，"理念"则是构成的作用。理性在实践领域里为意志制定规则，没有这种规

[①] 古代希腊早期，"哲学"为"爱智"，本无"形而上学"之意；但欧洲思想传统崇尚自然科学式的"知识"体系，"爱智"的重点移在"智"（理智）上，所谓"爱智"则意味着他们喜欢一种无所不包的知识体系。康德原意大概是要破这种体系，但欧洲人始终没有能真正突破这个体系，现代分析哲学采取简单的办法，完全否定"形而上学"，但他们仍然"爱"无所不包的知识体系如故。

则,意志就只能是感性的欲求,人的欲求(意志)所必须遵循的理性的规则,是无条件的命令,是意志自由。在"形而上学"里的诸"理念",这里成了真正的理性概念,它们是意志的客观法则(规则)。"那个只在欲求能力的领域内有构成性先验原理的理性,就是实践理性。"①

这样,就理性的构成性原理而言,我们有两个独立的领域:自然的领域和自由领域,它们遵循着完全不同的规则(原则),前者由理论理性给定规则,后者由实践理性给定规则,而理性的理论的运用和实践的运用是两种完全不同的"制定规则"的作用,有不同的概念、不同的规则、不同的对象。

但是,理论的规则和实践的规则,同属于一个"理性",只是理性的不同的功能,那么在这被分割开来的不同的功能背后,有着"理性"的统一的"制定规则"的作用,于是自然与自由、理论与实践的两种不同的理性功能之间的关系,如果要形成一个完整的哲学体系(不一定是知识体系,即不一定是形而上学体系)的话,就应该加以调节、协调。于是,在理论与实践、知识与道德之间,有一个情感的中间环节,在这个环节中,理性的功能只能是调节性的,不能是构成性的,即"情感"没有自己的特殊的领域,没有自己的独特的对象,这样才能起到沟通知识和道德、理论和实践的作用。

正如"理性"有三种制定规则的功能因而涉及知、情、意三个方面一样,人的感官(感性,aesthetic)也涉及三个方面:感觉、情

---

① 《判断力批判》1790年版序。

感和欲求。①aesthetic在知识方面是被动的、接受性的感觉材料，在意志方面是低级的欲求，这些都是人的生理的、自然的功能，除了这两种低级的生理功能外，人对外界还有一种"愉快"和"不快"的反应，这种反应，我们知道，正是一方面和感觉印象另一方面和低级欲求相联系的。现在的问题是，既然人的理性为感觉材料和低级欲求制定了普遍的、必然的规则（立法），那么理性是否还具有一种功能，能替"快"与"不快"的情感制定普遍的规则呢？康德的回答是肯定的，并且通过对情感判断的先验原理（即理性的制定规则作用）的讨论，提示了它和前两种制定规则功能之间的关系，沟通了理论与实践、知识与道德之间的关系，恢复了理性的统一区分原则；但我们将会看到，康德把理性统一的基础放在"情感"领域，则并非是安全、坚实的基地，所以才有后来费希特、谢林、黑格尔哲学这一系列的发展。

然而，无论如何，康德终于抓住了一个沟通理论与实践、自然与自由的中间环节，他按照逻辑学的系统，以"判断力"来命名理性的这一部分的制定规则作用。

从大的方面说，康德的三个批判所涉及的问题，恰恰是"概念""判断""推理"三个方面，当然每个批判里都含有这三个方面，但核心的问题自然有所侧重。《纯粹理性批判》研究知识问题，

---

① 因此，在康德哲学中，aesthetic不可译成"美学的"，也不可译成"审美的"，或"美感的"，因为在康德哲学中，"审美的"或"趣味的"判断，固然是感性的（aesthetic），但并非一切感性的都是审美的、趣味的。因此，通常认为康德在第一批判中认为aesthetic不能有先验原则，而到第三批判改变了这个论断的看法是不确切的。因为在第一批判中，康德的aesthetic当然是指认识性的感觉材料，这种材料本身就康德哲学言，自无先验原则可言。

科学知识由先天综合判断组成，其核心问题是经验的知识、经验的概念如何可能，即先天的范畴如何与经验的直观结合的问题；《实践理性批判》所涉及对象，无感性直观可言，纯属（理性）概念之间的"推理"关系，是理性为自身立法。《判断力批判》则是理性如何对个别事物的直觉仍可以有先天的立法作用，即人如何对个别事物的感受可以做出具有普遍性的判断。正如"判断"是联结"概念"和"推理"的环节，理性对于判断力的立法作用也就成了前两种立法作用之间的杠杆。

应该指出，康德这里所谓的"判断力"，既非知识判断，也非实践判断，而是情感判断。知识判断和实践判断都涉及概念，前者涉及经验自然概念，后者涉及超验自由概念，都不是感性的（aesthetic），它们具有普遍必然性，是很容易理解的；但情感判断是感性的，即不涉及对象的概念，它既非对自然的认识，也非对自由的知识，而是不离开具体感性直观的（无论是现实的或想象的）"快"与"不快"之感。于是，康德的问题是，对于这种"快"与"不快"之感，理性有没有先天的制定规则的作用？康德对此的回答是肯定的，但理性在为情感判断制定规则时又有许多特点，《判断力批判》的任务就在于研讨这些特点。

在康德看来，和人的认识能力和意志能力一样，人的情感也有高级的、为理性制约的和低级的、为身体制约的之分。人的感觉印象由于先天直观形式和知性范畴的规范而成为经验知识，人的低级生理欲求因理性概念而提高为道德情操，而人的快与不快之感则由于理性的协调作用，成为一种普遍性的判断，即对美的判断，或鉴赏判断。这里，问题的复杂性在于：鉴赏判断既是感性的，永不离开感性直观，那么，为什么不是私人的（private），而会成为公众的（public）？[1]康德在《判断力批判》导论里说："令人惊异和产生分歧的地方就在于它不是一个经验概念，而是一个愉快的情感（因而完全不是概念），但却通过鉴赏判断使每个人都承认它，好像它是一个和客体的认识相结合的宾词，并且它应该和它的表象联结着。"[2]从情感判断与知识判断的联系和区别来说，康德这一段话道出了问题的核心，这就是说，鉴赏判断，作为判断来说，在形式上与知识判断一样，如"这花是美的"和"这花是红的"一样；但前者似乎只表示了一种私人的情感，于是就要来探究：为什么这类性质的情感判断会有权以知识形式出现，因而不像"这道菜是好吃的"那样纯属借用知识判断形式，而是有一种内在的根据，所以它有权要求人人都同意。

我们知道，按康德哲学原则，只有概念具有普遍性，因而关于美的判断（鉴赏判断）既然具有普遍性，则它的直觉表象必定与知性的概念有某种关系，这种关系由理性所调节，使知识与想象力得到和谐，才有鉴赏判断的普遍性。

于是，我们看到，理性的制定规则作用，在情感领域里起着一种调节的作用，使直觉的能力与概念的能力、即诸认识能力得到协调和谐。在情感判断中，判断离不开直观表象，因而想象力是核心的环节，而知性的概念则不像在知识判断中那样确定，因而我们在欣赏花时，并不需要对花有许多生物学的知识，但也不完全排斥这些知识，而是通过想象力与花的概念相协调，因而"这花是美的"和"这花是红的"区别不仅仅在宾词上，而且还在主词上，两句中

---

[1] 我们看到，这样一个现代西方分析哲学中讨论得很热闹的问题，实从康德而来。
[2] 康德：《判断力批判》导论，第七节。

的"花"并非是同样的确定的经验概念,它们具有不同的含义。理性并未为鉴赏判断确立与知识判断不同的概念形式("花"仍是"花"),因而情感判断没有自己不同于知识判断的领域,理性在这里的立法作用,只是调节性的,它只为想象力和知性的关系制定调节性的规则。

由于理性的调节性的功能,使直观与概念得到统一,"概念"不像在知识判断中是确定的、独立的,而是属于直观之中,一般存在于个别之中;这个"一般",同时也就不是自身独立的、确定的;在这里,个别体现了一般,直观中蕴含着概念,因而这个直观就又非单纯的快与不快之感,而成为高级的鉴赏,是一种判断。"花是美的"不是对"花"作知识判断,并非指出在"花"这个经验概念下诸种属性(如"花是红的","红"为"花"之一种属性),但"花是美的"却蕴含着更加广阔的概念,与鉴赏者整个经验有相当的联系,这就是说,在作鉴赏判断时,是以"花"这个具体直观表象激发了想象力的活跃,与鉴赏者的更丰富的经验知识相联系,虽然这些经验在"花"这样一个具体的直观形象中不能得到确定的表现。

然而,美的内容(即更丰富的经验)和美的形式或美的寄托(依托)之间的联系,又不是完全任意的,它们之间虽然不是由理性的知性功能必然规定了的,但却也有一种经验的必然性。在这里,康德引进了理性的合目的性原则,即美寄托于个别的、具体的自然表象之中,这种表象不仅从属于确定的知识范畴体系之中,而且本身体现了一种统一性,不必抽象为知性概念,而就在现实的表象中,即可见出一种规律性的统一。概念本身具有现实性即为目的,所以在个别之中见出一般概念式的规律,即是一种合目的性。这样,在康德看来情感领域中理性的调节功能就是理性为情感(判断力)制定一种合目的性的规则。自然本身无所谓"目的",所以

"目的"不是理性的知性功能制定的规则,即科学知识中没有"目的"的地位;但理性却为判断力制定了"目的"规则,人们以鉴赏态度把握自然时,就体验到这种合目的性的愉快。所以康德说,"判断力必须把目的安置于自然中,因为知性在这里不能对自然提供规则。"①

二、合目的性——自然与自由的统一

关于康德美学中"合目的性"部分历来被认为是很不好懂的②。因为他要把传统的目的论纳入他的先验哲学体系,或者说,要利用目的论来沟通理论与实践、感性世界与理性世界的关系,不能不赋予这个理论以新的、独特的含义,而弄通这一部分又是理解康德美学在他整个哲学体系的关键,因而是不可忽视的。

问题还是离不开语言的日常含义。所谓"目的",就是要把头脑中精神性的东西变成客观现实的东西,预备转化成现实的概念,即是"目的"。这样,"目的"的概念就不是一般知识的概念,知识的概念没有现实性这个特点;目的概念也不是一般低级生理欲求,因为低级欲求固然有现实性这个特点,但却可以是无意识的、不自觉的,因此"目的"是概念,不是本能。就其自觉性、概念性而言,目的是理智界的事,而就其现实性来说,目的又是感觉界的事,这样,目的就是介于理智界与感觉界之间的环节。

我们知道,康德把整个哲学分成两大基本领域:即理论的和实

---

① 康德:《判断力批判》,导论,第6节。
② 参见H. W. 卡西尔(Cassirer)《康德〈判断力批判〉评注》,1938年伦敦版,第121页。

践的，前者根据必然的自然法则，后者则是自由的道德法则，前者涉及的是经验的感觉世界，后者则是超经验的理智世界，这两个世界在原则上是分割开来的，各自根据着不同的原则，即理性为感觉世界和理智世界所制定的规则是完全不同、不能通用的；然而，它们虽然在原则上不能相容，在实际上却是有联系的，这就是说，它们显然同出于一个统一的先天的理性，在康德看来，虽然感觉世界不能影响理智世界（否则就不是先天的了），但理智世界却可以而且必须影响感觉世界。实践理性本身就有一种现实性，即在感觉的世界实现自己的自由，虽然这对知识来说，仅是一个"理想境界"即"理念"，但却是道德的一道命令。

于是这两个对立的、不同的系列——自然系列和自由系列就有了一种关系，从根本上说，自然系列是达到自由系列目的的手段。然而，理性要达到自己的目的，要使自己的概念具有现实性，必须符合自然本身的规律，因而，目的的现实性本身必须包含以自然的必然规律为自己的内容，这就是说，目的概念与自然概念之间有一种同一性，目的必须符合自然概念。在这个意义上说，理性又不仅把自然当作手段，而且把自然的原因系列本身当作目的系列来把握，这就是康德说的，根据自然概念的实践。这个实践，正如康德所指出的，与根据自由概念的实践有本质的不同，但却是理性要实现自己的必不可少的基础。康德哲学的问题在于只承认实践理性对理论性的影响，而未曾涉及理论理性同样也可以影响实践理性的问题。

康德研究过多年的自然科学，他并不认为自然界本身有什么"目的"，他指出在理论知识的领域中无目的可言，知性不能把"目的"引入自然界，因而"目的"系列不像原因系列那样属于科学知识范畴；但是"目的"作为按照原因系列得到其现实性来说，又不是道德的事，因为实践理性要求道德的意志自由，是完全不受原因系列支配的，就这个系列来说，它要求"第一'因'"，而就"目的"系列来说，它要求"最终'目的'"（Endzweck）。这样，如同感觉世界的无穷尽的原因系列那样，无穷尽的"目的"系列就成为介于感觉世界和理智世界之间的环节。然而理性并不能在自然和自由之外创造出第三个世界，理性除自然和自由这两个客观对象之外，没有可以用概念（对自然是知性概念，对自由则是理性概念）来把握的领域，所以关于合目的性的判断只是一种"反思性"的判断，而不是"规定性"的即不是以先天规则树建一个客观对象的判断。

这样，在康德心目中，所谓"合目的性"概念，只是理性替判断力所制定的规则。这就是说，我们（理性）在评定一个个别自然现象时，固然不能从科学上、知识上证明它必然、充分地表现某种普遍规律，这是在理论上不能证明的，因为个别永远不等于一般，但却可以而且必然把这个个别评定为以某种方式体现了一般，这样，整个自然界就不再是个别现象的堆积，而像一个有机体那样，在杂多中具有一种统一性。换句话说，自然界不仅可以用"原因""结果"的知性范畴去把握，而且可以用"目的""效果"的判断力的合目的性概念去把握，但后者并非是科学知识，而本质上只是一种情感。①

---

① 康德《判断力批判》包括了"目的论"部分，在该批判的"导论"中也有"自然的合目的性的逻辑表象"一节，认为自然合目的性不仅是感性的情感，而且也可以与逻辑概念联系起来，但就在这一节中，他指出："在一个判断力的批判里，包含情感判断的部分是本质地隶属于它的……"，关于《判断力批判》"目的论"部分，当另文讨论。

自然的合目的性原理在康德看来,并不是理性的知识(理论)功能发现的,也不是理性的纯粹实践功能发现的,而是实践功能通过判断力在自然界体会出来的,同时也是通过对"快"与"不快"感作理论的分析得出来的。

所谓"快"与"不快"的情感,离不开目的的实现与否,但低级的情感,只是低级的欲求的满足,与理性无关;而鉴赏判断的快感,却具有知识判断的形式,要求普遍传达,要求人人同意[①],因而并非实际的目的的现实,而以合目的性立场来"观"(体验)自然,从而得到一种特殊的快感。所以,在康德心目中,鉴赏判断的快感是一种高级的或理性的快感,它不是在感觉材料上(实际上)满足欲求的结果,而是在各种理性制定的规则上(形式上)得到统一协调的结果,换言之,这种情感的态度,在自然的合规律性、必然性中,看到了自由,或者在自然的、杂多的个别性中看到一种统一性。自然不像在科学知识中成了知性概念的系统,而是保护了自身的个性,保持了自身的丰富多彩的现象,激荡着想象力,使之自由驰骋,但知性的规律又在规范着这些直觉,使之合规律。在这种情感的升华中,人们仿佛捕捉到了自然最深的本质(物自体),但却不是真正的知识,不能科学地加以传授,所以鉴赏判断必须亲自去体会;同时在这种境界中,人们也体会到一种自由,但却不是严

---

① 但实际上并不可能人人同意,因而鉴赏判断又不像知识判断那样具有必然性,而只是在道德命令影响下(不是决定下,因而也不是命令)的一种"要求"。关于这个问题,可参阅罗吉尔生(K. F. Rogerson)《康德美学中"普遍价值"的意义》(《美学和艺术批评》杂志,1982年,第301—308页),该文介绍了西方学者对这个问题的争论和作者本人的意见。作者指出,西方一些学者认为这里的"要求",不是知识性的"期望",而是道德性的。

酷的道德命令，以贬损自然（感官欲求）显示自己的独立性，而是在自然的现象中体会出这种自由。所以对美的鉴赏，既非冷静之知识，也非严酷之命令，而是一种合目的性的愉悦。

这样，鉴赏判断里的合目的性，一方面与知性的原因系列相联系，另一方面又与理性的"终极目的"相联系，而不是与具体的实际的目的相联系。我们欣赏齐白石的虾，当然可以联想到虾的美味，但作为鉴赏判断本身，却与这种"美味"之感无关，与鉴赏判断联系着的，一方面是作为自然对象的生意盎然的形象（意象），另一方面则由这种生机中体现出来的（艺术家"看"到的）更为广阔的社会内容，表现了对一种更为深刻的规律的捕捉，体现了一种合规律性的自由，或自由的合规律性。

我们都知道，在知识论里，康德否认有"理智性的直观"的存在，因为他从二元论立场出发，认为理智与感觉各有来源，所以知识不可能是绝对的，所谓绝对知识（形而上学）只是一种"理念"，而"理念"是找不到直觉做根据的。但是，我们觉得，在情感判断领域里，在鉴赏判断中，在对美的鉴赏中，康德应该承认"理智的直觉"的合法权利。从以上论述看，这种"理智的直观"，是通过"合目的性"这个环节实现的。如前所述，"目的"即是概念性的，又是感觉现实性的，虽然"目的"的真实的实现，不是绝对的，因而知识并不是绝对的，但无限地要求"目的"的实现，这却是理性的一道绝对的命令，因而理性有一种必然的倾向提出"终极目的"，这样，在艺术欣赏中，在美的鉴赏中，人们就有可能通过相对的、有限的、特殊的形式，体会出绝对的、无限的、普遍的内容，虽然对美的鉴赏，既不能代替科学，也不能代替道德，但却有利于促进二者的发展。

康德认为，除客体与主体之外，除自然与自由之外，理性不能有第三个对象,即美不构成理性的独特的对象,"目的"的世界就存在于客体与主体关系之中;然而,我们看到,美仍然有其独特的"领域"(或"范围"),即合目的性的领域,这个领域也可以叫"技术的"("艺术的")世界,即包括了自然美(技术)和艺术美的世界(艺术)。

"技术"是把目的变为现实的实际能力,如康德所说,这种实际能力所需要的锻炼各有程度不同,有的需要极少的锻炼,一般谈不到技术,但无论多么简单的操作,都需要克服一定的物质材料上的困难,因而都需要广义的"技术"。"技术的世界"是人的作品,是人类物质劳动的产物,这是人们把客观世界当作合目的性的作品来欣赏的物质基础。康德在《判断力批判》里推崇自然的自由(随意)的美,但所谓自由美并非最基本的,而是人类物质文明和精神文明发展到一定成熟阶段的产物。艺术史上旧石器时期的自然主义风格早于新石器时期的几何图形风格即是反映了这个发展过程。实际的技术世界是情感的艺术世界的物质基础,后者是前者的反映。人在自己的物质创造物中看到自己的目的的体现,看到了人的物质和精神力量,这是一切情感判断的客观基础。并不是"判断力"把"目的"引入自然界,而是人类的劳动把"目的"引入客观世界。人们的情感判断由直接的劳动产品扩展到非直接的产品的自然界(即不仅是实用的产品,而且是鉴赏的对象),则的确是人类精神文明进一步发展的产物,这样一种"自由的自然美"由于没有直接的实用意义,没有确定的自然概念,从而使想象力具有更加广阔的活动天地,在鉴赏中,的确是有一定的优越性;但又由于它离开人的社会生活(各种劳动、斗争)较远,所以它与人生(作为实践理性的体现)的联系就相当间接,所以作为艺术的题材,也有其局限性。在这一点上,也反映出康德本人的鉴赏力上的不足之处。

实际的技术世界,是物质的世界、工业的世界,是按照人的实际的需要,按照实际目的创造的世界,人和这个世界的关系,是实实在在的、确定的,它虽然体现了实践理性影响下主体的自由,但却凝聚于实际的客观的自然概念之中,因而可以作为科学知识的对象,研究这个对象,就是社会学、历史科学;然而,除了实际的技术外,人们还有美的技术,它既不是按照自然概念的实践,也不是按照自由概念的实践——由于"自由"意味着摆脱一切感觉原料,因而无"技术"可言;而是按照"情感观念"[①]来进行创造的技术,美的技术(美术),即我们通常所谓的艺术或美的艺术。

在这里,我们应该强调指出"情感的观念"这一概念在康德美学中的重要性,实际上,所谓"情感的观念"实即康德所谓在知识领域达不到的"直观的理智"或"理智的直观",因而是理解美(艺术)和知识、道德关系的关键。

三、美(艺术)与道德、知识之间的关系

所谓"情感的观念",即又是感性的,又是观念性的,这样的结合,在知识判断里和在道德判断里都是不合法的,即理性没有权利给知识和道德制定这个规则,理性没有这个功能,因而它在这两个领域里是"不合规则的",如果把"情感的观念"滥用于知识和道德领域,则正如现在西方分析哲学代表人物莱尔(G. Ryle)在他的名著《论"心"的概念》所指出的,是犯概念(范畴)性错误

---

① 一般译为"审美观念",在康德哲学中不妥,理由已如前注所说。

(category mistake)①，即把不同性质的事混淆了。②理性替科学知识制定了一套规则，按这套规则，感性与知性虽可统一，但各有其来源，因而没有"理智的直观"，也没有"直观的理智"，因而不可能有绝对的知识；理性又为道德实践制定了另一套规则，按这套规则，意志不顾一切利害，摆脱一切感性羁绊，是为纯粹自律、自由，因而道德也不可能有"理智的直观"或"直观的理智"，它是绝对的命令，而无须咨询知识和顾及人间的幸福。然而，理智和感觉这两种对立之源泉（故康德是二元论）在鉴赏判断和艺术创造中，却得到了统一，这种统一，名之谓"情感的观念"。

我们知道，"观念"（Idee, idea）这个字在西方近代哲学史上起过很微妙的作用，显示了哲学用语和日常用语之间的一种复杂的关系。在近代，首先把这个概念引入哲学的是英国的经验主义，但英文的idea在日常语言中只是一种"看法""意见"的意思，离"真知""真理"尚远（"It's just an idea"，"这只不过是一种看法"），所以研究感觉、印象、观念的英国经验主义，终于导致怀疑主义。"idea"这个基本意义，似乎一直保留在康德哲学体系中。《纯粹理性批判》"分析篇"和"辩证篇"都用了"Idee"，前者指不能以知性范畴规范的偶然"想法"、"意见"，后者则与柏拉图的"ειδος"（"理式""理念"）相接，是很高的或最高的理性概念，但我们发现两篇中的"Idee"仍有一个相通处，即都不能用知性的范畴来规整，因而不可能成为知识、科学，而这正是日常语言中"idea"的

---

① 莱尔：《论"心"的概念》，1958年伦敦版，第18页。
② 我们看到，莱尔所谓"概念性错误"实即康德所谓"理性之僭妄"。

基本用法。①

在鉴赏判断和艺术创造中，所谓"情感观念"具有两方面的意义，一方面是情感的、感性的，因而离不开直观的形象、直接的体验；另一方面又是理性的，是一种观念或理念。我们已经说过，鉴赏判断不是知识判断，它的感觉不受确定的知性概念的规范，但它又不是单纯的感觉印象，而同样是理性的判断，因而不可能不涉及任何概念。鉴赏判断是通过直觉能力（想象能力）和知性能力（不是概念本身）的和谐体验到更高的概念，即理性的概念——观念或理念。然而，正如康德在《纯粹理性批判》里告诉我们的，理性概念之所以成为"观念"（或"理念"），正因为它没有相当的直观和它结合（如感性世界找不出"上帝""第一因""终极目的"来），因而人不能是"全知、全能"的；然而，理性却给了我们一种权力，即理性尚有一种功能，在鉴赏判断中，在美的欣赏中，在艺术的创造中，使理性概念（理念、观念）塑造出（或"观照出"）一个理性的直观形象来。当我们把自然当作一件艺术品来鉴赏时，我们心中的想象力冲破了知性概念的框框引向了理性的观念。我们在欣赏花时，萦绕心中的并非花的自然的属性（概念），而是品味着世界、人生的更深一层的意义，这种意义，我们当然不能用知识的形式表达出来，使人人都能通过我的判断来学得，而只能直接通过对花的欣赏，来分享这个鉴赏判断。②正是在这个意义上，康德说，

---

① 所以在翻译康德哲学时，有人把Idee译成"理念"，有人译成"观念"；有人把"分析篇"中的"Idee"译成"观念"，"辩证篇"译成"理念"以示区别，但割断了联系。《判断力批判》中的aesthetik Idee，也可译为"感性理念"，本文还是译成"情感观念"。

② 这里我们似乎可以说，要知道花的美，请亲自看一看花。

所谓"情感观念"的方向正好与"理性观念"相反（或是"理性观念"的一个"对称物"）："理性观念"是概念找不出相适应的感性直观，而"情感观念"则是直观找不出相应的知性概念。[①]这就是说，美的直观形象，知性无法用自己的概念去规范，使之成为科学知识，它似乎是直接与道德的实践理想相结合的。

于是，我们在这里接触到康德提出的一个重要而饶有兴味的命题："美是道德的象征。"

我们已经指出，"情感观念"（"感性观念"）是感性与理性的结合，即实践理性概念虽然找不到一个知识性、理论性的直观与其相适应，但却有美的直观（或为自然的，或为艺术家创造的）与其相适应，而美的直观，虽无确定的理论的、知识的概念与其相适应，却有实践的、道德的概念与其相适应，在这样间接复杂的关系中，感性与理性得到了统一。美的直观，已非单纯感觉，而是理智的感觉；美的观念，已非单纯的概念，而是充满情感（感性）的概念，只是这种结合，在康德看来，不可能是知识性的，也不可能是实践性的，而是艺术性、鉴赏性的。

于是，康德在他的《判断力批判》中，从这个前提出发，进一步追问道德和美（艺术）到底是什么关系，即为什么在美和艺术中这种感性与理性的结合不能成为知识性的，而只能是鉴赏性的，其中区别何在。正是针对这个问题，康德提出了"美是道德的象征"这个命题，这里的关键在于对"象征"（Symbol）这个概念的理解。

我们知道，在知识范围里，同样也有感性与理性结合的问题，康德的《纯粹理性批判》的主要任务就是要论证这种知识性的结

---

① 康德：《判断力批判》，第49页。

合，以批评经验主义、怀疑主义。但是，康德认为，理性在知性范畴所制定的规则是知性的先天范畴，这些知性概念与先天直观形式（时、空）相结合，使感觉经验材料（印象、知觉……）成为一种"图式"（Schema），从而可以使之纳入知性范畴的体系之中，这就是说，在知识中，"图式"是知识性感觉的概括，使之与知性概念结合；但在鉴赏判断和艺术创造中，感性与理性的结合，不以"图式"为中介，而以"象征"为中介，即在对美的鉴赏中，感性的直观形象，不是理性的"图式"（如花作为植物标本，或几何图形作为空间的图式等），而是一种"象征"。反过来说，理念的世界（实践理性概念、道德理想）虽然在现实世界（感性世界）不能找到"图式"从而成为一种知识体系，但却可以找到（或塑造出）它的"象征"。康德指出，"象征"与"图式"的区别在于：前者是"类比式的"，后者是"证明式的"，或"指证式的"。"象征"中的感性形象与理性概念只有"类比"的关系，而"图式"中的概念则可以在感性直观中指证出来。[①]

这样，康德就把"美是道德的象征"这样一个平常的意思[②]纳入了他的哲学体系，成为他的哲学体系中的一个环节，从而使"象

[①] 我们在《康德研究》1983年第2期中读到一篇书评，评论一本关于康德美学的文集（Ted Cohen和Paul Guyer合编），其中谈到柯亨（Ted Cohen）的文章《为什么美是道德的象征》，评价者说，柯亨指出德性和美之间的两点相类似处：1. 善良意志与美的对象相似；2. 道德体验与美的体验相似。评价者说，如果美的情感与敬重的情感相似，则美就可以象征道德。我们没有见到柯亨原文，果如评价者所言，则似未抓住康德"美是道德的象征"这一命题的核心意思，因为康德在这里的"类似性"是与"象征性"分不开的。

[②] 康德这一提法也许是针对卢梭把道德与美术对立起来，认为美术之虚饰败坏道德淳朴（类似我国所谓"玩物丧志"）这种观点而发。

征"这个概念得到了哲学的、美学的意义。①

在这里,还有一个问题需要探讨。我们知道,按照康德哲学,感性和理性在知识领域中之所以不能完全结合,不可能有"理智的直观"或"直观的理智"是因为它们有不同的来源,感觉来自"自然",而知性范畴来自"理性"(的制定规则的作用)。在实践理性中,道德律出自理性自身,完全不顾感性的要求,在这两个领域里,我们看到感性和理性的坚硬的对立。但在美的鉴赏中,感性和理性似乎找到了它们的"同源性","自然"和"自由"出自一个来源。"自然"不再是"现象",作为现象,自然受知性范畴的规整,受"时间"、"空间"的规范,而艺术中的时空是虚拟的时空,因果关系也带有虚拟性,从而使得活跃的想象力可以把"自由"引入"自然",艺术家似乎可以"自由地"处理时空、因果,即按照一个道德原则、自由的原则来处理它们;"自由"也再不是纯粹的理性概念,一个理念、观念,而是体现在自然之中的,有自然作为它的现象。一句话,"自然"成了"自由"的象征,而"自由"成了"自然"的本质。这就是说,那个在知识领域里看不见、摸不着的"物自体",却在美的鉴赏中看到了、摸着了。无论咏梅也好、诵海也好,花和大海都不再只是一个现象、一个知识的对象,而是体现了一种本体的意味,或者用哲学的语言说,它们象征着(表现着)"物本身"(本体)。于是,"自然"也好,"自由"也好,在美的鉴赏中,都出于一源:对"物本身""世界本质""人生真谛"的把握。

---

① 同时我们也可以看到,从哲学上区别"象征"与"图式",对于艺术家的创作也是有意义的。艺术品不是道德线条的"图解",而要在作品的具体形象中体现出深广的社会意义,这种意义,并非一般社会的知识或科学体系所能代替的。

然而，在康德看来，感性与理性在美的鉴赏中的这种结合毕竟不是知识性的，因而没有什么客观必然性（这只有科学知识才能保证的）可以保证它们一定相结合，因而它们的结合就知识言则带有偶然性。在这里，康德把美的鉴赏和美的创造（艺术）作了一定的区别，前者侧重于判断力，而后者则侧重于想象力；前者因更借重知性而强调"陶冶"，而后者则因更接近理性而强调"天才"。康德的"天才"（Genie）论的根据，仍在于上述美的领域中感性与理性的结合带有偶然性这一前提，这就是说，在康德看来，在艺术世界（美的世界）中，"自然"与"自由"这种结合，不是知性范畴所规定了的，因而人们不可能通过知识的积累，即"学习"必然达到这种结合，因而能够把"情感观念"创造出来，体现美的理想的艺术家，似乎是"自然"的一种"恩惠"，不是学历所能及的。这种才能，对知识来说，是带有"神秘性"的，即艺术家如何发挥其天才，创造出美的艺术品，这类问题，并不是科学知识的对象，任何人不能据"作文指南"成为作家。一句话，在康德看来，能够进行"理智的直观"或"直观的理智"的人，只是少数"自然的宠儿"，这种能力不是人人具有的。事实上，我们看到，所谓"天才"，就是抓住"现象"看"本质"的能力，即在具体的感性存在中体会出世界本源、人生大意的洞察力。学识可以启发这种洞察力，但确不能保证（人们必然有）这种洞察力，古希腊哲人说"博学不等于智慧"（赫拉克利特）大概就是这个意思。其实，按康德的哲学，艺术创作固需要"天才"，美的鉴赏力何尝不要一点"灵气"，鉴赏力需要艺术的陶冶，同样需要那种透彻万物本源的洞察力和敏感能力。

这里，我们讨论了艺术（美）与道德（实践理性）的联系（"美是道德的象征"），而强调了艺术与知识（理论理性、科学真理）的区别，那么艺术与知识（科学）到底有什么联系，在康德哲学中是否有类似"美是道德的象征"相对称的话来概括美与知识的关系呢？我们认为有一句话可以与"美是道德的象征"并列说明艺术与知识的关系，虽然这句话康德本人似乎并未作这种并列的探讨，而是在《判断力批判》的导论中提出的，这就是："自然的合目的性概念"是"形而上学智慧的箴言"（als Sentenzen der metaphysischen Weisheit），我们借用这句关于一般自然合目的性概念的话来说明美是科学、知识、真理的升华。

康德在《纯粹理性批判》中告诉我们，一切知识都离不开经验，但又不限于经验，因为有理性为经验世界、感性世界制定的规则，因而这个世界就不仅是可感的，而且是可以理解的，这样理性的理论性、知性的功能，只限于经验世界，超出这个界限，则为理性之僭越；由于这种知性的制定规则作用并不依赖于经验，是理性本身的功能，所以我们对物的世界（感觉世界）本身只限于认识它的现象，而不能认识物自体（本体）；然而传统的形而上学却正要以知识的形式掌握这个本体，所以康德指出，形而上学的一些概念，如第一因、无限、本源……，就知识来说，只是一些"理念"（"观念"），并不能在感性世界得到"证实"，而传统的形而上学却把它们当作知性范畴来用，如"上帝是存在的"等等，则犯了"概念性错误"，把不同领域、不同性质的事混淆了起来。但是，"寻本求源"却是人的理性推理的本性，因而只要明确形而上学不以知性范畴为对象而以理性概念（理念）为对象，则仍有其价值。然而，形而上学总不免于自身的内在矛盾；它作为一个无所不包的知识体系，必定要借用知性的范畴，以科学的、经验的知识形式出现，以这种形式来探讨"物自身"的"本体性问题"，当然是不适合的，因而康德把这些问题置于实践理性批判之下，指出形而上学作为绝对的知识体系不能很好完成的任务，在道德实践领域能得到适当的解决。在道德领域，理性概念自身构成体系（概念之间的推理），而不涉及感性直观和知性范畴。

然而，在美的鉴赏中有一点不同于道德实践而与知识形式相同，即它本质上不是实践性的，而是静观性的、知识性的，鉴赏判断以知识判断的形式出现，而不以道德行为的形式出现。我们认为，按照康德哲学和美学的理论，鉴赏判断、对于美的鉴赏，应体现了形而上学的智慧，即体现了对本体的认识，虽然它只是形式的认识，而不是真正的知识判断。

鉴赏判断不表达知性的经验知识，这一点已如上述。鉴赏判断当然必须适应知性的规则，但只是作为一种形式来适应，它的内容所表现的则不是经验的、自然科学的真理，而是形而上学的真理，即对世界本质、人生大意的认识。鉴赏判断既然包含了一种"情感的观念"，因而它可以用知识的、科学的语言形式表现出来，但只是利用知识语言的形式，其内容却不是知识性的，而是哲学性的。康德在比较"情感观念"与"理性概念"时曾指出，"情感观念是想象力中的表象，它产生许多思想，却没有任何确定的思想，因而没有任何特定概念与之切合，也没有任何语言能够完全企及它，把它表达出来"[①]，这里已包含了后来维特根斯坦所谓的"不可言说的"与"可言说的"之间的区别，只是康德把这种"不可言说"性限于对美的鉴赏中，而且还加上了"完全地"（vollig）的限制词。

所谓"妙不可言""可以意会，不可言传"这种美的境界，并非是绝对地不可言说，因为事实上鉴赏判断采取了知识判断的形式；而只是表示，这种知识的形式不能"穷尽""美"的一切意味，因

---

① 康德：《判断力批判》，第49页。

而除了语言形式的艺术外，我们当有绘画、音乐、舞蹈等其他形式。但鉴赏既然要成为一种高级的、理智性的活动，则又离不开作为人类理智基础的知性的、语言的结构。艺术形式，无论绘画、音乐、舞蹈都需与结构——逻辑的形式相协调。不仅如此，按照康德的思想，我们不仅用知性概念（范畴）来思想，而且也用理性概念（理念）来思想，可思想的与可认知的并非一回事，但理性概念的思想方式却仍然必须借用知性的逻辑形式，正是因为这种错综复杂的关系，我们天天在说那"不可言说的"，讨论、研究那"妙不可言""不可思议"的艺术美与自然美。

正是从这个角度，康德告诉我们，没有关于美的科学，即没有关于美的知识，美不能当科学知识来传播，一切关于美的学说，不能"保证"人们一定能提高鉴赏力。这里我们应该补充的是：我们确有美的哲学，康德《判断力批判》前半部正是一部美的哲学；不仅一切关于美的学说，而且包括一切关于自然的学说（科学）、一切关于自由的学说（道德）都实际上有助于鉴赏力的提高，正如哲学不许诺或不保证人们一定成为物理学家、生物学家，但却有助于自然科学的发展，具体自然科学也不许诺一定供给哲学的智慧却有助于激发这种智慧一样，美学（美的哲学、艺术哲学）并不许诺或保证一定会造就多少艺术家，但却有助于艺术创作的发展和鉴赏力的提高。

1983年12月26日于北京

（原载《外国美学》第1辑）

谈"美育"

最近几年来,"美育"的问题又重新得到重视,不仅学术界进行了探讨,而且在教育设施的实际工作上也得到了改进和充实,这是很令人鼓舞的事情。

"美育"本是一个很古老的问题,中国古代有"六艺",欧洲古代(希腊)有"九艺",其中都有与"美育"有关的。所以它是一个民族陶冶、提高自己教养的不可少的环节;古代凡文化进步较高的民族,对这一点都有比较清楚、明确的意识。但"美育"也有遭冷遇、被忽视的时候,所谓"遭冷遇"或"被忽视"并不是真的一点"艺术"和"美"都不讲了,而是要完全否定"美"和"艺术"自身的、相对的独立价值,要它作"某某"的"婢女"和附属品。如果一般的说法可信的话,那么秦始皇该是古代扼杀"美育"的最大的代表,据说他把许多书都烧了,只留下实用的书,但他还得好书家(如丞相李斯)立巨石来记他的事功。后来相传下来的"文以载道",也可以说是这种"消极的""美育"思想的完善化。为了批判这种封建主义传统,在近代,有蔡元培先生首先倡导"美育"和制定具体教育措施,在我国的思想史上,可以说是有启蒙的功劳的。蔡先生指出体、智、德、美四育齐进,已吸取了西方资产阶级的哲学和美学思想，那时候，中国的问题已与其他民族的问题发生了进一步的联系，中国人的眼界也逐渐在开阔，而不仅只是限于自己的传统了。

事实上，西方也有"美育"遭冷遇、被忽视的时候，按照一般说法，柏拉图大概是欧洲古代不大重视"美育"的代表。据说他的学园的大门上写着"不懂数学（知识）者免进"几个大字，而他在《理想国》中强调斯巴达式的"德育"，这都是比较明显的。欧洲进入中世纪以后，一切科学都成了宗教的婢女，艺术也不例外，为反对这种情形，才有欧洲文艺复兴时的"美育"大发展。

"艺术"和"美育"曾是欧洲资产阶级的精神武器，也是欧洲近代哲学中的一个重要的问题，提到欧洲近代"美育"思想，首先想到的是席勒那著名的《美育通信》。席勒的美学思想，上承康德，下启谢林和黑格尔，可以说是德国古典美学的中心人物，而他的美学思想则以美育为核心，所以也可以说是古典的美育思想的代表人物。

西方古典的美学思想是古典哲学思想的一个有机部分，因而古典的美育思想也以古典哲学为理论基础。

欧洲的古典哲学在近代的代表是康德。古典哲学的问题是：在承认主体与客体的分离和对立的前提下考虑如何将二者统一起来以求确定的、必然的真理。康德把理论理性和实践理性分割开来，只承认知识领域里直观、感性与理智理性的统一，因而他的知识的必然性，归根结底，只是逻辑的先天性（apriori），而不是真正的"先验性"（transcendental）；先天的逻辑和杂乱的感觉材料，严格来说，都不是什么"主体性原则"，而只是"客体性原则"。康德的实践理性，倒可以说是"主体性原则"，但只是在消极意义上的自由的形式的原则，这是因为他把"客体性"与"主体性"相当坚硬地对立起来的缘故，康德的《判断力批判》力图来沟通这个已被分割了的"主体"和"客体"，"审美"和"艺术"就是其中一种沟通方式。在"审美"和"艺术"中，康德肯定了主体与客体、理性与感性的一种游戏式的无利害关系的统一性。席勒就是从这个古典艺术理想的角度，把康德这一思想更完善地发挥了出来。

席勒的美学思想，已不像康德那样，仅从主体的知、情、意形式方面去着重探讨它们先天必然的条件，而在于从"人"的全面发展的角度，阐明美育的重要作用。席勒的美育理论把艺术和美看作克服实践的人和理论的人的片面性而出现的一种理想境界，从人的全面发展要求上来理解感性与理性、实践与理论相和谐的必然性，从而把古典的审美理想提高到一个新的哲学的理论高度。席勒这种古典式的审美理想，在黑格尔的美学思想中得到了进一步的肯定和发展。黑格尔以感性与理性的辩证关系，展开了自己的全部艺术哲学体系。然而，黑格尔的哲学虽然充分肯定了古典式美的理想的重要历史意义，但同时也预示了现代生活与这种崇尚和谐的古典趣味之不适应处，艺术不是绝对精神的最高阶段，哲学以理性自身的形式来把握这种绝对，因而以精神自身的形式把握自身，在黑格尔体系中，这才是理性的最高境界。于是，我们也许可以说，在黑格尔看来，哲学的教育应高于艺术的、审美的教育。

在现代生活中，我们看到，无论在中国或西方，因为各种不同的原因，艺术和美的观念又都再一次受到深刻的挑战，"美育"再次遭冷遇、被忽视，当时甚至是受摧残，西方世界，随着战后科技的发展，物质生活日益丰足，精神生活却发生深刻的危机。古典式的、以和谐为特征的审美观念已不完全适应现代的趣味，正如黑格尔那种以主体与客体辩证同一的"绝对"哲学被现代人认为是一种虚假的幻想一样，那种古典式的、感性与理性相和谐的审美理想同样也有一种虚幻的色彩。

那么，为了在现代生活中找回那种失去了的平衡，在现代的条件下，重新提出"美育"的问题，具有什么新的内容，就成为一个问题。

对"艺术"和"美"的思考，离不开对"哲学"的思考，离不开总体性、本源性问题的思考，所以当代对于"美育"的思考，也离不开左右西方现代思潮各学派的影响。譬如前些时候，讨论得比较多的"教化"（教养）的问题，就是现象学和解释学的一个问题。

伽达默尔和罗尔蒂所强调的"教化"是一种解释学的思想，这种思想，就现代来说，根源于现象学和存在哲学。这个学派的一个基本思想是："人"与"世界"的关系，除了物质实践性的和思想概念性的之外，尚有一种更为根本的本源性、本然性的关系："意义"的关系。所谓本源性"意义"，既不是感觉式的印象，也不是语词概念的内涵，而是一种价值，这种价值只对"人"才显现出来。"世界"是物质的，"人"是一种特殊的动物，这都是无可怀疑的。但是"人"作为有意识的存在，使"世界"不仅仅是感觉的对象，而且是"理解"的对象。"理解"不是抽象的、概念式的把握"世界"作为客观实在的种种特性，"理解"是要体会出"世界"作为"人"的生活场所而向人们显现出来的"意义"。从根本上来说，人作为人，而不是作为动物，并不是要从物质上"消耗"掉这个世界；同时，人作为人，而不是作为"思想实体"，并不是从精神上"静观"这个世界。这样，"人"与"世界"就不是一般意义上（古典意义上）的"主体"与"客体"的关系，"人"与"世界"处在一个层次上，"人"是"世界"的一个部分，而"世界"是人"生活的世界"。

从这个基本态度出发，"世界"向"人"显现出来的"意义"就不是分离开来的感性和理性所能把握住的。"意义"不是分离开来的感性和理性之间的关系，既不是二者的"和谐"，也不是二者的"冲突"，而是在这种"分离"因而在这种"和谐"和"分离"之前的更为本源性、本然性的关系。于是，西方的思想就由古典式的哲学思想方式，转变为现代式的解释学思想方式。在这种思想方式中，艺术和审美同样处于一个关键的地位，但具有不同的特点，并不像在古典式思想方式中那样是某种哲学体系的一个环节，而是生活体验中的"教养"。

"世界"向"人"显示出来的这种本然性的"意义"，既不是感觉印象所能捕捉的，也不是抽象的概念系统所能把握的，而只能以活生生的方式去体会。"我在世界中"，"我"才能体会出"世界"的"意义"。这样，我们不能用我们的感官工具，也不能用我们的理智工具去真正"理解"（悟出）这种"意义"，因而在这种"意义"面前，一般的经验科学是不够用的，形而上学的概念、范畴系统更是不适用的。"我在世界中"，"人"既不像动物那样活在世中，也不像"精灵"那样活在世外，"人诗意地存在着"，"人"与"世界"的本然性关系，是一种"诗"的关系，即"人""诗意地""理解着""世界"。在这里，突出的地方在于：人们重新注意到被分割了的世界，即被遗忘了的"审美的度"。

"世界"与"人"的这种本然性"意义"不是"人""想象"和"建构"出来的，而是"世界"向"人"显示出来的，但"世界"只向"人"显示这种"意义"，因而"人"只有作为一个完整的、活生生的"人"才能"理解"这种"意义"。沉湎于声色货利的"人"和沉醉于玄思的"人"，都"理解"不了这种"意义"。为了提高"人""理解"这种"意义"的能力，"人"需要"教育"。这样，解释学所说的"教育"（教化，教养），不是一般意义上的"教育"，而是在智育、德育、体育、美育分化之前的本源性、本然性的教育。

这样看来，通常我们所谓"美育"，也有两层含义：一是指一般的艺术教育，一是更为根本性的教养。如同知识教育、道德教育一样，在一般层次上是指经验科学、形式科学（数学、逻辑）和技术科学的训练，包括了道德方面的社会伦理规范的教育，同时在更根本的层次上，则可以指哲学性的训练。本源性意义上的"美育"不把"艺术"作为一种工具或形式来训练，而是"教育""人"去"理解""世界"向"人"显示的那种本然性"意义"。

因此，解释学仍是一种"训练"，是一种更为根本、更为全面的训练，"训练"人能够体会"世界"所显现出来的"意义"。"教育"人能够"读懂""世界"这本大书。

从根本上来说，"世界"总在向我们"说"些"什么"，"告诉"我们"什么"，我们（人）也总是在听"世界"向我们"说"的"话"，"说""世界"让我们说的"话"。这个"话"不仅仅是"知识性"的"概念"，而且是一种"消息"和"信息"，"信息不是知识"。"燕子"是"春天"的信息，而不仅仅是知识性推断。"似曾相识燕归来"，不是"教"给人一种"知识"，而是"教"给人去体会一种生活的"意义"。

解释学的"教育"和"训练"，广义地说来，就是训练和教育"知音"。"高山""流水"既不是"概念"，也不是"印象"，而是俞伯牙要"说"的"意义"，钟子期"听""懂"了，"知音"的"知"，不是概念式的"理解"，也不是感觉式的"印象"，而是生活性的、本源性的"悟"。"知音"不是从声学上懂得如何掌握声音这一种物理现象，所以"大音希声""此处无声胜有声""于无声处听惊雷"就不仅是哲人玄思和诗人想象，而是真正意义的捕捉，因为"沉默"应当是更为深沉的"说"。

"世界"作为自然物质的存在不仅对人有意义，而且对动物同样保持着自身的意义,"世界"的这种自然的意义是非时间性的、永恒的,但那种只对"人"才显示的"意义"则是历史性的、时间性的。原始的森林和高楼大厦对狮子老虎来说,意义都是一样的,但对"人"就会显示出它们的不同来。"人"能够辨认历史的痕迹,就因为它自身就在历史中。历史是人类文化的积累,因此,解释学所谓的"教育"就是在本源性意义上的文化的教育和历史的教育。

解释学意义上的"文化教育",不仅是"知识"的教育,同时也是"诗"的"教育"。

从知识性的意义上说,"历史"是"过去了"的"事",时间的流逝在实际上的不可逆转使我们后人只能把它当作既成"事实"来研究各"事实"之间的前因后果,但过去的"事"又是过去的"人"做的,在做这些"事"时,这些"人"都是"活"的,就像我们现在活着在做"事"一样。"活"人做"事"必有"活"思想。"古人"已死,他自己没法"告诉"我们当时的"活思想",但他的作品(包括实际工作和文字作品,将来还有录音的语言作品)却保存了这种"活"的东西,总是在向我们后人"说"些"什么",我们能够体会出(听出来)这种"活"的东西正因为我们也是活的,我们也在做"事",也希望我们的后人不仅在实际上享受我们的劳动成果,而且也能"听出""看出"这其中的活的意义。

我们通常所谓的"艺术作品",在物质形态上与其他一切物质事物,并没有原则上的不同,建筑艺术与普通房屋的区别不在结构、装饰繁简的程度差别,而在于艺术品存留了活的历史,因而要求"人们"("他人""后人")对它做活生生的把握。考古挖掘出来的器皿,可以保存或失落其"实有的价值",但只要人的历史在延续,必定存留了它的"审美价值"。艺术品是活的历史的存留者。

然而,解释学的问题还在于:并不是人人都能轻而易举地"理解""世界"（包括艺术世界）的活的意义的，为了"理解"这个"意义"，"人"需要"训练"，需要"教育"。正因为这种"意义"不是一个经验的"对象"，也不是一则抽象的公式，而是历史性的、时间性的活生生的价值，所以它要求人们（后人与他人）要有一种不同于知识积累式的学习和训练，以便领会它、理解它。"人"必须在这种本源性意义上教育自己、改造（重新塑造）自己，才能让这种"意义"延续下去而不致"失落"，才能是这种本源性的、活的"意义"的"见证者"。

"古调虽自爱，今人多不弹"，时尚的更迭，使某些古代的艺术品失去原有的吸引力，有的甚至成为"广陵绝唱"，世无知音，则它的那种活的意义被隐藏、掩盖了起来，无人领略、欣赏得了，这是因为"人"本身是历史性的、时间性的，"今人""古人"不同。"今人"要成为"古人"的"知音"，则需要学习，需要教育，对古人的"世界"有所了解、体会，对古人的世界和今人的世界之间的发展关系有所了解、体会，才能做古人工作的活的意义的见证者。这就是"教养"，是"历史意识"的觉醒。

这种"教养"当然也不能完全离开知识性、工具性的训练。我们要理解一个"世界"（如古人的"世界"，外民族的"世界"，更具体到"他人"的"世界"），总要对这个"世界"的"人"和"事"有一定的知识，对这些"事"发生的环境背景有所知晓。我们要对古人、洋人、他人用以表达、表现"意思"的工具有所知晓，譬如我们要通晓古代的语言、洋人的语言，才能谈得上"读懂"他们的书，我们要多少知晓我国古典戏曲的程式（包括唱、做、念、打），才能"看懂"京剧、昆曲。这些都是必要的，但是，我们并不能说，必先成为古语或西语的"专家"，才能"读"古书、洋书，也并不能说只有在通晓戏曲各技术程式以后，才能观赏古典戏曲，因为从根本来说,那种历史的活的意义,本不必借用固定的、人为的"符号"就可以表达出来的。艺术本就是采取生活自身的形式,建筑并不是一个专门的"符号",需要专门去学习的,山林之美,更不是要做多少专门的植物学、森林学训练才能欣赏,而可以说竟是有目共睹的。古代的语言或洋人的语言当然是一定要学的,但为了能"读"懂古人、洋人所表达的那种活的意义,对语言的要求也只是适应那个时代、那个世界的"生活"的要求——当然对今人和外民族来说,做到这一点也是不容易的。于是,对一部古代典籍,作专家式的研究和作解释学式的领悟二者的要求是不尽相同的。我们并不能说,对古代作品作专家式研究的人趣味和见识都不高,我们只能斗胆地指出,在一些有成就的研究专著中有一些是没有多少趣味,没有多少真知灼见的。《老子》书五千言,历代注释、发挥的浩如烟海,真有见地的也不很多。知识和学问并不能保证一定有"教养",更不能保证一定有"头脑"(有思想)。人的"鉴赏力"和"理解力"需要一种更根本的教育和训练。

从西方近代哲学思潮来说,"鉴赏力"和"理解力"都是英国经验主义者着重研究过了的,这两种能力,到了康德那里,就摆脱了具体经验的局限性,与理性的、必然的条件联系了起来,但还都限于经验的、知性的范围内,因而康德的"鉴赏力"侧重于想象力与知性规则的和谐,而"理解力"则更明确地限于经验的可能范围,强调在这个范围内感性材料与理性的制定规则的形式相结合。康德将更为本源、更为深层的意义留给了"理念"与"天才","理念"和"天才"都是直接对本源性、本然性问题的把握,"理念"是理论的形态,而"天才"则是艺术的创造能力。由于康德限制了知识,因而不但"理念"超越了知识的范围,"天才"也不是后天"训练"出来的。这就是说,从解释学的观点来看,康德不承认除了一般的经验知识的教育、学习以外，尚有一种更为本源性的、解释学的训练。

赫拉克利特说过，"博学不是智慧"，知识的积累不能保证人们对本源性的意义一定具有洞察力。同样，博学也不是美感，知识的积累也不能保证人们对这种本源性的意义有敏锐的感受力。但所谓"学""教育""训练"等等，有不同层次的意思。

我们已经说过，所谓本源性的"意义"并不是一个现成的"对象"，经教师一指点，多数人就能掌握；对这种"意义"的"表达"，也不是一般的"技术"，经过勤学苦练，多数人都可以达到。但对这种"意义"的领悟和表达能力，却也不是生来就有的，而是学而知之的。这层意思，康德也是看到了的，承认了的。康德说，"天才的艺术品"不是"模仿"的产物；但历代天才作品之间倒也不是毫无系，它们有一种"跟随"性的联系，所以各艺术作品虽都是一个个里程碑，并不互相"模仿"，但却也不是无本之木无源之水。大艺术作品为"后人"、为"他人"立则，树立典范，就像道德典范那样，并不是叫"他人"不分时间地点一模一样地做同一件"事"，而是学习它的精神品质，为典范的人格所感动，以这种精神人格来引导我们的行为。同样，艺术上的典范作用，也不是要人们去一模一样地做出那个作品来，这样做出来的是仿制品、复制品，自有另外的意义和价值，但不是艺术创作的价值。道德的典范是实际生活的典范，艺术的典范是趣味上的典范，都表现了前面所说的那种本源性的"意义"，而这种"意义"是历史性、时间性的，因而又不是永恒不变的，对这种意义，古人有古人的体会，今人有今人的体会，每个人的行为和趣味是不能代替的；但由于这种意义是最为根本的，所以人与人之间，我与"他人"（包括"古人"与"洋人"等）之间又是可以沟通的。"他人"的行为与趣味虽然并不能用概念形式的方式来穷尽它，但却同样是可以"理解"的，而且这种"理解"，比起概念性、抽象性的理解来说是更为根本的，这种"理解"正是解释学所要研究的本源性的"理解"——"悟"。

从一种意义来说，我们看到的，康德所谓"天才"，也是要"学"的，只是不能是刻板式的、书呆子式的"学"，不是"死学"，而是"活学"。人生在世界上，都在互相"学习"，向"他人"（包括"古人""洋人"等）"学"，向日月山川大自然"学"，向"社会"学，这是在"生活中"的"学"，而不是在"实验室中"或"研究室中"的"学"，这是一个方面；另一个方面，我们也看到，康德所谓"鉴赏力"同样需要几分"天才"，需要一些"灵气"的，即需要一些光是"死学"学不到的东西。"鉴赏力"需要对宇宙人生的本然性问题有敏锐和深沉的感受力，这就是要求对于"他人"这方面的体验要有一番积累的工夫，同时对于眼前的声色货利要有一种穿透的工夫。没有"他人"经验的感染和熏陶，固难提高自己的"鉴赏力"，沉湎于个人物质享乐中的酒色之徒，也谈不到有多少"趣味"。历史上不乏腰缠万贯的富豪，也不乏学富五车的书虫，但都没有多少"鉴赏力"，谈不到趣味"高雅"，甚至"收藏家"也不等于"鉴赏家"。

"鉴赏力"的提高，需要解释学意义下的训练、学习和教育，也就是从胡塞尔以来的那种不同于"自然科学"的"人文科学"的训练。早期"符号论""现象学""存在学""解释学"以及方兴未艾的"消解学"都是现代西方的"人文科学"。"美学"从根本意义来说，属于"人文科学"，"美育"则是一种"人文科学"的"教育"，而与一般的"自然科学"的"教育"不同。

"人文科学"和"自然科学"这种划分当然不是绝对的，也不是说它们是互相矛盾、互相排斥的，按照解释学的说法，"人文科学"

与"自然科学"涉及的是两个领域的事,既然在"自然科学"领域里"碰不到""人文科学"的问题,则无矛盾、冲突可言。但它们二者又不是毫无关系的。在解释学看来,"人文科学"比"自然科学"更为基本,"自然科学"是在"人文科学"的基础上发展起来的,"人文科学"是"源","自然科学"是"流"。这种说法,从西方人思想方式的传统来看,是有其必然性的,热衷于各门学科和科学之建立,是西方理智生活的特点。

然而,我们不妨从另一个角度来重新思考他们所提出的问题。我们未尝不可以说,人们的本源性、本然性问题,是在"人文科学"与"自然科学"这种学科划分之前就已经提出了的。事实上,在人们自觉或不自觉地做出这种划分很久之前,那种"世界"与"人"的本然性的"意义"已然存在。这种"意义",不是某个学科(即使是"人文科学")发现的,它的问题也不是某个学科提出来的。本源性问题不是学科性或科学性("人文科学"性)问题,而是生活本身的问题。

一切的学科、科学,包括"人文科学"在内,都要有一种概念的体系,因而都离不开知识性结构形式。以一种不同一般自然科学的范畴体系来回答本源性问题,黑格尔在古典的范围里已做过了尝试。他承认"哲学"作为一门"科学"(一门"最高"的科学)当然离不开"命题",这就是说,离不开概念、判断、推理的概念知识形式;但黑格尔说,"哲学"用的是"思辨的"概念、范畴,而不是"表象的"概念、范畴。"思辨的""概念""范畴"的推演构成了"哲学"这门"科学"的体系。在这个意义下,解释学只是在现代的层次上把黑格尔做过的事重新做一遍。古典的和现代的,当然是有区别的,但都是西方的,即西方的一种专门学科式的思想方法。"哲学",作为一门学科,在西方固然源远流长;"解释学"也是一门学科，也有自己的历史发展，这方面伽德默尔在他的《真理与方法》中已有详细的介绍，所以"解释学"是现代西方哲学的一个学派。

然而，严格说来，关于本源性问题的研究和思考，本形不成一个独立"学问"，因为本源性的"意义"，不是一个现成的东西，不是一个现成的问题，因而也不可能有现成的答案。关于这种"意义"，我们当然必定有许多的"说法"，水平高的也许可以叫作"学说"，但却不会形成一个分门别类性质的"学科"，因为围绕这个"问题"的"回答"，关于这种"意义"的"说法"，实在是早于各种"学科"分门别类发展以前最为根本的东西。尽管历史的材料不断向我们表明：人类文明初期，不论东方还是西方，"美""善""真""信"是不可分的，但是人们还是要不断地试图去找出一种不同于"真""善"的"美"的"属性"或"特征"，在这种分门别类的"学科"式思想方式影响下，许多才智之士写了一本本的书来建立一个个不同于"知识论"和"伦理学"的"美学"体系；不少艺术家为了争取自身的独立价值，不无理由地强调"美"和"艺术"不同于科学知识、伦理道德以及政治政策的独特性，但殊不知，一切实际上、经验上、学科上的界线的划分，都是相对的。除了求助于历史水平的尺度，我并不能够成功地严格区分哪些是一般实用物品和哪些是真正的工艺美术品，也不能创作出完全没有社会道德或社会政治内容的戏剧、小说等文学作品来。

"世界"的、"生活"的本源性"意义"不是现成的"事实"，也不是抽象的概念"，为它下不了一个排他性的"定义"，正因为这种"意义"是一个完整的"整体"。用古典哲学的语言来说，它是"一"，但不是数学意义上的"一"，也不是指称、指谓上的"一"，所以"一"是多"中之"一"，"一"也是"全"。

胡塞尔在建立他的"严格的""人文科学"时有一个设想,即把一切经验的东西都"括起来""排斥出去"以后,看看还剩下什么,这就是他的著名的"现象学的剩余者",其实,这个"剩余者"就是现在解释学所追求的那种本源性的"意义"。不过胡塞尔的"排斥""悬搁"法仍然有古典式的"表象"与"本质"、"变异"与"不变"等分离的形迹,而所谓"经验"与"超验"、"现象"与"本质"……它们的区别,已是分门别类"学科式"思想方式的产物,而既谓"本源性""本然性",则仍应在这种"分化"之前,就本源性意义来说,"真""善""美"是一个统一的整体,这样,"美育"也就不仅是一种分门别类的"学科学"式的教育,而是生活本身的教育、历史本身的教育。提高人们的"鉴赏力""理解力",归根结底是要提高人们的生活。提高人的素质,也就是提高生活的素质。

关于"美"的"学说",不是概念式的范围体系,关于"美"的"教育",则也不是灌输式的、信息积累或储存式的,而只能是"启发"式的、"示范"式的。什么叫"启发"?"启发"首先是"启蒙",把被"蒙"着东西"揭发"出来。"启蒙"即是"揭蔽","揭蔽"为"真"、为"明"、为"信",都是围绕生活的本源性意义来说的。这种"意义"是真实的生活,是可以理解的生活,也是可以相信的生活。生活向我们展显的"意义"是一种"消息",预示了这一个新世界、新生活必将到来,因而是可信的。

"美"的"教育"同时又是"示范"性的,是"言教"与"身教"相结合、相统一的一种本源性的"教育"。"鉴赏力"的提高,"学习"各种"理论"和"学说"固然重要,但更重要的是亲自去"欣赏"历代的艺术品。"艺术品"是一个"物品",但又是艺术家的作品,艺术品在向我们说些"什么",同时也是艺术家向我们说些"什么",这个"什么"(意义、意思)是言教、也是身教。即使是文字的作品（如诗、小说），也不仅仅是"言教"，而是诗人、作家在把他对世界的感受、体验"告诉"我们。我们在读文学作品时是在"交谈""交流"，而不光是"接受"。我们读诗作，是在作品的指引下，"跟随"诗人再"吟诵"一遍，读小说是在作品的指引下，"跟随"作家把作品描写的经历在不同的形式下，在想象中再体验一遍，这样才可以说，我们读"懂"了那首诗，或那本小说。对作品能发表许多"批评"意见或有许多"议论"的人，不一定在真正的意义下"懂"了那个作品。

道理说起来还是这样简单："美育"固要某些专门的艺术形式方面的陶冶和训练，但并不限于这种分门别类的技术性的教育，"美育"不是"专门"的教育，而是"全面"的"教育"，归根结底，是生活的教育，是活生生的教育。

1987年6月5日于哲学所

（原载于《美学研究》1988年第1辑）

美学与哲学

一、美学是一门什么样的学科

"美学"作为一门特殊的学科,不是中国传统的学问,是从西方引进来的。按照西方的传统,凡一门学问,都有自己的独特的对象和研究这些对象的一套方法,于是在西方,所谓"学问"就是"科学",有实践的科学和理论的科学。学了实践的科学,就可以制作出自己需要的东西来,而学了理论的科学,就能够把握所研究对象的内部结构和外部的关系,最终还是有利于制作出自己需要的东西来。拿这个一般观念来套"美学",则会产生不少困难。首先,"美学"的"对象"本身就是一些不好解决的"问题",不像"物理学"的"对象"那样"确定",因而也就很难为这些"对象"来设定一套可靠的、似乎一劳永逸的"规范"和"方法"。不错,西方的美学经过多年的发展,积累了不少材料,甚至有过不少"体系",像康德、黑格尔、克罗齐以及贝乐、兰格……这些都是中国读者所比较熟悉的,但这些大家们所写出的书、所提的"体系",仔细想起来,都会发现许许多多的"问题",或者说,他们的"体系",似乎本身就是一个或一些"系统"的"问题"。

我们这样说,并不意味着别的学问、别的学科都是天衣无缝、不出问题的,任何学科都有自身的问题,科学家就是为解决、解答这些问题而工作的。但我们也不能不看到,美学里的问题似乎和其他有些学科不同,就是说,这些问题就其本质言,似乎是永远开放的,是要永远讨论下去的。人们在这里,真的像是遇到了苏格拉底的"诘难":永远提问题,而不给答案。

在这一点上,"美学"作为一门学科是和"哲学"一样的。

"哲学"作为一门学科来说,也不是中国传统固有的学问,而是在西方自古代希腊以来发展得很成熟、甚至被认为是过于成熟了的一门学问。古代希腊人从原始神话式思想方式摆脱出来,产生了科学式的思想方式,这种思想方式以主体和客体在理论上的分立为特征,把人生活的世界(包括自然界)作为观察、研究的"对象",以概念、判断、推理的方式来把握世界的"本质",并以此为工具来改进自己的生活、谋求自身的福利。

在希腊,"哲学"来源于"爱智",或"爱智"者,"爱""提问题","爱""刨根问底""追根寻源","爱智"即"爱思","爱想"。然而,希腊的科学式思想方式,把这种态度、精神本身也变成了一门学问,"爱智"成了一门"科学"——"哲学"。

"爱智"既成了一门学问,一门科学,那么这门学问、科学的"对象"何在?又用什么样的"方法"来"研究"这些"对象"?西方哲学告诉我们,那个"对象"就是那个"根"和"底",而那个"方法"仍然是"概念""判断""推理"。用思想的、逻辑的概念、判断、推理来把握那个(或那些)"根"和"底",于是我们就有了许多的"哲学体系":始基论、原子论、理念论、存在论、感觉论、经验论、唯物论、唯心论……,但讨论来讨论去,仍在讨论那个(些)"根"和"底",因为"根"和"底"不能像"日""月""山""川"那样从自然或社会中指证得出来,因而这个

（些）"对象"本身始终是"问题"。西方哲学，从近代以来，就明确了一点："哲学"不是要研究那个（些）"根"和"底"吗？实际上，"根"和"底"是种"问题性"概念，用这些"概念"建构起来的学科，和其他的学科是很不同的，如果和其他学科一样对待，就会是"形而上学"，而不是真"科学"——有"科学"之"名"，无"科学"之"实"。有"名"无"实"的"科学"，就变得十分"抽象""空洞"。

我们要说，"美学"的"对象"，同样是在那个（些）"根""底"里的，在这个意义上，我们说"美学"是"哲学"的一个方面，或一个分支，甚至是一个部分。

当然，"美学"这个概念比起"哲学"来，似乎还要含混。"哲学"与"科学"相对应，在西方从古代希腊以来，被理解为"原（元）物理学"——"形而上学"，即它是研究广义的物理学（即自然科学）的"根"和"底"；对应地，"美学"也可以理解成研究"艺术"和"审美"现象的"根"和"底"，称作"原（元）艺术学"或"原（元）审美学"。在这之后，"美学"也可以理解为一门真正的"自然"和"社会""科学"，所以，我们可以正当地说"审美（艺术）心理学"和"审美（艺术）社会学"。

正因为如此，在本文中，我们对"美学"这个概念，要做一个表面看来是人为的限定。既然我们已把"审美（艺术）心理学"和"审美（艺术）社会学"分出去作为专门的科学，那么这里所谓的"美学"，则基本上可以作"美的哲学"（关于美的哲学）或"艺术哲学"观。

这个学科上的划分，会出现一个不可回避而又很有趣的问题：把"审美心理学""审美社会学"等分出去以后，"审美的、美的（艺术的）哲学"还有什么"事"可做？还有什么"问题"可想的？换句话说，"审美心理学""审美社会学"等为"审美（艺术）哲学""留下"了什么余地？这个问题，也正是当代现象学所谓的"现象学"的"剩余者"的问题。这个学派的创始人胡塞尔问：既然人们把一切经验、自然科学都"括了起来"，那么还有没有留下什么"事"当让现象学来做的？回答在胡塞尔那里是肯定的：现象学就是要做那一切经验的自然科学所做不了的"事"。自然科学，不论在多么广泛的意义上，并不可能把世上的"事"都瓜分完了，那个"根"和"底"始终仍是问题，迫使人继续思考下去。"哲学"不会无"事"可做。

"根"和"底"正是所谓"现象学的剩余者"，但却又不是一个抽象的概念，不是"想象"出来的"无限""绝对""大全"……相反的，用概念建构起来的"科学世界"是抽象的，因为它是"理论"的，而把这个抽象的世界"括起来"以后，剩下的才是最真实、实际的具体世界，才是这些抽象世界得以"生长"的"根"和"底"，因此，把"抽象的概念世界""括起来"，也就是现象学的"还原"，即回到了"根"与"底"。

在这个问题上，胡塞尔的学生海德格尔有一个很好的发挥，他说，当今世界科学、技术的大发展，固然窒息了人的真正的"思想"，但却不可能取消"思想"；恰恰相反，科技越发展，似乎问题越多，越令人"不安"，越令人"思想"。

同样，美学的理论越精致，艺术的技巧越发展，审美的经验越积累，不但没有取消"美的、审美的、艺术的哲学"的地盘，相反，向它提的"问题"则越多样，越尖锐，因而，做这门学问，"想"那些"问题"的人所要付出的劳动则越大，因而工作也就越有兴趣。"经验"的积累不能"平息""提问"，而只能"加重""提问"。

这样看来，我们现在所要研究的"美学"——即"美的、审美的，或艺术的哲学"是和物理、生物、化学甚至心理、社会这些学科很不相同的，这种不同，是带有根本性的，即不是小的方面——如物理和化学的具体对象和方法有所不同，而是大的方面的不同。这种不同，我们也许可以概括地说，即在于：物理、化学、生物……学科，都以主客体理论上的分立为特点，将自己研究的"对象"作为一个"客体"，或观察、或实验，以概念体系去把握其特征、规律，但"美学"和"哲学"则把自己的"对象"作为一个"活的世界"，即"主体"是在"客体"之中，而不是分立于客体之外来把握的。这在西方哲学的历史发展上，叫"思维与存在的同一性"，即"主体与客体的同一性"，这种思想方式，有些人叫作"非对象性思想方式"或"综合性思想方式"。

这种思想方式，就西方哲学的历史发展而言，当然是有渊源、有来历的，它一直可以追溯到古代希腊早期的巴门尼德，但"同一性"思想方式在现代重新被重视，对西方人的思想方式来说，又不能不说有一种突破传统的意义。因为西方哲学，自亚里士多德以来，把"诸存在的存在"——即那个"根"和"底"当成了一个客观的"对象"，"思考""研究"了两千多年，如今要使这种抽象概念式的"思考""活"起来，自然要一番破旧立新的工作，这个工作从康德、黑格尔算起，也有一个多世纪了，而按照胡塞尔的意思，这种不同于一般经验科学的思想方式，为"人文科学"所使用。

在这个意义上，"美学"属于"人文科学"。

"人文科学"以"人"的"生活的世界"为研究、思考的"对象"。在这门学问中，"人"不是"纯粹的""思想的""主体"，不是西方传统哲学中的那个"我思"的"我"，而是活生生的"人"——胡塞尔的"先验的"或"超越的""自我"，而不是笛卡尔、康德的逻辑的、纯思的知性"自我";"世界"也不是与"自我"相对的纯"物质的""自然",而是"(人)生活的世界"。"我"是"在世界中"来研究、思考、理解"世界",而不是"在世界之外""与世界相对"来将"世界"作为"对象"使之概念体系化。"我""生活"在"世界"中,当然有种种"体验"和"经验","我"是有"知"的,不是无"知"的。这种"体验"或"经验"却不同于诸经验科学(如物理、化学、生物……)的"经验",这一点从上面的论述来说,是比较清楚的,因为只要指出它不是单纯的概念体系就明白了。这里需要着重指出的一点是:"人文科学"所要研究、思考的"经验""体验",比起其他科学所谓"经验"来,是更为基本的,即"人文"的"经验"是早于"科学"的"经验"的。

从根本上来说,"人"与"世界"的关系一方面并不是"纯物质"的,因为"人"不是"动物";另一方面,也不是"纯精神"的,因为"人"不是"精灵""神仙"。这样,"人"在能区分纯物质的实质关系和纯概念的精神关系之前,有一种更为基本的关系,而各种实质性(实证性)科学(物理、化学、生物……)和形式性科学(数学、逻辑……)正是在这个基本的经验上生长起来的。对这个基本的经验的研究和思考,就是胡塞尔说的"最纯净"而不杂,后来抽象概念科学的"严格的科学",即"人文科学"。对这种基本的关系,或这种基本的存在方式的研究和思考,也就是海德格尔在《存在与时间》里所谓的"基本本体(存在)论"。

"哲学"不是要"寻根究源"吗?这个"基本的世界"就是"根",就是"源"。这个"根",这个"源",这个"基本的世界",不在"天上",而就在"人间";不是真正的"超越的",而正是"经验的",是我们"生活的世界"。

"基本的世界"我们不妨叫它为"本源的世界",这个世界不是"无知""无识"的"野蛮""原始"的世界,因而不是"开天辟地"之前的"混沌"。在这个世界中,有着最为基本、最为纯净的"尺度"和"区分"。人无待于精密仪器的发明来区分事物的"轻""重"。"斤""两""钱"……出现之后,真正的"重""轻"却隐于科学度量和尺度之中。"命名"早于精确的科学知识,基本的世界需要基本的、本源的"知""经验",所以"命名"不是主观任意的,不是理论上的"主体""立法",而是"名""实"相符的。"人为万物之尺度"已开启西方科学性、主体性、工具性思想方式的先声,所以早期希腊的贤者们只能把"本源""始基"思考为"水""气""火"等等,是"万物"(之一,之中)和"世界"本身给我们(人)的"尺度"。

在这个生活的世界中,真、善、美的经验,并不像后来那样分成了哲学、道德、艺术、宗教等制度性、学理性的分立学科,但它们之间所显现出来的联系和区分,却是基本的,我们就是要从这种基本的联系和区分中来研究、思考有关"美"和"审美""艺术"的基本特征,以便弄清何以人们能确定地说"××是美的"以及在说"美"时的真实"意谓"。

然而,这个"生活的世界"是一个"活的世界",是要在"生活"中去"体验"的,而不能用一些"概念""范畴"——哪怕是"思辨的范畴"去"建构"一个"知识"体系来"传授",来"学"的,也不可能从古代或现代的"原始民族"那里"指证"出这种世界来,甚至不可能在"想象中""画"出这个世界的蓝图。"生活的世界"不是"远在天边",不在古代,不在边远地区,也不是海市蜃楼,事实上就在你身边,就在"眼前",无非因"眼前"常为"过去"(所支配)、"未来"(所吸引)而"埋藏""掩盖"起来,感于声色货利，常隐而不显，一句话，常常被"遗忘"了。所以包括"美学"在内的"人文科学"的任务，不在于用一套现成的教条"灌输"给人，而在于"启发"人自身的觉醒，"回想"起那被埋藏、隐遁了的世界。

"人文科学"不叫人"修炼"那"无知""无识"状态，相反，是叫人真正地、认真地"有知""有识"，叫人真正地、认真地"思"和"想"。人们常说，要"透过现象看本质"，"现象"越来越丰富，要"透过"去则越来越需要用很大的气力，而看出来的"本质"却仍是一些"问题"是一些无法一言以蔽之的问题，这就是"（有）问题"的"本质"，或"本质（性）"的"问题"。

"生活的世界"的"道理"，是"生活"和"世界"本身"教"出来的，不是某个"先生"，某本"书""教"出来的，"生活的世界"本身就是一本"教科书"，"生活"和"世界"都是"大书"。既然是"书"，当然也有"听""说""读""讲""写"等等，"生活的世界"的确是可以"听"，可以"说"，可以"讲"的世界，不是一个虚无缥缈的世界，也不是一个"死寂"的世界。事实上，"生活"本身都在"听""说""讲"……，但谁也不认为我们每天都在"教书"。"教书"的"讲"，是文化发达到一定时候的事，但之所以出现专门的"教员"，正因为我们本已是每天在"听""说""读""写"。"人文科学"是一门"生活的学问"，是一门"活的学问"，我写这本书，不是作为教员讲课，而是作为生活中的人来"讨论"，"讲"我对有关美、艺术的"想法"和"意见"，因而"我"始终在"讨论""问题"，"我"的"意见"绝不是"结论"，不是"封闭"的，而永远是"开放"的。如果说，"人文科学"也有自己的"方法"，那么这就是"讨论""对话"。关于"美"和"艺术"的基本问题，也是如此。

我们知道，在"基本的经验"方面，在"生活的世界"中，真、善、美本是同一的，它们为异中之同，同中之异，只是在西方科学性思想方式发展下，才分立成"知识学""道德学"和"美学"。这种发展，在西方的思想史上，也是不很平衡的。如果说，古代希腊早期的"自然哲学"侧重于"知识论"的话，那么，苏格拉底可以看作不同于早期"道德训导"的"道德（哲）学"的创立者，亚里士多德建立了"艺术学"，真正的"美学"的建立，则是很晚近的事。当然，古代没有严格意义上的"美学"，不等于古人没有想过有关"美""艺术"的根本问题，正如中国传统文化中没有"美学"这门学问，也不等于中国人就不考虑有关的问题，所以，我们在讨论这些问题前，对西方"美学"和"美学"问题思考的历史作一点整理，是必要的。我们的目的是在着手思考这些问题时，总是要"听听""别人"（特别是哲学家，无论古代的还是现代的）是怎样"说"的。

二、美学在西方的历史发展

西方民族，是"哲学"的民族。一切"科学"当然都来自于生活，来自于"生活的世界"，但就学科的形式言，在西方，"哲学"是"科学"之"原型"，又是"科学"之"归宿"。一切"科学"莫不通过"哲学"之环节滋生出来，等到它发展、成熟之后，又莫不在"哲学"中找到自己的一定的位置，举凡物理学、数学、伦理学、心理学等等，莫不如此，艺术学亦不例外。

在古代希腊，西方的"哲学"最初是以侧重于物理学和侧重于数学两个大方面发展起来的，于是有伊奥尼亚学派和毕达哥拉斯学派。在这个早期阶段，希腊人的问题已经是哲学的，他们已经明确地提出了"始基""本源"的问题,但他们学说的形式,以及他们学说的具体内容,却是科学式的。他们说,"水""火""气"等这些"物质"或"质",就是万物的"始基"。毕达哥拉斯的学说,也具有这个特点,但他进一步提出了"数"作为万物的另一个始基,就使作为"始基"的"物质"不但具有"质"的稳定性,而且具有了"量"的规定性,具有了"规律"。早期毕达哥拉斯学派的这个特点,其实在赫拉克利特的学说中表现得很是清楚:万物为熊熊之"火",在一定"尺度"上燃烧,在一定"尺度"上熄灭,"尺度"即是"逻各斯"。物质世界这种质和量的同一,到巴门尼德则为"存在","尺度""逻各斯"本身不是"多",而是"一","一"不可再分,为最基本的"数",于是有"种子"说、"原子"说。这些都源于广义的"自然哲学"。

然而,亚里士多德不把毕达哥拉斯学派包括于"自然哲学"之内,说明了西方人自古不把"数学"当作"自然科学",而只认为是一种"形式科学"。的确,从"数"到"尺度"到"逻各斯"这一完善,正说明了西方人的一种内容和形式、质和量等相分立的思想方式,这种思想方式又必定要使"主体与客体、思维与存在相对立"这个基本特点日益明显起来。

按现代一些古典学家和一些哲学家的解释,希腊文"逻各斯"来自一个动词形式,最初有"采集""综合""分门别类整理"的意思,后来引申出"说"的意思来。希腊的智者学派已经对"语言"提出了许多有意思的看法,他们问,"说"是一种"声音",为什么能"代表""可见"之"物"?他们坚持,"可听的"不能代替"可见的"。我们看到,这个前提可以推出一些不同的结论,但有一点是明确的:"语言""表现"的不是"物",而是"思想""观念"。"语言"是"思想""观念"的表现。这样,希腊人一下子就越过了"语言",直接研究"思想"。这时,希腊的"哲学",也就由研究"万物",转向研究"思想",于是有苏格拉底、柏拉图的理念论,而作为"思想"的具体科学,则为由"逻各斯"演化来的"逻辑学",这时已经到了亚里士多德的时代。

亚里士多德是西方哲学的真正的历史奠基者。如果说,在这之前,古代希腊人主要还是把"哲学"当成一些"问题"来探讨的话,到了亚里士多德,"哲学"就真的成了一门学科,有自己独特的对象、方法和体系——形而上学及其范畴论体系。

亚里士多德是一个百科全书式的学者,他的众多的著作,几乎同时奠定了西方"哲学"与"科学"两个大方面的基础。在"科学"方面,他的著作更几乎囊括了当时以及后来一个很长时期的一切科学,而有些学科本就是他自己建立起来的。在这个意义上我们也可以说亚里士多德是西方"哲学""科学"之父,也是西方民族自己独特的思想方式的最大的代表和培育者。

就在他众多的著作中,有一本流传下来的残本《诗学》,被认为是西方美学的开创性的著作,现在我们所能读到的,是他关于希腊"悲剧"的论述,据说还有"喜剧"的详细部分,但未保存下来。

当然,对于美和艺术的讨论并不始于亚里士多德。爱利亚学派的创始人克萨诺芬尼把"神"的"意象"与画上的形象相比,说明这些形象都是人创造出来的,颇有些无神论、唯物主义的意味。柏拉图有几个对话谈到"美",特别是《饮宴篇》提出了"什么是美",并大加讨论,被认为已很具美学意识。其实,那个时候固然已有了美学方面的问题,从"什么是美"的讨论中也可以看出苏格拉底已力求在"美""善""正义这些概念中找出本质的区别,但当时主要还是在讨论哲学和逻辑问题,而不是专门的美学的问题。《饮宴篇》结束时的那一句话"美是很难的"曾被误解为是科学上的一个论断,甚至是对"美学"的一种结论,但事实上只是借用了当时希腊的一个成语,其意思是"好事多磨"。这就是说,在早期,即使在思想已相当严密、精确的古代希腊,所谓"美""好"这类词在日常用语中,区分不是很严格的。这是一种生活的区分,而不是科学概念上的、定义上的区分。

"美学(的)""审美(的)"也都是由希腊文变化而来,但当时只是"感觉的""感性的"这类的意思,亚里士多德也没有用这个字来建立一门学问,"美"在古代希腊并没有成为一个专门学问的特殊对象和问题;但"艺术"却已成为一门专门的学问,《诗学》在亚里士多德那里其地位大概像《动物学》《物理学》……一样。

《诗学》用的基本上是经验科学的方法。我们知道,古代希腊曾经是艺术活动很发达的国家,特别是雅典,在它的伯利克里黄金时代曾以它的艺术的光辉吸引过许多外邦人,而雅典的戏剧舞台可谓最为光彩夺目的。亚里士多德的《诗学》把当时的悲剧作了经验总结,经过分析、思考,提出了定义性的判断,回答了"什么是悲剧"这个问题,为后世立则,凡不符合者,则不免"不是悲剧"之讥。亚里士多德这个残本《诗学》,显然与他的《形而上学》没有多大关系,但却一直被认为是"美学"之祖,至少他提出的"悲剧"概念,常为西方美学体系中的重要"范畴"之一,这除了西方人一贯的思想方式、科学分类的特点上的原因外,不能不说是有一些误解在里面。

这里应该提醒注意的是:亚里士多德的《形而上学》中没有"美学"的地位,其中原因,不能不作一些探讨。

亚里士多德的《形而上学》探讨了一个最为本质的存在,这一点使它与《物理学》……等研究的对象区别了开来。这个"(诸)

存在之存在"，是古代"始基""本源"的演化，是"逻各斯"的演化，也是巴门尼德的"一"的演化，亚里士多德叫作"第一性原则（理）"，哲学研究"第一性原则（理）"，这已成了哲学本身的"存在方式"，"哲学"本身的"本质"。为了把握这个"（诸）存在之存在"，把握这个"第一性原则（理）"，亚里士多德研究了诸种"范畴"，如"可能性""必然性"……，"哲学"就是这些"范畴"的体系。我们看到，亚里士多德的哲学虽然是"存在论"（或叫作"本体论"）的，但就范畴体系来看，却同时又是"知识论"（或叫作"认识论"）的。真、善、美，亚里士多德重点放在了"真"——知识论方面。

不错，就生活的本源性的世界言，真、善、美并无学科上、概念上的区分，这我们在谈到早期希腊"美的"与"好的"无严格区分时已可看得出来。但生活的世界仍有自身的区别，并非一片混沌，而这种我们叫作"基本的区分"的恰恰正是后来科学、概念、定义区分的基础。人原本并不是按照一个定义来叫某事物为"美"，相反，科学的"美"的"定义"却是从这种日常的称谓中，结合实际地提炼、概括出来的，而提炼出来的某种"定义"，又不是永远合适的，常要随生活的活的现实变化而改变。这个基本的道理，西方人在很长时间里竟是颠倒了的，这种颠倒，意味着他们在哲学中把认识论——关于"定义"的真理性提到第一性原则来考虑这一做法上。我们看到，古代希腊人尝试给"善""正义""美"下定义而不得结果之后，集中他们的才智来思考"真"的问题，即关于"万物"的真判断、真命题、真知识问题。至少"美"的问题被搁置了起来，这种情形一直到文艺复兴、启蒙主义兴起之后，才有较大的变化。

大家知道，"美学的""审美的"是由德国启蒙主义哲学家鲍姆加登引入哲学,并以此建立了哲学的一个分支——"美学"。"美学"在鲍姆加登那里是与"理性的知识"相对的"感性的知识"的意思。我们看到,鲍姆加登虽然建立了一门新的哲学学科,但他在运用"美学的""审美的"这个词时,仍然保留了"感性的"原音,这种用法,直到康德,仍然如此。然而,无论如何,这里应该指出的是:从此以后,哲学就增加了一个重要的部分,即"美学"就可以从哲学的角度来进行"探本求源"的研究,而不仅仅是一般的"艺术"的经验理论的、概念式的总结。

在建立西方的美学体系方面,康德的作用是不能忽略的。虽然康德本身对艺术并无特别的兴趣和修养,他对自然美的称颂,也是纸上谈兵,因为他从未离开过他的家乡;但他的哲学的睿思,却使他相当深入地思考了许多美和艺术的基本问题,在西方,至今还不能绕过它们。康德所论各个重要的有关美和艺术问题,本书以后的论述当会有所涉及,这里我们要着重考虑的是他的"美学"在他整个哲学思想中的地位问题。

我们知道,康德有三大"批判":"理论理性""批判"是审核"知识"的条件,"实践理性""批判"是审核"道德"的条件,唯有"判断力""批判"虽有自身的问题和类似"知识"和"道德"的形式,但在自身的结构上却与"知识"与"道德"不完全相同,它只是"理论理性"和"实践理性"相互关系的一种"调节"和"环节"。从这个意义上来说,康德即使在《判断力批判》中也并不把"美""崇高""艺术"包括在"形而上学"之中,而认为对于它们只是"批判",而非"学说",只是经过黑格尔,最后才进入"学说"——"形而上学"。在康德看来,"知识"是"纯感性的""世界","道德"是"纯理性的""世界",而"艺术"和目的论意义上的"自然",则是这两种"世界"的结合,因而这个"世界"不是"纯"的；在这里，我们看到，"纯"的"世界"是"理想"的，而恰恰"不纯"的"世界"才是"现实"的、实在的。我们生活的世界，既不仅仅是"科学的世界"，也不仅仅是"道德的世界"；"人"不仅仅是"知性的存在"——能作科学研究，也不仅仅是"理性的存在"——能摆脱一切经验、感觉而按道德律令行事，"人"还是"情感的存在"。人有七情六欲、喜怒哀乐。"世界"不仅给"人"提供吃喝的材料，也不仅展现为一些科研对象，而且也使"人""非功利"的"愉悦"。"自然"本身向"人"呈现一种"意义"（目的）。

康德的《判断力批判》分为两个部分：审美的部分和目的论部分，把这两个部分放在同一个"批判"之下是很有道理的，因为"美""艺术""自然"都向"人"显示着一种并非"知识""科学"所能囊括得了的"意义"，然而因为康德用了一个"目的论"来概托这种"意义"，就显得陈旧而不为人重视。事实上，后来德国浪漫主义正是从这里出发，把整个"自然"看作一个"大作品"，因而"美"和"艺术"就和"人"的"全面发展的个性"联系了起来，成为整个哲学思想的基础和核心。"美的世界""艺术的世界"就是人的生活的"基础性的世界"，是"科学""道德"，"感性""理性"相"和谐""同一"的世界。这正是谢林的"同一哲学""绝对哲学"的基本思想。

这样，我们可以说，整个德国古典哲学是从"同一性""绝对性"的角度来看"美""艺术"，而"美"的"世界""艺术"的"世界"正是那个"基本的""本源的""世界"，亦即他们所谓的"绝对的""世界"。"绝对"为"无对"，即"主体"与"客体"不相"对"，因而是一种"同一"。西方人的这个思路，到了黑格尔那里达到了历史的高峰，但他却又把一个活生生的"基础性世界"，变成了"纯思想性的世界"。这并不是黑格尔本人的某些"过错",而是西方传统哲学思想所很难避免的结果。

我们说过,"基本的世界"并非混沌一片,而是也有其自身的区别的,只是这种区分并不是"知性独断的""科学概念式的""定义性"的"对象",而是"辩证的""活"的"同"中之"异"。于是,在黑格尔的"绝对的世界"(即"基础性的""主体和客体不僵硬对立的"世界)里,也分出了三个层次:艺术、宗教和哲学,"艺术"处于"绝对理念"的最底层,也是最基础的层次。

在这里,黑格尔的思路可以理解为:"绝对"为"无对",真正"无对"为"理念",即"大全""世界作一整体""神"……,而人、手、足、刀、尺等等都是"有对"的。然而,"绝对"又不是"混沌,理念"只是一个"思想",没有一个与"理念"相"对"的"物质"(世界),但"理念"("全""神"等)却是"思想"与"思想"相"对","思想"自身"相对","思想"以自身为"对象",所以说为"绝对"。从这个思路发展出来,"艺术"(以及"宗教")都含有"非思想"的"对象",因而不是"最纯净的",只有"哲学",绝无"非思想"之"对象"存身之处,才是"绝对"的最"纯"的形态。推崇"纯概念""纯精神"的"思想体系",这是西方文化固有的传统,这个传统在黑格尔那里达到了古典的高峰,于是很自然地成为后来反传统的勇士们的攻击目标。

批评者们认为黑格尔的"绝对"太概念化、思想化了,"同一性"原则不能仅仅理解为"思想自身"的同一,因此绝大多数批评者们都要把黑格尔的"绝对"改造成更为"现实"的东西。其中对当代西方影响最大的为胡塞尔。

胡塞尔没有专门研究美和艺术,但他在当代西方所建立的现象学原则,对美学有很重要的意义,因为他的"生活的世界"既保存了黑格尔的主体、客体同一的意思，又努力避免了黑格尔的"绝对"抽象性和概念性。胡塞尔（生活）现象学改造黑格尔"精神现象学"的一条重要途径是：将古典哲学的"理念"观念扩大，使之不限于"大全""神"这类最高的概念上，而实实在在地承认：我们面对的这个现实的世界，就是"理念的世界"，不但"神"是"理念"，人、手、足、刀、尺等等都是一个个的"理念"，"生活的世界"里的一切区别，之所以不同于"科学概念""定义式"的"区别"，正在于它是一种"理念式的区别"。于是，胡塞尔的"生活的世界"就不必像黑格尔的"绝对世界"那样复杂，要经过艰苦的"辩证"发展过程才能"达到"，而是最为"直接"，不借任何外在手段、符号，我们每天睁眼看到的世界。

胡塞尔没有说他的"生活的世界"是"艺术的世界"，但这个世界却是"直接的"，是将"本质"和"意义"直接呈现于"人"面前，是"本质的直觉""理智的直观"，这已为他的学生海德格尔将"诗意"引入这个"生活的世界"提供了条件；而我们在康德《判断力批判》中已经可以看到后来这些思想的"秘密"所在。

海德格尔是当今欧洲大陆最有影响的思想家之一，也是突破欧洲思想传统的最强有力的人物之一。他在哲学领域里所做的工作主要是将尖锐反对黑格尔"绝对哲学"的基尔克特的"实存"（Existenz）观念引进胡塞尔的现象学，从而得出了许多非常重要的结论，其中对本书最为主要的是他把思、史和诗统一了起来，使人的"世界"变得丰富起来。

应该承认，本书以后的论述，常常要和从胡塞尔、海德格尔以来的现象学作一些讨论和辩驳，同时也会涉及最近20年来法国一些人对胡塞尔，特别是海德格尔的研究、运用和批评，这样，我们对西方美学的简述，已进入最为晚近的阶段了。

三、中国传统审美观念的一些特点

中国的文化和西方的文化在传统上是很不相同的。从传统上来说，中国没有"哲学"这门学问，也没有"美学"这门学问，但这不等于说，中国传统上没有"哲学"和"美学"问题。中国人有中国人提问题的方式，以及讨论、组织问题的方式，但其为问题一。其实，不仅中国文化与西方文化不同，阿拉伯文化、印度文化……也都和西方文化不同，而各种文化之所以不同而又能"交流"者，在于大家都有一些根本的问题。小问题可以不同，但大问题却是共同的，大家都要"刨根问底"，都在探索"宇宙之奥秘""人生之真谛"等等，你叫作"世界的本质""始基""第一性原则"……，我叫作"本""真""仁""义""道""德"……，或者还有无以名之的，但就问题而言，却是相同的。这样，才能解释为什么古时候为"封闭"或叫"原创"的各种文化类型，如今"开放"出来，却可以相互"交往""交流"，相互"吸收"，也相互"争论"。这一点先要明确，然后才可能讲各种文化之特点。

从我们简述西方美学中可以看出，西方对"本质的世界""本源的世界"的理解，有真、善、美几个方面，有"思"，有"诗"，但"史"这个度，却是很晚才出现的。黑格尔首先把"历史"引进"思想"，而海德格尔才把"历史"引进了"存在"；但中国人从"生活的世界"所体会出来的首先是"史"这个度，"真""善""美"都在"史"中。

"史"是有思想、有意识的"人"做的"事"，"事"是客观的，又是主观的，是人为的，又是自然的，"史"和"事"都是"活"的，是"正在进行"的，是"未完成的"，而不是西方传统意义上的"完成了""做成了"的"事实"。从字源来说,西方文字的"事实"(fact)亦来自动词,由拉丁文动词facio变化而成,而中文的"事",亦可用作动词,作"做"讲。所以在根本上,中西方的思路是一样的。但在演化成名词后,西方的"事实"就成了一个客观的对象,是不随人的意志而转移的,而它的动词的原意,则常要等一些哲学家和语言学家来提醒,才记得起来。但中文的"事"始终与"史"没有分家,从语音和字形上都可以清楚地看出来。这样,"事"始终保持着"人为的""历史的""时间的"这种原始的意思。在许多层次上中文的"事"不能与西方的"事实"相通,如"太平无事",不能说成"太平无事实",这其中的区别在于:西方的"事实",不能作"问题"解,而中文的"事"则是开放的,永远具有"问题"的性质。"事"即"问题","有事",即"有问题",反过来,"有问题",也就是"有事"。

"问题"本是"客观的",但要人去"发现"。没有"思想",不去"(思)想",当然不会有"问题","问题"是"客观"对"思想"呈现出来的。在这个意义上,也可以说,"问题"是"想"出来的,所以平时我们也说,"不动脑筋",就不会"发现""问题",而问题也是"制造"(做)出来的,"问题"与"事"不可分,同样,"思想"与"事"也不可分,"思想"与"历史"不可分。中国传统文化中没有抽象的"思想",也没有坚硬的"事实",所以也没有以坚硬的概念体系的"思想"来对待(整理)坚硬"事实"的抽象"科学",更没有以"思想"自身为对象的抽象"哲学"。

从这个基本区别,可以引申出关于中西文化同异的一些有趣的观念,在这里,我们想指出的重要的一点是:西方文化重语言,重说;中国文化重文字,重写。

前面说过,西方文化从古代希腊开始,一下子越过"语言"

直接研究"思想",直到19世纪末、20世纪初才有所谓"语言的转向"。"语言"比"思想"具体得多,但仍被看成是"思想"的"直接表达","语言"和"声音"好像是"透明的",直接把"思想"的"意义"表达出来,而"写"只不过是"语言"的"记录",是附属的。"说"是"第一性"的"源","写"是第二性的"流";"读""写"出来的"书",就是要"透过"("破除")"写"的障碍去体会"书"中"说"的"意思"。在这个意义下,西方的文化则被理解为思想性的文化,西方的历史也成了思想的历史,是"意义"的历史。这个传统,现在为法国的一些激进的哲学家所批评,认为事实上并没有纯粹的、抽象的"意义",历史也并非"意义"的逻辑的、承前启后的"线"性发展史。这是西方最近从海德格尔"历史性的思想"发展出来对西方文化传统的进一步的突破的结果。

中国文化历来重视"写",当然也并不偏废"说",所以中国文化不仅有"语言学"传统,而且有"文字学"传统,而"文字学"在西方则是很晚近的事。就传统言,中国甚至没有西方那种严格意义下的"语言学",而是一种"字学"。"字"分"形""声""意"。"声"为"音韵学","意"为"训诂学","形"则是严格意义上的"文字学",而"形""声""意"都统一于"字"中。

在这个意义上,我们不妨说,中国文化在其深层结构上是以"字学"(Science of Words)为核心的。之所以说是"深层"的,是因为"字学"似乎是中国一切传统学问的基础,中国传统式的学者,无论治经、治史、治诗,总要在"字学"上下一番工夫,才能真正站得住脚。

"字"是"写"出来的,不是"说"出来的,中国人只说"写字",不说"说字","说"是日常的,人人都会的,"写"才是文化的,"识字"是"识""写出"来的"字",不是"听"出来的"字","读音"也是"字"的"读音"。

中国是"铭刻"的国家。古代的"书",不但写、刻在竹简上,而且刻在石头上,或藏诸深山,或立于通衢。比起中国古代的碑铭石刻,古代希腊的铭刻真是可以忽略不计了。他们的书写在不易长久保存的"纸草"上,并非他们真的不知道刻在石头上可传诸久远,实在是因为他们总觉得"说"(对话)比"写"重要得多,而不甚在意"写"的缘故。也正是这个缘故,中国发展出了一门很特殊的艺术——书法艺术,而古代希腊虽有"书写美观(法)"(call—igraphy)的说法,后来曾有一段时间也很讲究书写技巧,但终未成一门真正的艺术。

中国的学问离不开"字","考据"就是根据"字"的"形""声"关系,"考证""字"的"原意",以求古人(一个虚拟的"人")在"造字"和"用(此)字"时"基本意义"。这个"意义"是基本的,也是历史的,所以要"考",所以中国的学问不是"知识考古学"(福柯),而是"字的考古学",是"考'字'学"。"字"才是真正的"原级性"(Positivity)的。

于是,人们为弄清美学的基本范畴——"美"的含义,就也要作一番"考据",以助研究。

"美"一般按《说文》理解为"羊""大"为"美"。这个解释当然有它的道理,不应轻易否定,因为与"美"相应的"丽"字,就与"鹿"有关。但近来不少人对"羊大为美"的说法提出异议,认为"美"按甲骨文、金文的字形,应释为"饰羽毛"的"人",而与"羊"没有关系,这个说法有一个佐证是:"美""每"同音,"美""母"则声母亦近,因而可以进一步确定为"饰羽毛"的"舞女",这是以音韵、文字来训诂,也还是有些道理的。把"美"的联想从"羊"转为"人",似乎更易受到欢迎,而"美""丽"皆为"阴性",虽有"美男子""美髯公"之称,但"美人""丽人"却一定是女性,这似乎也保存了远古造字的意义。不仅如此,在理论上,把"美"释为"羽饰舞女"还突出了"装饰"的意思,不像"羊大为美"未免过于功利。

"装饰"表面上看是一种"附属物",但却是人才发达起来,而特有的一种活动,"装饰"与"娱乐""游戏""技艺"同为人的"存在方式",对于"自然"来说,好像是"附加"上去的。其实,说穿了,人的一切活动(包括科学、技术、艺术、宗教……),对"自然"来说,都是"附加"上去的"附属品",但对"人"来说,却是最重要的、最本质的,所以是"本质的""附属品"。

在中国传统中,"字"不仅是概念的符号,写出来的"字"就是"文","文""字"不可分,而"文"即"饰",即"装饰"。"文"是广义的"字","字"为核心的"文"。"写"与"刻""划""画"同源,在这个意义上,也正是在这个意义上,可以说"书画同源"。所以,以"字学"为基础核心的中国传统文化,也可以称作广义的"文学"。

"文化"这个词在西方来自拉丁文"耕作",在中国则为"人文化成"。使世界和百姓"文化"即"美化""装饰化""字化",所谓"装点江山"。"文化"之基础在"识字",所谓"识文断字";"识字"为了"读书",所谓"知书识礼"。"文化""人"不但要识得狭义的"字",读得了狭义的"书",而且能读得了"生活""世界""历史"这本"大书","大书"无"字"但处处都有"字","博古通今",是为"文化"之上乘。

在中国文化中,"古""今"是相通的,但并不是悬设一个永恒的、抽象的、概念的"本质"或"精神"将它们贯通起来,因而"人"不是从一个"无"的、"自由"的纯粹"我思"的立场来做"创始者"。"前无古人""后无来者"只是在一定条件下诗人的想象,事实上"人"都是"继承者",就连开国之君总还要以继圣王之业为己任,把前朝帝王加封一些称号,以承"大统"。"天""地""君""亲""师",如果实在没有什么可以"承继"的,则还有"天""地"在指引我们,以"造化"为"师"。"通古今之变"这个"变",不是"无中生有",而是"生生相息"。就连道家的"无",也是"名分"问题,"无名"而"朴","朴"并非真"无",而是真"有",为有名之万有之母。"母"当非"无",而为"有"。

中国文字,有象形之因素,以鸟兽虫迹为本,变化出来,亦非"无中生有",不像欧洲表音文字,"形"只是"音"之"符号"或"代表",自身并无"意义",而"音"又被理解为"思想""精神"的直接表现,"思想""精神"本"无",故西方的表音文字也容易被误解为"无中生有"。中国文字本身就来自自然。"说"似乎在"说""自己"的(独创的)"意思",但"写"总要"依据"些什么,永远在前人的基础上"重写""改写"。在中国人的眼里,山山水水本就是有"字"的,"重写""改写"则是"装点江山",使其"更""好看"。于是"写",不管是"写""诗","写""经","写""律令"……,都叫写"文章","文章"是为"华饰"。无论写何种体裁,都离不开"历史",都在"写""历史",连修桥、铺路,建筑高楼大厦,也叫"谱写历史新篇章"。这样,一切锦绣文章,无不统摄于"历史"之中,"历史"为文章之最,华饰之尤,凡欲作"文化人""有教养者",必须对"历史"有足够的意识。"思""史""诗"统一于"史"。"思"不是单纯的概念,"诗"不是"概念"的一种特殊的形式——形象的形式,"诗"为"思无邪","无邪"为合"史"。"思"为"史"之"思","思"之"史","诗"为"史"之"诗"、"诗"之"史"。"历史"让我们（令我们）"思想"，我们"思想"的是"历史"，吟诵的也是"历史"。

这样，文字之学虽曾被斥为"雕虫小技"，但始终在中国传统文化中占有基础性地位，日积月累，终于在清代的"小学"中达到历史的高峰。"小学"自称"小技"，但"微言大义"，"小技"中亦有"本"、"真"、"源头"在。

从这个意义出发，也许我们可以说：在西方，"诗"是"思"的一种形式，而在中国，"思"和"诗"都是"史"的一种形式，所"思"、所"忆"、所"吟"、所"诵"，归根结底都是"史"，都是"事"。西方的美学是哲学性的，中国的审美观念是历史性的。

中国传统的这种文化观、审美观本身，自然也有其历史的发展过程。中国古代文化奠基时代，有"儒""墨""道"三家，而尤以"儒家"影响最大。

"儒"本是"文学之士"，"郁郁乎文哉，吾从周"，"历史"与"文学"已然统一了起来。"文"有诗、书、礼、乐，"诗言是其志也，书言是其事也，礼言是其行也，乐言是其和也，春秋言是其微也"（荀子《儒教》），直至两汉，"文学""文章"还可泛指一切学术文化。

墨家反对"虚饰"，道家崇尚"自然"，都与儒家相对，故墨家有"非乐"之论，道家以"道德"反对"仁义"，似比儒家更注重"本源"，而反对"人为"；事实上，儒家亦未忽视"本（源）"，而于"本""末"有自己的理解，即儒家之"本""末"都在生活、社会、人文之中，而不强调超"人文"、超"生活"之"自然"。这样，我们注意到，在早期儒家对"文"（写）和"言"（说）中有"本""末"、轻重之分的。说来有趣，在早期儒家思想中，"文"大大重于"言"。"文"为"文化","人文化成",是周公的典范,而"言"则常常受到批评,什么"天何言哉""巧言令色",都是孔子说的批评的话,"言"与"辞"通,因"辞"害"意",则更是文人的大忌。

"文"又与"藝"通,"藝"始指农事稼穑之技。"寫","划道道""种田地","術"也是使禾术生长有所规范,本是人的一种活动。"说"可以随意,但种地却不能乱来,要秉承天地之引导,只有以"文"的角度来看"言",才能体会出"说"也有所本,不能乱来。这是早期儒家关于"文"的基本想法。

儒家重"人文",讲"人文化成";道家重"天然",讲"自然天放",对中国传统艺术、审美思想影响都是主导性的。但无论"人文"、"天然",就传统而言,都没有"纯思"这个基本的度,因而没有"哲学"——以"思想"自身的"对象"这种"科学"。道家反对"人伪",主张"绝圣弃智",取消"仁""义""名分"诸种框框,在"破"的方面,很有些劲头,颇有点胡塞尔把一切"(自然)经验""括起来"的气概,但古代道家没有进一步问:"括起来"以后,还为"人""剩下"什么?道家的心目中,取消一切"人伪",剩下的为"自然""天成",大家都返"朴"、归"真","人"就成了"绝智""绝识","无知""无识"的"鸟(禽)兽","人"没有了,故道家的思想归于"无",不是说马、牛、羊没有了,而是"人"(伪)没有了。"无"为"无伪""无名""无为",而因其"无",才"有","有""自然""天成"。马、牛、羊"摆脱"了"人"(为)的"控制",才真的是马、牛、羊。这样,道家的"去伪存真",这个"真",不是"真人",如果硬要说是"真人",则也"皈依了""自然"的"人",与"鸟兽""游",与"万物""齐"。道家言"道""德""性","万物"皆有自己的"德"、"性",而唯有"人"

没有自己的"德"和"性",故有"天道"而无"人道",有"天性"("人"只有"天性"),而无"人性"。"人"失去了"自己",故"齐""生""死",在这里,海德格尔的"Dasein"的一切本源之度("历史性""死""烦"等)统统没有了意义。

由此我们看到,中西思想固然有许多相通的地方,但从精神实质上说,是不很相同的。儒家讲"人伦",讲"历史",归于"圣王之道",以天下为己任,行事、立功,"事""功"皆可以"文"视之。圣人之事功,为世界增加光彩,所以圣人在事功之余,不废"文章",寓事功于道德文章中,诗书礼乐皆为"人伦"服务,"艺""诗",就逐渐地不在那本源性的"度"里,只是派生的了;道家根本取消了"人"的度,一切归于"天放","人""生"天地之间,如同飞鸟遨游于太空,"艺术""审美"的态度,反倒成为基本的态度,所以从中国实际的历史看,道家对中国艺术的影响同样是很大的,或反因其放弃"事""功"倒更加重了"无功利"之审美、艺术态度。于是,以"生活""人伦"制"艺术",和以"艺术"入"生活",又成为中国艺术上的两种不同的倾向。

然而,无论如何,就中国传统文化的实际来说,在"思""史""诗"这些基本的度中,儒家重"史"的度,道家重"诗"的度,但"思"这个度,在古代却没有得到充分的发展。当然,古代墨家可说是相当重视"思"这个度的,他们在探讨工具性"逻辑"(名理)以及技术性思辨方面,达到了古代历史的高度,但不是像古代希腊那样以"哲学""纯思"为依归,因而未能使"思"这个度有较长足的发展。此种思想方式之结果,亦影响"史"和"诗"自身在理解方面的特点,从而形成中国特有的"史论"和"诗论"风格:不是以纯逻辑、纯理论的方式来"规范""系统化""体系化""史""诗",而是以"史"观"史",以"诗"品

"诗"。中国之"史论"亦是"史",中国之"诗论"亦是"诗"。我们将会看到,这种思想方式,对纠正西方将一切都"理论化""概念化""科学化"的偏颇,自然有一种参考的价值,但究其根源说,也许竟起源于儒家之祖先崇拜和道家之自然崇拜,而两家又都归于"天人合一",只是在对"天"的理解上各有不同,而将"人"自身之特点——"思",化于"天""地"之间。中国传统文化自先秦以后,虽亦变化多端、姿态万千,但儒家"史"的精神和道家"诗"的精神笼罩了数千年,直至晚近在西方文化之冲击之下才受到震荡。

(选自《美的哲学》第一部分"引言 美学与哲学")

艺术作为一种符号形式

艺术终于从原始宗教神话中解脱出来,不再真假不分,而成了一种真正的意识形态、文化形态,对这种形态的内部特征,卡西尔也根据自己的总的哲学原则作了考察。

首先,卡西尔否定了艺术的模仿论和表现论,认为它们都有片面性,而且都没有说到艺术本质的要紧的地方。在这里,我们要根据卡西尔的符号哲学基本原则来理解他对这两个对立学说的态度。因为批评这两种学说的人很多,因而我们理解的重点不在对这两种学说的否定,而在这种否定的根据。从根本上说,在卡西尔看来,艺术是一种符号形式,是对世界的把握方式,因而它的问题就既不是"模仿",也不是"表现",而是"解释"。"艺术"同样是人类的一种能动的结构活动。

卡西尔指出,从根本上说来,艺术中的模仿(再现)和表现是不可分的,模仿论者不能否定抒情诗的存在,不能禁止情感的表现;表现论者也不能否认艺术中客观形象的再现因素。但在卡西尔看来,艺术的本质也不仅在于这两种因素的简单结合,艺术有自己的独特的领域。卡西尔说,艺术"既不是物理世界的模仿,也不是强烈情感的流露。它是对现实(reality)的一种解释(interpretation)——不是通过概念(concept)而是通过直觉

(intuition);"不是通过思想的媒介,而是通过感觉的形式"。[1]从这个基本立场来看,模仿和表现都是不够的。

艺术既然要以感觉的形式来把握世界,当然离不开世界本来的现象,但这里的"形象"只具有"媒介"的意义,即它只是"符号",是用以"解释"世界的"符号",因而艺术的问题不在于它所用的"形象"如何"像"真的现实,而是在于要弄清这些"形象"如何"解释"现实的"意义"。这样,艺术家与他面对的世界的关系,就不是"模仿""再现"的被动关系,而是要从他所面对的现实世界中获得一种新的意义,看出世界的新意蕴,做出一种新解释,因而是一种结构的能动的关系。卡西尔说过一句很有意义的话:"像一切其他符号形式一样,艺术不仅仅是再现现成的、给定的现实……它不是现实的模仿,而是现实的发现。"[2]艺术家用现实的材料,按照现实本身的形状,塑造一个意象的世界,这个世界是现实世界的一种"解释",因而是一个新世界,一个新发现,一个新创造,因为它展现了一种新的意蕴。

卡西尔把艺术和语言相比,"语言"固然是"说"这个现实世界,但没有人在严格意义上认为"语言"是现实世界的"模仿",因为"语言"的形式,不是世界的感性直觉的形式,而是语词和语句的形式,人们用这个形式来"解释"现实世界的意义。就基本的一点而言,艺术和语言是一样的,只是形式不同,所以卡西尔说,"语言和科学是现实的缩简(abbreviations);艺术则是现实的强化(intensification)[3],因为艺术要以现实本身的感性直觉形式为媒

---

[1] 卡西尔:《论人》,耶鲁大学出版社,1972年版,第146页。
[2] 同上,第143页。
[3] 同上,第143页。

介。而无论语言、科学或艺术，它们所创造或结构出来的世界是一个新世界，不是原来的物理世界的翻版，而是一个思想性的世界，就艺术来说，是一个意象的世界。

从另一方面来说，所谓感情的发泄或表现更只是物理、生理的事实，不是思想性、文化性的活动。人有七情六欲，这些情感和欲望的发泄是生理现象，人类文化的任务就是要对这些现象的意义做出解释，而不是机械地自然地表现这些现象，或让这些情感和欲望发泄出来。卡西尔说，"单纯为情绪所支配只是多愁善感（sentimentality），而不是艺术。"[1] 艺术需要的不是发泄情绪，而是要对情感做出解释，因而同样是一种赋形性的结构工作（formative constitutive power）。艺术中的情绪同样属于意象世界，而不属于物理生理世界。艺术是自然的"镜子"，不是自然本身，"情绪的意象不是情绪本身（But the image of a passion is not the passion itself）。"[2]

从艺术作为一种符号形式来看，它就有一种结构、功能、文化的性质，因而是公共的、社会的事，不是艺术家纯粹私人的事。和语言、科学一样，艺术同样具有一种普遍性，按照康德的说法，卡西尔把它叫作"审美的普遍性"（aesthetic universality）[3]，因而艺术同样具有一种可传达性、可交流性。

这里我们可以看出，艺术问题的复杂性在于：它既是一种思想性的文化形态，又具有生活本身的形象，因而常被看作是物理世界的组成部分。原始宗教活动常常和现实生活不可分，是原始人物质生活的一个组成部分，但它本质上仍是一种思想性、意识形态性的

---

[1] 卡西尔：《论人》，耶鲁大学出版社，1972年版，第142页。
[2] 同上，第147页。
[3] 同上，第145页。

活动，而不是物质活动本身；艺术当然也是实际生活的一部分，人的实际生活中无不渗透着艺术的因素，衣食住行，无不可以（或应该）艺术化。然而，从本质上来说，它是与物质生活不同的精神生活，文化生活。正是这种生活，使人的生活区别于动物的生存。人不仅生活在物质的世界中，而且生活在意义的世界中，生活在文化之中。不错，艺术要求生活本身的形式，要求一个活的世界，但这个活的世界，"不是活的事物，而是'活的形式'"[①]，艺术对实际物质生活而言，只是一种"形式"，在卡西尔说，是一种象征性的符号的形式，人们用这种活动形式、感性的直觉的形式来探索人生宇宙的意义。

卡西尔还进一步指出，这个"意义"并不是像费希特、谢林、黑格尔所说的是"先验的""无限""绝对"，而是在经验之内的，因为人类的文化形态，就是经验的形态。艺术是一种文化形式，所以也是一种经验形式。在这里，卡西尔显然是把他自己的文化哲学和杜威的经验主义结合了起来，而以符号的形式作为这种经验主义和现象学的理论核心。就某种意义说，卡西尔这里对艺术的解释，与杜威的《艺术即经验》不无沟通之处，这同时也说明了康德哲学为经验知识寻求根据这一思想与整个经验主义哲学思潮的相容性。从沟通大陆理性主义和英国经验主义的角度来看，卡西尔所做的工作是很有意义的。卡西尔在艺术问题上反对先验论的绝对主义是和他的整个哲学上的现象学倾向有关的，但也正是由于他反对先验论，所以他的"（知识）现象学"和胡塞尔的现象学又是迥然不同的。卡西尔说，"艺术要在线条、布白，在建筑和音乐的形式中寻求我们

[①] 卡西尔：《论人》，耶鲁大学出版社，1972年版，第151页。

感觉经验本身的某种基本的结构成分"[1]。

不仅如此,卡西尔还从文化哲学的立场,批评了当时的一些艺术心理学的理论。心理学如果理解为研究人的心理机制的活动过程,那么,实际上它是一门自然科学,多年以来,所谓实验心理学在美国学院中始终占统治地位,这是很自然的现象。对"心理"(psyche)还有一种先验现象学的理解(胡塞尔),那是一种哲学。康德以后,对于心理现象能否归结为物理现象有过一番争论;但除了上述胡塞尔那种理解外,心理学作为一门自然科学的地位是确定了的。从这个意义来说,卡西尔既然把艺术看作一种文化现象、思想性的现象,因而在理论上,心理学是不能穷尽艺术的本质的。我们不能仅仅从艺术的心理活动的特点来看艺术的本质,而是要从艺术作为一种文化形态的特点来解释艺术心理活动的特点。这应是卡西尔在这个问题上的基本态度。

就艺术心理学来看,美给人以一种愉快之感,这是无可否认的,但对这种感觉的进一步解释就有不同的见解。在这方面,美国现代思想史上出过一位哲学家桑塔耶那,他的《美感》一书至今美国学术界仍引以为荣。桑塔耶那的思想,的确是由审美经验上升到哲学高度的一个范例,他的"美是愉快的对象化"的说法在卡西尔到美国的时期是颇为流行的,因此卡西尔首先就来评论这个论点。卡西尔说,美是愉快的对象化,那么就意味着创造艺术品的目的是为了愉快,而这是不可能的。因为绝不能想象米开朗琪罗建造圣彼得大教堂,但丁或密尔顿写他们的诗是为了"愉快"。在卡西尔看来,这种美感理论上的快乐主义,仍滞留在物质的世界,因而所谓

---

[1] 卡西尔:《论人》,耶鲁大学出版社,1972年版,第157页。

愉快，只是一种被动的反应，而不是一种能动的创造。他说："从古至今的一切审美的快乐主义的共同缺点在于他们为我们提供的审美愉快的心理学理论时完全没有考虑到审美的创造性（aesthetic creativeness）这一基本事实。"[1]在这里，卡西尔提出一个看法：审美如果是一种愉快的话，则不是对事物（things）的愉快，而是对形式（forms）的愉快。因为说到"形式"，在卡西尔的哲学中，不像在桑塔耶那哲学中那样只是被动的感觉，而是能动的结构。"形式"不会自动地印入人的心中，而要经过人心之构建，因而审美的、艺术的愉快，实际上是一种创造的喜悦。卡西尔认为也只有这样，才能正确地理解所谓"对象化"（Objectification）的问题。

与快乐论相对立的还有一种理论，这种理论源于德国的浪漫主义者，他们认为，艺术的境界是一种非理性的梦一般的境界。由于艺术境界似乎可以"摆脱"一切羁绊而得到一种"自由"的放纵，因而可以叫作"白日梦"（awaking dream）。与这个理论相联系，卡西尔还批评了柏格森的直觉主义，柏格森把艺术境界描述成类似于催眠状态（hypnotic）。在这条思想路线上，卡西尔还一直追溯到尼采。他认为尼采早期著作《从音乐的精神看悲剧的诞生》一文针对文克尔曼古典理想主义而发，强调希腊悲剧起于极端强化的激情，因而是酒神崇拜的产物。卡西尔认为这些理论都有一种片面性，因为就这些理论来看，艺术归根结底只有一种被动性，而没有人的心智的能动的构建作用，因而不能在两个极端中求得平衡。卡西尔说："艺术的灵感（artistic inspiration）不是醺醉（intoxication），艺术的想象不是梦幻（dream or hallucination）。任何伟大的艺术品都是以

---

[1] 卡西尔：《论人》，耶鲁大学出版社，1972年版，第160页。

深刻的结构的统一性为特征的。我们不能把这种统一性归结为两种完全杂乱无章的状态，如梦境和醺醉状态。我们不能用无定形的成分（amorphous elements）来构建一个结构整体。"①

然而，卡西尔指出，并不是任何能动的活动都是艺术的活动，艺术理论中的游戏说与被动的快乐说不同，抓住了能动的特点，因而游戏的确也给人以创造的喜悦。游戏同时又伴随着想象活动（imagination），也提供意象（image），但卡西尔认为，游戏不是艺术，区别在于儿童的游戏只给人以幻觉的意象（illusive image），而艺术却给人以真实的意象，虽然这种真实性只是形式的，而不是实质的。②

卡西尔认为，我们应区分三种不同的想象活动：一种是"发明的力量"（the power of invention），一种是"人格化的力量"（the power of personification），一种则是"产生纯粹感觉的力量"（the power to produce pure sensuous forms），儿童游戏具备前两种力量，但却缺少后一种力量。和对待审美快乐论一样，卡西尔说，如果一定要把艺术与游戏联系起来，那么儿童是"玩"事物（play with things），而艺术家则"玩"形式（play with forms），即在线条、布白、韵律和节奏的自由运用中得到乐趣。③

从这里，我们可以看出"形式"不仅在卡西尔的哲学中，而且在他的美学中占有十分重要的地位。在这里，"形式"不是"外形"，而是"结构"，是人心能动的产物。事实上，所谓人心的能动作用，或"组织"（organization）、"构造"（articulation）的作用，就是"理性"的作用，因而卡西尔在《论人》的艺术部分几次批评

---

① 卡西尔：《论人》，耶鲁大学出版社，1972年版，第163页。
② 同上，第164页。
③ 同上，第164页。

克罗齐的直觉主义，认为他只强调直觉的表现，而忽视人心的一种有组织的形式构造的作用。当然，卡西尔并不否认艺术的直觉性的特点，认为这正是它与语言、科学相区别的地方，而恰恰是坚持艺术——直觉——表现公式的克罗齐，把艺术与语言完全等同起来，而在卡西尔看来，艺术不但与科学，而且与（日常）语言在符号形式上是不同的。①但无论如何，艺术不仅仅是直觉，卡西尔概括说："任何艺术都有一种直觉的结构（intuitive structure），这就意味着，有一种合理性的特征（a character of rationality）。"②

总起来说，在这一点上卡西尔和杜威是一致的：艺术同样是一种文化，一种组织，是对世界的一种"解释"，但艺术不是用理论形态来解释世界，而是用一种"同感性的视像"（Sympathetic vision）来解释事物。③卡西尔说："科学给我们的思想（thoughts）以秩序（order）；道德给我们的行动（actions）以秩序；艺术给我们对于可视、可听现象之知觉（apprehension）以秩序。"④

这样，在卡西尔看来，艺术就和其他符号形式一样，有一种结构，因为它是符号的形式，因而它的结构是一种意义的结构，于是像语言一样，艺术也有一种"语意学"（或意义学，semantics），从这个角度来看，艺术家和哲学家所讨论的"想象的逻辑"或"想象的规律"，就有了一个新的基础。

(选自《思·史·诗——现象学和存在哲学研究》第二部分"艺术·神话·历史——卡西尔的《论人》")

---

① 卡西尔：《论人》，耶鲁大学出版社，1972年版，第168页。
② 同上，第167页。
③ 同上，第169—170页。
④ 同上，第168页。

审美经验之普遍性

康德把知识的普遍必然性、知识的"先验性"（transcendental）建立在"先天性"（a priori）之上，所谓"先天性"乃是指"前件"作为"结论"的逻辑条件，在康德的思想中，即所谓"先验的"（超越性的）必然性、普遍性仍建立在"逻辑的必然性"的基础之上，这在胡塞尔看来，正是康德现象学的不彻底的地方。胡塞尔的现象学以"理念"（观念）的"本质直观"为普遍性与特殊性之统一，完全排除了"逻辑条件"之形式性，因而"先天性"（a priori）在胡塞尔的现象学中不占有重要地位，虽然他的现象学的主旨还在于建立一种纯净的科学——人文科学。这个思路，在海德格尔的存在哲学中，当然得到进一步的发展，"逻辑"被理解为一种非本源性、非存在性的形式推理的工具性规则。此后，雅斯贝斯、萨特诸家对"先天性"问题，都未曾有特别的重视。但杜弗朗的《审美经验的现象学》中，却有专门章节来重新确立这个问题的重要性，他把这个问题的讨论，置于"审美经验的批判"的总题目下，非常明显地肯定了他的美学思想和康德哲学的紧密的关系。我们体会杜弗朗的意思，是要通过上溯康德，把存在论与知识论结合起来，从而使他的理论坚守住胡塞尔现象学"纯知识"的阵地，虽然在他的美学中吸收了从海德格尔以来许多存在论的思想，但他的立足点，仍在于承认对于"存在"可以有一个知识性的把握,而不仅仅是存在性的体验。

我们知道,康德的《判断力批判》,按照他的《纯粹理性批判》的方法,对审美的经验、趣味判断,也和一般经验的知识判断一样,讨论了它的普遍性条件,他的核心问题是:为什么为个人习性所左右的趣味判断也有普遍性,也"有权""要求"人人都"遵守"(同意),但康德在这个领域里只讲到趣味判断的个别性中蕴含了普遍性,从而讨论了"非功利性""审美理想"和"德性之象征"等问题,还没有明确地把他的"先天范畴论"完全搬到审美中来。康德着重的是指出审美、艺术与知识、科学之区别,但他把知识论中之"图式"运用于审美中转化为"象征"(符号),则已意味着各种知识范畴在审美和艺术中都应有各自的变化形态。人类只有一种"语言",人们关于"艺术"说的"话",是和人们关于"知识"说的"话"同一的,是同一种"话",但却有不同的"意味"。即如存在哲学家,尽管他们铸造了一些自己的词汇,但他们不能完全不用"科学的语言";他们可以不用"原因""结果"(但在行文中他们也很难完全避免"因此""所以"这类说法),但他们一定要接纳"时间"和"空间",否则他们就无法谈论"存在",但"时间"和"空间"在存在哲学中却有自己的含意,他们认为,存在论中的这种含义是更为本源性的。

这样,就审美和艺术领域来说,问题就在于:为什么那些看起来像知识性的"范畴",在审美经验中也能使用,从而使审美的判断也带有自身的普遍性?这也就是杜弗朗所要进一步讨论的问题。

我们知道,康德把理性的功能分成构建性和规整性两种,知识性直观和范畴形式建立经验性对象,因而是理性之构建性作用,而"理念"只在于调节理性自身的关系,不能建立经验之对象(我们不能在经验上有"无限"这个"对象"),因而是理性的规整性功能。按照康德这个划分,审美的经验应是建构性的,因为它通过建立一个"对象"来开放一个"世界"。①我们并不真的生活"在这个世界中",我们作为欣赏者对这个"世界"的感受,似乎是由这个"世界"作为一个"对象"所提供给我们的,因而似乎是这个"对象"的一种"属性"(或许可谓"类属性"——quasi-attribute),而我们的审美判断是对这种"属性"的把握。我们判断一个女人"有吸引力",不必自己真的"被吸引",而只是做出一种判断,似乎这个"吸引力"是"对象"本身固有的客观属性,我们对这种"吸引力"的"感受"(feel),是对"对象""属性"的感受,而不是"我自己的主观状态"的感受,因而这种"感受"不是"情绪"②;但是,"艺术作品"作"审美对象"来看,又不是知识的对象,不是单纯的"客体",而是"类主体"的"客体",作为"作品"的"客体"并不放弃它的"主体性"③,因此,"审美的属性"又不同于一般的"科学的属性",它是"主体性"的属性,是"世界"的属性,因而是一种"价值"(因此,"价值"可谓"类属性")。知识论是解决客体性属性的先天条件,即对于这些属性的经验知识如何可能;美学则要解决主体性属性(价值)的先天条件,即对这些属性的审美经验如何可能。

为了回答审美经验如何可能的问题,杜弗朗区分了三种类型的先天性,因为没有先天必然的形式规则是不可能形成统一的"经

---

① 杜弗朗:《审美经验的现象学》,英译,美国西北大学出版社,1973年版,第437页。
② 同上,第441—442页。
③ 同上,第444页。

验"的。杜弗朗说,有存在性(existential)的先天性,有思想性的先天性,也有情感性的先天性。存在性的先天性使人的实际生活成为可能,思想的先天性使人的知识成为可能,情感性的先天性则使人的深层交往成为可能[1],而这三者都属于人的"经验"范围,从而没有什么"超经验""经验背后""经验之上、之外"的东西存在。

思想性的先天性涉及事物之"表象"(representation),而情感性的先天性涉及主体的深层结构,这二者的区别是杜弗朗的着力所在。他指出,房屋的"温暖"和巴哈音乐的"纯净"显然有不同的"意义",前者是表象性的,后者则是情感的结构[2],但又不是实际存在性(实存性)的先天性,不是实际的生活的条件,而仍是一种"认知性的"(noetic)条件,因而不是纯主体的情绪,而是"类主体"的"感情"(感受)。

"客体"中表现的"类主体性",使主体的特性借助"客体"的属性表现出来,作为一种特殊的属性(如巴哈音乐的"纯净")提供出来,感染欣赏者,这种特殊的"审美属性",杜弗朗叫作"情感的性质"(affective quality)。[3] "情感的性质"是对象中的主体特性,是客体属性中的价值。按照康德的思想,"属性"之所以有普遍性,成为经验知识以普遍传达,根源于一种建立这种属性的先天的直观和范畴形式,这些经验中的形式"先于"这种经验属性的对象之前。同样,杜弗朗认为,"价值"也是"先于"具有这种价值

---

[1] 杜弗朗:《审美经验的现象学》,英译,美国西北大学出版社,1973年版,第444—445页。

[2] 同上,第445页。

[3] 同上,第439页。

的"对象"之前,因而是这种对象出现的"先天条件"。杜弗朗说,"价值"好像一个"信使"(messenger),预先宣言一个"对象"的出现[①],情感性质也有同样的特点,它"先在于"它的具体对象,使这个对象成为可能。情感性质通过艺术家使具有这种性质的对象出现,因此,艺术家也是一个"信使",预先宣告审美对象的出现。

在情感性质中,必然性与个体性是统一的,因为这种性质不是单纯客观的属性,而是"类主体"的属性,审美的世界不是知识的对象,而是情感的对象,认识这个世界,不是认识一个单纯的客体的世界(自然界或作为客体来看的社会、历史),而是认识"自身"。[②]艺术的世界是一个活的世界,是真实的世界,是主体的真理性的见证。[③]真实的世界不是主体与客体分化之后的世界,而是分化之前的本源性的世界,这个世界是分化以后的世界的基础和条件,因此情感的性质先于客体的属性,也先于主体的情绪。杜弗朗说,音乐的"柔和"早于音符和情绪之分,"字"的意义,也早于"音位"(phoneme)和"义位"(semanteme)之分。[④]这种先于音符的"柔和"、先于语音的"意义",使"音乐"成为"音乐","字"成为"字",因为作为先天条件(a priori)就由纯知识性转化为存在性,即作为一个"对象"之存在的条件[⑤],这就是康德所说的,经验之可能条件,也是经验对象之可能条件。在现象学和存在哲学看来,这句话应理解为无论经验或经验对象都源于人作为存在的本

[①] 杜弗朗:《审美经验的现象学》,英译,美国西北大学出版社,1973年版,第447页。
[②] 同上,第449页。
[③] 同上,第450—451页。
[④] 同上,第455页。
[⑤] 同上,第455页。

源性状态，而不是源于理性作为工具之抽象的形式的必然性、先天性，"存在"的条件，同时即是"存在性""对象"的条件。这一点，在杜弗朗进一步研究"情感范畴"（affective categories）时更加明朗起来。

康德论经验，侧重于直观形式和范畴形式之先天性，这一点是现象学可以接受的。但康德把这种"经验"限于科学知识，则显得过于狭窄，为新康德主义所不满。扩大康德关于经验、现象、知识的范围，取消与现象对立的本体，则是现象学和新康德主义的共同任务。

然而，如果承认康德所述经验知识、科学知识的性质，则现象与本质的区别是不容否认的。胡塞尔说，现象学之纯粹知识的确不等于科学知识，它是真正先验的知识，是"理念"的知识，但并非本体性的，不是关于"本体"（noumena）的知识（如黑格尔哲学所说的），而是真正的现象的知识，"理念"即"本质之直观"，这种知识与经验知识的关系不是本体与现象的关系，而是基础与建筑物的关系，是种子、根与芽、枝叶的关系。胡塞尔对康德的变革在于：实际上胡塞尔肯定一种先于经验科学的更为本源性、因而更为必然的知识之存在，即理念作为本质直观的知识的存在，而这种纯净的知识又不是黑格尔所谓的绝对的、概念式的，而是直接的、活生生的。

杜弗朗在论述审美范畴时，明确地把胡塞尔的这种早于各门具体科学之知识[1]与康德的先天范畴论联系起来，具体运用于情感的问题上，认为在具体的情感可以分别出来之前，对于情感必有一个先

---

[1] 杜弗朗：《审美经验的现象学》，英译，美国西北大学出版社，1973年版，第463页。

天的、普遍的观念——范畴,因而这种"前科学"之知识也有必然性和普遍性[1],即不仅有"纯粹科学"(纯粹知识),也有"纯粹美学"(纯粹审美)[2]。在这里,杜弗朗承认,他所运用的是比康德本人还要彻底的康德原则。[3]

杜弗朗说,我们对于"情感(审美)范畴"的"知识",早于具体的审美情感,是这种具体情感的先天条件,就像知识的先天范畴早于具体的经验知识一样。譬如同是法国作曲家,同是弦乐四重奏,弗莱(Fauré)的给人以"纯净"之感,而弗朗克(Franck)则给人以"粗犷"之感,而"纯净"和"粗犷"存在于我具体感受弗莱和弗朗克作品之前。"纯净"和"粗犷""似乎"(类似)他们作品的一种"属性",要求人人在欣赏时都能承认,要求欣赏者都来做他们提供的"世界"的"见证人",都能承认那种"价值"。"作品"表现了一个世界,也打开了我们自己的"世界",我们在观赏艺术作品时并不完全受自己情绪所左右,艺品作品吸引我们"进入"它所打开的世界,艺术作品对观赏者来说,同时也是一个"见证",它"证明"我们有感受、评判作品的能力,"证明"我们自己"能够进入"一个"世界","证明"我们是"人",而不是"物",即"证明"我们是"见证人"。"知识"不仅"证明了""可知的""对象",而且也"证明了""能知的""主体";"审美"(欣赏)不仅"证明了""艺术作品",同时也"证明了""欣赏者"。

然而,艺术作品既不是一般的"物",而是"存在"(existence)的表现,是一个"例外",则如何又具有普遍性,这个问题就需要进

---

[1] 杜弗朗:《审美经验的现象学》,英译,美国西北大学出版社,1973年版,第464页。
[2] 同上,第465页。
[3] 同上,第465页。

一步的解释。"存在"而又有普遍性，这就是萨特所提出的"我"如何成为"我们"。我们知道，萨特对这个问题原则上持否定态度，而杜弗朗则持肯定态度，虽然他在解释这种肯定时显得比较粗糙一点。杜弗朗说，"存在"是一个"例外"，它当然"在因果系列之中"，但它本身又是"自由"。这原是雅斯贝斯的观点，因为雅斯贝斯强调"时间中之永恒"，"必然中之自由"。杜弗朗说，"自由"当然是"个体性"的，但同时它又具有"相似性"[1]，他的意思是说，"我"是"自由的"，但"他人"也是"自由的"，"我"是"他人"自由的"见证"，"他人"也是"我"的自由的"见证"。我的自由受到他人的自由的"限制"，但"我"也和"他人""分享"自由。艺术的欣赏就是一种"分享"，因而艺术作品并非外在的标记。[2]

"情感（审美）范畴"作为"知"是普遍的，但这种范畴要体现于具体作品中通过艺术欣赏发现出来，因而又是个体性的。"范畴"作为"前概念的"（preconceptional）知识，是普遍的，它与"他者"处于和谐之中并通过这种关系实现出来[3]，因此，杜弗朗又强调指出，"先天性"只有通过"后天性"（a posteriori）表现出来[4]。在杜弗朗看来，主体的先天性只有通过一个"对象"才能表现出来，但这个"对象"又不是一般的"事物"，而必须同时是一个"他者"。这就是说，"主体"必由另一个"主体"来"证实"，而一般的"事物"是"证实"不了的。日月山川证实不了人的存在，能证实人的

---

[1] 杜弗朗：《审美经验的现象学》，英译，美国西北大学出版社，1973年版，第450页。
[2] 同上，第482页。
[3] 同上，第484页。
[4] 同上，第491页。

存在的只能是"他人"或表现"他者"的"作品"。所以，杜弗朗说，审美的对象提供一个机会使人知道他具有先天的功力：莫扎特的作品使人们知道自己能欣赏"优美"[①]；艺术作品提供机会使人认识到自己，认识到自己作为人的存在，而正是因为"自身"为"人"，才有"先于""对象"的"条件"来欣赏"对象"。

"范畴"是先天的、普遍的，经验是具体的，但经验之所以成为"经验"，则以"范畴"为条件，这就是说，普遍性为个别性的条件，普遍性"先于"个别性。这个观点，在康德那里，是与逻辑的普遍形式相结合的，在胡塞尔，则为普遍与个别相统一的"观念"相结合，在存在哲学、特别是萨特那里，则更进一步与"定型心理学"的知觉理论结合起来。把"整个"早于"部分"的思想引入哲学中来，从而杜弗朗可以比较容易地把它用来解释"范畴"的先验性问题，即那种现象学意义上的本源性知识早于对具体对象的感受[②]，而对具体对象的感受以那种知识为基础和条件，并为那种知识之见证。因而才具有审美经验的普遍有效性。

这样一种强调审美范畴先天性的观点其意义当然在于解决审美经验之普遍有效性，从而使审美经验不陷于主观的随意性；但审美经验既不同于一般（科学）经验，因而它的普遍有效性就不能归结为主体与客体（对象）分化后的形式上立法（制定规则）的必然性，而应理解为"自身"之存在性，按杜弗朗的说法，即两个"自身"在存在上的相似性。审美的对象并非展示"自身"的自然属性，也不是展现"自身"在其所属世界的"价值"，而是表现不同于

[①] 杜弗朗：《审美经验的现象学》，英译，美国西北大学出版社，1973年版，第497页。
[②] 同上，第511页。

其所属的另一个世界，由于艺术家通过艺术作品把这个世界打开，观赏者得以进入这个世界，因为观赏者本身也是"自身"，这种相似性使它可以进入那个艺术的世界。"我""在这个世界中"，但"我"可以通过想象"进入另一个世界"，因此，"我"可以暂时"摆脱"我所属的世界，对某些对象采取审美的态度。杜弗朗指出，监狱中之犯人之所以能欣赏巴哈的音乐是因为他可以暂时摆脱眼下的所属世界，作为一个"他者"，或为"他者"保留、发挥欣赏者的能力。①巴哈的音乐有权要求人人都进入它所表现的世界，对这个世界的价值作出判断，但不是作为一种客观的属性，而是作为一种情感的性质，为人的本源性的知识所确立、所证实。

※　　　※　　　※

情感（审美）范畴的先天性，当然是知识性的先天性，但同时也是存在性的先天性。前面说过杜弗朗所谓存在、思想、情感三种先天性，实际上思想和情感的先天性都根源于存在的先天性。知识的对象只对知识的主体才有意义，审美的对象只对审美的主体才有意义，艺术的世界只对欣赏者才开放，艺术作品中所表现的"类主体"，只能被另一个"主体"（"自身"）"读"出来。②所以"存在"（existence）是最为基本的，存在的"意向性"（intentionality）使世界澄明，使意识与对象区分开来。但就存在论来说，"对象"是"存在"的对象，"意识"也是"存在"的意识，存在的对象在知识的对

---

① 杜弗朗：《审美经验的现象学》，英译，美国西北大学出版社，1973年版，第519页。
② 同上，第541页。

象之前，而存在的意识也在科学的意识之前。

杜弗朗按照萨特的说法，认为现实的世界是"自为的"世界，"人"作为"存在"（existence）使这个世界成为"自为的"世界，所以"存在"是现实世界的"现实性"的根源，"存在"先于"意识"（与"对象"之分化），因而"存在"的"真理性"先于现实世界的现实性。[①]"艺术"作为本源性知识的一种形式，它同样根源于"存在"，所以"艺术"和"现实性"同属于"存在"，为"存在"的两个方面[②]，"艺术"不是"现实"的刻板的"模仿"，而是把"现实""审美化"，亦即"人性化"。[③]

这就是从存在论观点对"艺术"与"现实"关系的一种理解。"艺术"给"现实"以"意义"，但这种"意义"并不是外加上去的，而是"现实"作为"存在"的意义。就存在论来看，"现实"不是死的"自然"，而是人的生、老、病、死的环境的界限，艺术使这种"意义"明朗化，使这个"世界"呈现在人的眼前，所以在这个意义下，虽说是通过艺术家的创作呈现出来，但同时也是"现实"呈现其自身，"世界"自己呈现出来。

"存在"不是玄思的产物，而是"理智的直观"，是可以"看"出来的，但"存在"却又是隐蔽在"深处"的。存在论上所谓"深处"，即是"回归"到最为本源性的存在状态：回到生、（老、病、）死这样一种"开始"。杜弗朗说，艺术作品作为表象来说，画中之形象似乎是过去见过的，因为我们"认得出"画中之事物，但作为一种本源性的存在的显现，则又似乎是从未见过的，因而永远

[①] 杜弗朗：《审美经验的现象学》，英译，美国西北大学出版社，1973年版，第541页。
[②] 同上，第539页。
[③] 同上，第545页。

是"新"的。[1]

我们看到,和雅斯贝斯在哲学领域里做的工作相同,杜弗朗在美学领域里也从存在论走向形而上学,从而在现代西方思潮中预示了艺术形而上学的前景。

在杜弗朗看来,科学和实践当然都以人的存在为根源,但它们本身都不承认、排斥事物中的人的特性(人性),而只有艺术承认、肯定并揭示事物中的这种性质[2],但这种"人性"又不是艺术家外加给事物的,而是"事物"作为世界的组成部分所固有的,人不是这种意义的建立者,而只是它的"见证者"。[3] "意义"就是"存在"[4],巴哈音乐的"纯净"使巴哈音乐之所以成为巴哈音乐,而巴哈本人——艺术家则只是使这种"音乐之纯净"显现出来,使这种"音乐"为"存在"的一个环节[5],因此艺术和艺术学都是"存在"(Being)的工具。[6]艺术家是"传信使",而不是"创世主"。艺术家受到"存在"(Being)的召唤,要让"存在"显现出来,艺术家为他所属的世界打开另一个他不属于的世界,艺术家是这些世界的"见证者"、"沟通者"。

艺术家是本源性世界的沟通者,而在这个世界中"存在"("是"什么)和"行动"("做"什么)是不可分割的,因而作为"做"和"行动"的"准则"——法律尚未产生,在这个意义下,

---

[1] 杜弗朗:《审美经验的现象学》,英译,美国西北大学出版社,1973年版,第543页。
[2] 同上,第550页。
[3] 同上,第549页。
[4] 同上,第547页。
[5] 同上,第549页。
[6] 同上,第550页。

艺术家总是"无辜的"("无罪的")。①"言得无罪","言""行"不可分,艺术家作为艺术家的"行"——雕刻家凿石、建筑家砌石头……,仍是一种"言",即表现一种"意义",就如同作家的"写作"这种"活动"(行)一样,雕刻家作为雕刻家来说,他手中的斧子是从不杀人的;他的斧子不是毁灭一个世界,而是揭示和创造一个世界。

然而,艺术家虽然是"无辜的",但他又是"有责任的",因为他是"自由的"。他揭示着本源性的东西,他是"创造者",他"无所依凭",所以也"无可推诿",他是"始作俑者"。在知识领域里,似乎只有亚当与夏娃是"有罪的",因为只有他们是"始作俑者",而他们的后代都学会了"推诿责任"的本领;但在艺术领域里,在"上帝"的眼里,每个艺术家都是"有罪的",因为艺术家的"责任"就在于把"世界"的"真实"揭示出来,而且一次又一次地不厌其烦地重"新"把这个"真实"揭示出来,因此,每个真正的艺术家都要具备亚当和夏娃那样的勇气,准备承担起这个无可推诿的责任。艺术家就"是"艺术家,而不是要"做"艺术家。

(选自《思·史·诗——现象学和存在哲学研究》第九部分"杜弗朗和现象学美学")

---

① 杜弗朗:《审美经验的现象学》,英译,美国西北大学出版社,1973年版,第554页。

评伽达默的美学观

西方的哲学思潮，从近代以来，有一个比较大的变化，即将原本是相对独立的关于艺术、美的思考，接纳到哲学的体系中来。这种做法，当然可以追溯到中世纪阿奎那将真善、美统一于"神"的那样一种"理性"神学体系，甚至可以追溯到亚里士多德《诗学》作为经验哲学体系的一个部分，但与哲学的基本问题联系起来考虑的则是近代启蒙主义的做法。在德国，首先是根据沃尔夫哲学建立讲授系统的鲍姆加登，而影响更大的是康德将美和艺术作为他的第三个批判的前半部分。

现代的哲学家以笛卡尔、康德作为欧洲近代哲学的开创者，当有相当的理由，这种看法，不仅体现在大多数的哲学史的著作中，而且更重要的，是体现在可以看作当代哲学的创始者的那一些哲学家的著作中。这些著作，为提出不同于近代哲学所提问题、并给以不同的解答方式时，总是要回到笛卡尔和康德。胡塞尔的著名的关于笛卡尔的著作和海德格尔那部被看作《存在与时间》续篇的《康德与形而上学问题》，都是明显的例子。

海德格尔思想的特点在于在现代的环境下，重提存在论（本体论）的问题，这是与康德的思想针锋相对的；康德的工作正是要从传统的"存在论"问题转向"知识论"问题，这是他自己心目中的

"哥白尼式的革命"的具体意义。这样,海德格尔要把颠倒了的关系再颠倒过来,康德的问题,当然是不可回避的。然而,海德格尔对康德的批判工作,是基本的,但并不是全面的,这个工作需要有人继续做下去,而这个后继者就是海德格尔的学生伽达默。

伽达默是海德格尔思想的继续者,也是他的思想的完成者,因为当伽达默在二十世纪六十年代初期正式建立起一门学问——"解释学"("释义学")后,他已经"终止"了海德格尔的思路。我们这种议论的根据在于,当海德格尔反对一切"主义""论"时,就在根本上否定了胡塞尔提出的建立一门"活的"、不同于"自然科学"的"人文科学"的可能性。在海德格尔的心目中,哲学的问题只在于不断的"思"和"想",而并不能建立一门"学问"把"思"和"想"来"教授"给别人。在这个意义下,伽达默的工作与其说是接续海德格尔,倒不如说是接续胡塞尔,或者更加公平地说,是接继海德格尔《存在与时间》中所提出、而后来弃而不用的"基本存在论(本体论)"的工作。

从"基本存在论"到"解释学"之间思想上的发展关系,是比较明显的。"存在"是"意义"的"存在","存在"的"意义","解释"什么?"解释""意义","存在"需要"解释"。"意义"不是"感觉"(心理学),"意义"也不是"概念"(逻辑学),这样,"解释学"就从过去与"语义学"和"心理学"这些逻辑学和经验科学的纠葛中摆脱出来,成为"存在论"的问题。用中国的语言来说,关于"存在"的问题,要成为一门"学问",可以叫作"存在""论",也可以叫作"解释""学"。

伽达默阐述这门学问的主要著作是《真理方法》,显然,他这里的"真理",是在存在论意义下来使用的,中国话可以叫作"真在","存在"的"真理"(真义),或"真理"(真义)的"存在"。

《真理与方法》以三个部分来阐述存在论的解释学,其中第一部分就是"审美的""艺术的"。在这里,伽达默所讨论的问题,大部分为康德已经提出,而我们知道,在康德那里,这部分的内容,构成了他的第三个批判——《判断力批判》。

伽达默对康德思路的这种"颠倒",反映了他们在理论上的深刻的分歧。

我们知道,康德哲学以主体与客体分立为原则,以主体性先天原则,建立起知识论必然性的根据,而道德领域中"纯主体"、"纯理性"的"绝对命令"原则,使他的主体性原则得到了坚决的贯彻。然而,受黑格尔启示的欧洲大陆现代哲学——黑格尔哲学作为古典哲学的"终结",当之无愧地具有这种启示作用——,对这种主体性原则的批判,必将导致由这个原则建立起来的"知识论"和"理性论"的转变,而在康德的第三批判中,却由于"美"、"艺术"和"目的论"使这种纯主体性"原则受到抑制。"美"不是一个知识性"概念,"艺术"有其明显的存在形式,而不仅仅是一种"思想""知识"。康德第三批判中"目的论"部分因其充斥各种过时的落后的词语而不受重视,然而从解释学眼光来看,自从"人"出现在这个世界上,"自然"就为"人"显示出一种特称的"意义",成为"人"的"世界"的一个部分。正是在《判断力批判》中,康德的主体性先天原则受到客体性的经验原则的抑制,迫使他在美、艺术、目的中寻求一种"和谐"。所以,从黑格尔开始,"美"和"艺术"就成为他的"绝对理念"显示自身的"初级阶段"。在舍弃了"绝对"这种思辨概念后,伽达默的问题则是:如何从"存在论"上理解美和艺术。

西方现代关于"存在"的思想,是海德格尔奠定的。知识论的问题是:"世界(这)是什么?"重点在于"什么"。科学上对这个

"什么",不断地有相当精确的回答,但胡塞尔说,"什么"不是与"我""生活"无关的纯客观的"概念",而是"世界"向"我""显现"的那个样子,这是他建立的"现象学"("显现学")的基本观点。世界向我显现的样子是基本的"知",是最为纯粹、严格的"知"。现象学同样是海德格尔的思想的出发点,即"知"不是概念式的、主体性的"科学体系",不是"我"在"世界"之外冷眼旁观的知识,而是"我在世界之中"的"知"。"我"看世界、认知世界时不是一个抽象的、纯理论的"思("我思"),而是一个活生生的、生活在世界中的人,"我的思"和"我的在"是不可分的,不是"我思故我在"(笛卡尔),而是"我在故我思"。这样,海德格尔就和黑格尔一样,恢复了为笛卡尔、康德所破坏了的古代希腊哲学的基本命题:思维与存在的同一性,但黑格尔的重点仍在"思维"上—— 一种思辨性的辩证思维;海德格尔的文章则做在"存在"上—— 一种特殊的、有思想的"存在"——"Dasein","人"。

在《存在与时间》中,海德格尔强调从"Dasein"的分析入手,来理解欧洲哲学的传统问题。他认为,康德虽然反对笛卡尔以"我思"论"我在",但仍坚持"我"即只是"思",这样,就一定要把"思(维)"和"(存)在"割裂开来,认为"存在"(本体、本质)不可知。事实上,"我"本不仅仅是"思","我"是实实在在的,有思想、有感情、有血有肉的,"思"和"在"本不可分,"思"是"在"的一种方式,即"人"的"存在"的特殊方式,因此,即如康德所云,"存在"不是概念知识的"对象",但却是可以"理解"的,因为"理解"本是"存在"的一种方式,而不是抽象的概念。从这个意义上说,"存在"不但是"可知的""有知的",而且是一切科学知识根源,是"真知"。"我"确确实实地、非常具体明确地"知道"我的"存在"和世界的"存在",这种"知道",不是科学性、概念性的，而是存在性的，它的具体内容，受制于世界，受制于我生活的世界，受制于我的生活，生活都是具作的，是"Da"，而不是抽象的、概念的。一切概念的知识（科学）都植根于生活的活树上。

海德格尔的"存在状态"相当于胡塞尔那个不同于物理感觉刺激的"纯粹心理状态"——所以我们用"心境"来译海德格尔的"Stimmung"，但"心理"（Psyche）显然缺少"存在"的度而成为主体性原则的一个佐证，因而"人"作为一种特殊的"存在状态"或"存在者"，海德格尔坚持用德语中现成的字"Dasein"来描述，而后来雅斯贝斯对这个词的攻击和讽刺，也都是有相当的理论根据的。

由《存在与时间》提出的基本存在论的问题围绕着"Dasein"，强调由 Dasein 来看 sein 问题的提出，而《存在与时间》的侧重点虽在分析"Dasein"，但实际上却在分析"Da"，如"有限性""时间性""历史性"和"死"的问题，都在说明那个"Da"。后来海德格尔的工作似乎侧重于来分析 sein，所以他在《康德与形而上学问题》中才指出将"时间"观念引入科学知识是康德的重大贡献，而海德格尔对"无"的分析，即指出自亚里士多德以来的"存在论"之所以成为形而上学乃是把"存在"当作抽象的"概念"，即"诸存在的存在"，这里的"存在"是为从诸属性概括出来的"最普遍"的"属性"，而这种理解下的"存在"实为"不存在"——"无"。

事实上，按照海德格尔的原则，没有抽象的、概念性的"sein"，因"人"为"Dasein"，因而一切的"sein"按其本性言，都是"Dasein"，即从"Da"来理解"sein"。

于是，被认为是一个个具体的、个别的"Da"如何又具有普遍的、可交往的特性，就成为一个严重的问题。海德格尔说，"理解"

是"Dasein"的存在方式，这对于破除"理解"的抽象性、概念性方面是有相当的攻击作用，但还必须进一步解决："Dasein"如何具有"理解"的可能？这就是伽达默在《真理与方法》第二版序中所提出的，解释学的主要问题在于解决"理解"如何可能。

我们看到，伽达默提出的这个问题，固然直接接续海德格尔关于Dasein之分析，但这个问题的提问方式，显然来自康德。我们知道，康德思想体系主要是由几个"如何可能"构成。他关于"科学知识如何可能"的问题，针对笛卡尔、休谟的怀疑论，在变化万千的感觉、意见中，寻求知识的先天原则，为普遍必然的知识提供根据；伽达默也要从存在论上为个别的、具体的Dasein之间相互理解，相互交流的可能性寻求根据。

Dasein是具体的、个体性的，Dasein的"知""理解"也是具体、个体性的，如何在个别的、具体的方式中蕴含着普遍的、可交流的，而不是"私人的""知"，很自然地就想到了"审美"和"艺术"。所以加达默说，"审美的经验不是各种经验中的一种，而是经验的本质"[①]。

从这里，伽达默接过了康德《判断力批判》中关于审美判断批判的问题，并把它们放到更为广阔的背景中来研究。

不难看出，艺术和审美之所以成为经验的基本形态在于它被普遍认为是个别与一般、感性与理性、特殊与普遍……的统一和结合，在科学性思想方式中被认为可以分析、分离的两种因素，以及产生它们的主体性与客体性两种原则，在审美经验和艺术作品中是不可分割的。正是在传统和古典的意义下，艺术被看成是个性中见

---

① 伽达默：《真理与方法》，英译本，第63页。

共性，感性是体现着、显现着理性。而艺术和审美的形式，不是科学概念的形式，而是生活本身的形式，艺术作品和审美经验正是那种生活中、经验中的"Dasein"，是恩格斯、黑格尔说的"这一个"。

的确，"Dasein"有点类似于黑格尔哲学中的"具体的共相"，受过古典哲学训练的人不妨从这个角度来体会Dasein的意思，这是不无帮助的。然而，"具体的共相"在黑格尔哲学中是"绝对"，因而是一种"超越"，而"Dasein"却如其德文词意所显示的，是"经验"的，从这方面来看，无论海德格尔或伽达默，都注意到新康德主义扩大康德"经验"概念，以消融黑格尔的"绝对"的内容，从而使"回到康德"的口号不至完全流于"复旧""倒退"的软弱反响，而使自己的学说有一种新的面貌。

新康德主义者扩大了康德的"经验"范围，使它不局限狭义的"科学知识"的领域，而扩展到人类一切文化的领域之中。如大家所知，新康德主义各流派在对各种文化领域即各人文学科的结构顺序的认定上有所不同，但毕竟把艺术、宗教等作为经验的一些具体形式接纳到哲学的体系中来。新康德主义这种对"经验"的宽容态度，的确受到了现代现象学的猛烈攻击，因为胡塞尔的现象的超越精神，扩大的不是康德的"经验"部分，而是他的"先验""超越"的原则，从而把一切自然、感觉和经验都"括了出去"，以求纯净的、直接的世界的"显现"。于是，胡塞尔的现象学给现代欧陆哲学带来了一种与新康德主义所提倡的"文化哲学""人类哲学"相反的思路。

然而，胡塞尔的现象学当然并不是不要"文化"，不要"经验"，胡塞尔的原则是"先验的"（transcendental），但不是"先天的"（a priori），"先验的"或"超越的"固然"超越""经验"，但并不是脱离经验，而在求"经验"之本和源，求一种纯净的经验，或基本的"经验"，作为其他一切经验（文化）之条件，而不是脱离经验的"逻辑"的条件。

这个问题，一旦由知识论的角度转向存在论的角度，则更为清楚。"经验"不再限于"知识性"的理解，它是一种"存在"的方式。"经验"不仅是科学知识的形式，也不是文化意识各具体形式之总和，"经验"就是那个"Dasein"。在"经验"之中，思维与存在、理性与感性，用古典哲学的语言来说，概念与直观是同一的。我们不妨把胡塞尔的"理智的直观"和"直观的理智"理解为"Da— Bewusstsein"，由知识论的"Da— Bewusstsein"转化为存在论的"Da—sein"，则"Da"也没有"超越"的意思，"Da"不是"Meta"，Da就是"Da"，是具体的、个体的、实在的。所以"Dasein"就是基尔克特所说的"实存"（Existentz）。

在这个意义下，就可以比较顺利地理解艺术和审美为基本的存在方式，亦即基本的经验方式。经验的方式亦即存在的方式。在这一点上，伽达默以存在论的解释学把胡塞尔的现象学与整个人类文化沟通起来，从而完成了胡塞尔建立"严格的人文科学"的理想。

所谓"科学"，正如海德格尔所指出的，按欧洲从古代希腊巴门尼德以来的传统，都是关于"存在"的学问，"人文科学"亦不例外。"科学"讲"真理"，关于"存在"的"真理"，本与"存在"不可分，"存在"的"真理"，即为"真理"的"存在"，因而关于审美和艺术的"科学"，即"美学"，即为"艺术"的"真理"，或"真理"的"艺术"，即"真""艺术"；而关于"艺术"和"审美"的学问，就是关于"人"作为Dasein的基本存在方式或基本经验方式的科学。

"人"是群体的，"人"与"人"之间，构成"我""你""他"的关系。关于"人"当然也可以作实证科学性的研究来把握，于是我们有生物学、生理学、心理学和社会学等等。"人"作为群体当然就有"我们""你们""他们",这个"们"为科学性概念的研究提供了根据,"们"有"们"的"属性"。然而,"人"不是"概念",不是各种"属性"的总和,"人"大于诸概念和属性之和,概念和属性不能穷尽"人"。"人"是有血、有肉活生生的存在。

"人"分"我""你""他","人"与"人"之间自然有各种的关系,"我""你""他"之间要有"交往"。"交往"包括了科学性、概念性的知识传授,但就本质来说,"人"与"人"之间的交往关系不是"传授知识"的关系,而是一种实际的、现实的过程。这种既不同于动物性、物质性的交换关系又不同于抽象性、概念性、思想性交流关系的这样一种"人""们"之间交往关系,海德格尔——以及伽达默叫作"理解"(或"领悟")。"人""需要""交往",即"人""等待""(被)理解"。

"理解"或"领悟"是"人"的"存在"的形式,而它的基本的、本质的形态为"共感"(或译"常识",sensus communis),这是伽达默首先提出的一个基础性观念。

伽达默解释学里的"常识"或"共感"与知识论中的"感觉共同特性"不同,也是一个存在论的概念。这里的"sensus"与生理感官感觉不同,而接近于通常所谓"直感""直觉"的意思,比感官感觉具有更加深层的含义,即这个意思,是可以在日常语言中很清楚地体会出来的。[①]问题在于:"感"本是内在的、私人的,本不可传达,而为什么又有"共通性"?这个问题,正是前面提到过的那个

---

① 如英语中 sense of beauty, sense of……,我们所谓"口感",与"味觉"当不是一个意思。"味(感)"不仅是指咸、淡、酸、甜、苦、辣……

解释学的基本问题：理解如何可能？因为这里"感"，当有"悟"理解"的意思在内。

"感"虽不等同于"感官感觉"，但却离不开"感官感觉"，它是"直接的"，而且这种直接性，并不仅仅是逻辑推理的直接性，不仅是"豁然开朗""忽然贯通"的"顿悟""妙悟"，而且实实在在地是面对着可视、可听……可感的世界的。在感官感觉的直接性中蕴含着具有普遍性的内容，二者融会在一起，使可以交流的不仅是那个普遍的内容，而且也包括了那直接的、具体的、感性的形式。这样，在交往中，人们不仅能懂得对方所要表达的逻辑和理论上的"意义"，而且能体会对方的具体的"感受"，是一种"经验""体验"上的"交往"，而不仅是思想、观念上的"交流"。

伽达默说，"sensus communis"来自罗马的拉丁文化，有这种"感"，是有"教养"（Bildung）的表现，但"感"中有普遍性，在亚里士多德已经认识到了。在这里，伽达默强调这种"感"中的伦理、道德也的意味，以便和知识论中感官感觉共同性更为清楚地区别开来。有教养的人不仅是有知识的人，而且也是有道德的人。

从这个观点出发，伽达默批评了康德对这种"sensus communis"的忽视。然而正是在康德的第三批判中，康德在审美活动中，看出了"知性"概念以不确定的形式调节着各种关系，使之与感觉的形式形成自由的和谐关系，从而提出审美中"象征"与知识中"图式"的不同，这一点，是很受伽达默称赞的。

事实上，我们看到，所谓"sensus communis"的思想，在黑格尔那里，是以艺术作为理性的感性直观形式出现的，而胡塞尔的"直观的本质"和"本质的直观"当可以看成解释学"sensus communis"的直接的思想来源，而"sensus communis"中的诗意的和道德的情感意味，则又是海德格尔对胡塞尔知识性现象学变革成为存在论现象学的结果。

"sensus communis"在解释学中是一种综合性、经验性的状态，但却又是基本的、本质的状态，它是个别的，又是一般的，是个别中见出一般，而又是在一般的"判断"形式中表现出个别性。因而"sensus communis"被理解为"判断力"。

"判断力"是康德第三批判的主题，但他的"判断力"只限于他所谓的"美"，因为他割裂了美与善的关系，因而"判断力"成为"经验"的一个部分或一个方面；而伽达默解释学则将这种判断力扩展为基础的、全面的经验领域。

分析起来说，"判断力"（判别力）是根据一个普遍的原理来"判别"（判断）一个具体的事物的能力，这种能力反映了一个人的"教养"。人们对个别事物的"判别"和"识别"，都蕴含着一些普遍的原则，"这花是美的"，"这人是善的"，都蕴含着"美"和"善"的普遍的观念和标准，但这些观念和标准在"判断力"中不是以抽象的概念形式出现，而是与"这花"和"这人"的个体感性形象紧密相连的。康德说，"判断力"不是由个别上升（概括）到普遍（概念），而是从普遍到个别的过程。事实上，判断力中的个别，乃是一个普遍原则的"例证"。

在判断力问题上，伽达默进一步发挥出一个思想，即"判断力"是不能"教授"的，即不可能像知识那样来培养的，是不可"学，不可教"的，而需要自身生活经验的陶冶和锻炼。在判断力中，普遍与特殊的东西是结合在一起的，不可能有一种普遍的概念形式可以一劳永逸地适合于每一个个别体，因此，"判断力"只能一步一步地通过对个别事物的实际观察、体验才能训练出来。

这样，"判断力"就成为"鉴别力"——不仅是对"美"的"欣赏力"，也包括了"道德"的"评判力"，而且，这种"欣赏力"

和"评判力"又是不可分开的。通过这种个别与一般的同一性的关系,伽达默认为,康德《判断力批判》中最有意义的一个观点是关于"象征"(Symbol)与"图式"(Schema)的区别的问题。[①]我们知道,在《判断力批判》中,康德指出,"美"是"善"的"象征",而"象征"不是知识、科学的"图式",不是一种具有"指称"和"图解"能力的"记号"(符号),即不是用一个"符号"指示一件"事物",而是用一件"事物"指示一种"意义"。"象征"离不开感性的事物,这个"事物"并不只是"记号",而是自身起作用,不是可有可无的,"记号"(符号)可以用别的"记号"(符号)来"代替",来"翻译",但"象征"是不可替代的。因此"象征"与"比喻"(allegory)不同,"比喻"是"符号"(记号)之间的转换,因而是"意义"之间的转换,但"象征"则离不开具体、个别的感性事物。

"判断力"就是把个别的、感性的事物当作一种具有"象征"意义的事物来看,在不脱离具体的事物的"观察""欣赏"中,见出该事物的"意义",去"理解"该事物的"意义",因而,这种"意义",也就不是该事物的概念"本质",不是它的各种"属性"。对这种"意义"的理解力,表现了一个人的"趣味"。

"趣味"不是私人的,但又不是概念的,这是康德根据他的哲学原则对英国经验主义——休谟、柏克等在"趣味"问题上的修正。"趣味"保持着个性的特色,因而保持着"自由"的优越性,但"趣味"却仍然要求被承认为"高尚的"(good sense)。"谈到趣味无争论"只是说关于"趣味"的分歧概念和逻辑不具有决定的裁决权,作为"实践的"(practical)知识的基本形态的"趣味","理

---

① 伽达默:《真理与方法》,英译本,第67页。

性"、"学说"、"推理"并不像对"理论的"（theoretical）知识那样具有"终审权"。在这个意义下，"趣味无争论"实际上是"永远有争论"。在趣味领域中任何"权威"都不能"令人""沉默"。

"趣味"为"自然"发现（意义的）"例证"；"天才"则为"自然"创造（意义的）"例证"。康德认为，只有"天才"才能创造艺术作品，自然通过"天才"向艺术立则，即提供具体的范例。在趣味和天才的关系上，伽达默认为，趣味更具有一种普遍的意味，而天才则是个例外和特例，并指出，在康德的思想中，趣味要重于天才，天才为使自己不至"流产"，当符合趣味要求的准则。伽达默既然把"sensus communis"作为最为基础的经验存在形态，则他自己也更加重视康德关于"趣味"的思想，则是很可以理解的。伽达默说，在这个问题上，康德更倾向于当时显得守旧的古典主义，而他关于"天才"的思想，后来则为浪漫主义所发挥。①

然而，我们也可以设想，在康德思想中，"天才"固然要符合趣味的要求，但趣味却又是在"天才"的范例指引、培养下形成的；艺术只为趣味立则，同样也可以理解为生活——各种实际的作品——为趣味立则。在基本的生活中，人生活在共同的群体中，但每个人又都是一个"特例"，甚至是一个"例外"，因为"人"对"自然"来说，本就是一个"特例"和"例外"，因而，就本质而言，每个人都有几分"天才"，只是在社会发展到某种阶段的时候，"天才"才显得为"少数"，正如只在早期宗教活动达到一定的组织程度之后，"巫"——与艺术"天才"观念有历史的关系——，才真正形成一个少数人的集团。

---

① 伽达默：《真理与方法》，英译本，第52页。

当然，正如伽达默所指出的，作为少数人的"天才"观念随着浪漫主义的衰退而为"生活"（Erkbnis）所代替，这已进入狄尔泰和胡塞尔的时代，而他们则为当今解释学的直接的思想来源。

"艺术作品"已不从少数"天才"人物的产品来着眼理解，而是从生活的眼光来理解，这时，"艺术作品"本身也已不作为一个"作品"，一个"事物"来看；"艺术作品"被理解为展现了一个"世界"。

就生活的环境来说，艺术作品只是这个环境的一个部分，是一件"事"，一个物，如挂在墙上的"画"，为一件装饰"品"，放在博物馆、艺术馆展览厅里的希腊雕塑，亦只是一件"展品"，而商店里的艺术品竟还是"商品"。然而，这各种类型的"品"，却展现了自身的"世界"。

艺术作品所展现的"世界"不属于作为当下生活环境的这个"世界"，是这个"世界"中的另一个"世界"，是"世界"中的"世界"，而作为"展品"、"商品"、"物品"则都是属于这个世界的；艺术品则是"世界"中的"世界"。

我们看到，从这里，我们已经离开了康德关于艺术和审美的知识上、理论上的看法，而进入存在论的视野。康德的美学，从审美的主体性特征出发，分析了感觉、知性、情感、理想等不同"能力"（faculties）之间的关系，尽管这些"能力"具有非经验的先天性质，但它们只是主体性的（逻辑条件），从这条件的不同关系中，康德厘析出"真""善""美"不同的领域[①]，从而也把它们割裂了

[①] 而据法国当代哲学家德留斯（Gilles Deleuze）对康德的研究，在"真""善"里，各"能力"都得到规则的和谐，而在"美"中，则保持着一种无规则的自由。见他的《康德的批判哲学》（La Philosophie critique de Kant，1963年版，法兰西大学出版社）。

开来，这样，"美"和"善"就没有"真"的问题，而我们看到，这正是伽达默根据胡塞尔、特别是海德格尔以来的现象学所要纠正的问题，即使"艺术作品"的真理性在存在论上重新合法化，"艺术作品"作为一种存在的形式，同样有其真理性问题，艺术、美正是真（理）存在的一种基本的形式。

"艺术作品"不仅仅是"工具"。当然，"工具"也是"存在的"，我们可以说它是"为'存在'的"，但不是"自为"的，"工具"是作为某种"属性"存在，因为只有某种"属性"才有用——可以作为"工具"存在。认真讲来，"人"当然也可以为"工具"，"人"可以被"利用"来作为达到某种"目的""工具"，但"人"却不可以归结为"工具"，所以康德才说，"人的王国"为"目的王国"，只应把"人"当作"目的"，而不应当作"手段"。从存在论来看，只有"人"才"自为"地"存在"，即不单是作为"工具""存在"，之所以如此，是因为"人"不仅有一个"环境"（工具性的），而且有一个"世界"。但与康德不同，在这个世界中，目的与手段是不可分的，因而不是一个"纯粹目的王国"，因而不是一个"纯粹思想"、"纯粹理性"的王国，而是一个真正现实的王国，是一个"真""世界"——不是"思想"、"理性"的"假""世界"，不是"镜花水月"。于是，我们看到，只有"人"及其"世界"，才是"真""存在"。"工具性"的存在，各种"属性"的"存在"，是科学知识的"对象"，而这种"真""世界"，却只有从"存在论"上才能得到"理解"。

正如艺术品也可以被利用来作为"工具"一样，一切的"工具"也都可以将其视为艺术品，即一切的"工具"本都展现着它自身的"世界"。海德格尔曾在《艺术作品之本源》中分析过凡·高画的一双鞋。不论海氏的分析在知识（论）上有无可攻击处，就存在论来看，他只是在说，这双鞋本可以不作单纯的工具观，而体现了"农妇"（或画家本人）的"世界"。画中之鞋不可拿来"穿"，它的"工具性"隐去，则它的"世界"——"世界"并非属性，因而不能说"世界性"——就更加突出了出来。一切的古迹、古物之所以常常成为审美的对象，正因为它们的实用价值已经发挥过了，所"剩余"下来的——"现象学的剩余者"，反倒是一个历史的"世界"。

透过（或暂时"摆脱""悬搁""括起来"……）那五光十色的工具性的环境的世界，看到那真实的、真理的世界，——作为这种"穿透""洞察""摆脱""悬搁"……的"能力"，这就是"教养""趣味""鉴赏力""鉴别力"，即"判断力"。"判断力"离不开"知识"，但这种"知识"不是"概念"式的，而是生活的、经验的，是与人的整个的生活经验分不开的，也就是与他自身的生活的世界分不开的，因而是一种"存在性"的"知"。我们对艺术品的"知"，不单是"认知"它的各种的"属性"，而且更重要的是"认知"它所展现的"世界"，"认知"一个"世界"，是谓"真知"，是谓"真理"。在这个意义上——即在现象学存在论的意义上，伽达默改造了黑格尔在绝对唯心主义基础上提出的艺术同样是"真理"的一种显现方式。

（本文为《评伽达默的美学观》第一节，原载《外国美学》第9辑）

尼采论悲剧

《悲剧的诞生》是尼采早年的著作。1871年尼采以古代语言学者的身份出版此书，但人们读到的，却并非一部实证性的考据专著，而是一个天才思想家的呐喊，遂使这本书产生了两方面的效应。一方面，以维伦谟维茨为首的专业古典学家，表示了极大的不满；另一方面也引起富于思考的学者的重视。这两个方面的效应，都是"轰动"的。[1]

维伦谟维茨等人究竟以何种理由批评尼采，我们能得到的信息阙如，也许问题过于专门缺乏普遍的兴趣而渐渐被人遗忘；而尼采在《悲剧的诞生》里所提出的思想，其影响力却经久不衰。而且这种影响，也不仅仅是美学方面、艺术方面的。应该说，《悲剧的诞生》是尼采哲学思想的早期表述，是一个天才的思想的闪光，是一颗孕育着丰富思想内容的哲学"种子"。这颗"种子"，就尼采而言，与其说得益于他的古典语言学的训练——这当然是必要的，不如说"受孕"于欧洲哲学的"母体"，特别是叔本华的哲学启发。

---

[1] 参阅雅斯贝尔斯《尼采其人其说》，鲁路译，社会科学文献出版社，2001年版，第29页等处。

一、酒神与日神

　　古代希腊的神话，非常丰富复杂，诸神的起源，是一个很专门的学问。大体说来，奥林匹斯山上诸神，来源各异，很少是纯粹的希腊当地的"土神"；但是希腊人以自己的智慧把他们连串在一起，使之有了自己的"谱系"（赫西俄德的《神谱》）。

　　据现代专家的研究，希腊的"日神—Apollo"可能来自北方，或许与放牧有关，是一尊"牧神"，这样，他就具有"取亮""音乐""医疗""狩猎"等与放牧有关的技能，也许还披着"羊皮"，以便于管理羊群[①]。"酒神—Dionysus"也具有同样复杂的"出身"，他之所以与"酒"有关，乃是他有酿酒的技术，并把它传授给人们，有时因酒能醉人而引起误会。[②]

　　这两位神祇和古代希腊的悲剧有何种关系，也是很专门的复杂问题。大体说来，希腊的悲剧表演集中在节日庆典的活动中，和体育竞技一样，具有比赛性质，或许悲剧的奖品是一只羊，或许因为阿波罗善歌舞，或许是其他什么原因，使这个比赛跟日神联系了起来。

　　在诸种传说中，悲剧竞赛和日神的关系是很明显的，而和酒神就没有那样密切的关系，尼采《悲剧的诞生》主要意图就是要把"日神"与"酒神"联系起来，指出古代希腊悲剧的远古传统，乃

　　[①] 参阅 H.J.Rose, *A Handbook of Greek Mythology*, E.P.Dutton & CO.INC. New York, 1959 中有关阿波罗的内容（134页以后）。
　　[②] 同上。该书在介绍阿波罗之后，紧接着介绍酒神，说明他们是仅次于天帝宙斯等大神的主要的年轻的神祇。

是在"日神"的背后隐藏着"酒神"的精神。在这里,"日神"被定位于"光明""理智""静观";而"酒神"则是"玄暗""迷狂""情感"和"运动"。

尼采认为,希腊悲剧按其"起源—诞生"说为如此,而以后的发展,则是"日神"精神日渐重要,而"酒神"精神则深深地被"埋葬"了。尼采自己的任务就在于要唤醒这种"原创性"的酒神精神。这原本是一个哲学理念上的问题,而借助于对于希腊悲剧的研究,阐发出来。

这个理念就是尼采以后充分发挥了的"意志"作为"创造性"的"自由""力量","超越""高于""更本源"于"理智"。这里,很清楚地看出,尼采表现了来自叔本华的一个哲学理念:"意志"才是世界的本源,而这个本源,被理智化了的"现象界——日神的管区"掩盖了。尼采就是循着这个理念来利用他的古典学知识的。

在《悲剧的诞生》中,尼采明确指出,这种被淹盖着的迷狂——酒神精神,并不是动物性的,不是"猴子",而恰恰相反,正是"人的原型——Urbild des Mensch",表现了"最高的—hoechsten","最强有力的—staerksten"。[1]

在这里我们看到,尼采特别强调了"意志""情感"的"非动物性",不是一种"被动的""情欲",而是一种主动的"创造"精神,甚至在分析到普洛米休斯的悲剧时,尼采还强调希腊早期悲剧家埃斯基拉斯所阐明的仍是"被动"中的"主动"因素。[2]

酒神就这样进入日神的"另一面"。从古典学的眼光来看,两位

---

[1] Nietzsche, "Die Geburt der Tragoedie",本文利用 Das Bergland—Buch 出版社两卷本《尼采文集》上卷,第621页。下同此书,只注明页码。

[2] 参阅同上第628页。

神祇的来历关系上未必有如此密切的关系,但是,就哲学的理路来看,这种区分和关系是有相当的力量的。[①]

就希腊古代艺术的观念来看,原本就有"模仿"和"灵感"两种对立的趋向,这我们从柏拉图的记述中可以看出。在柏拉图的"理想国"中,没有"模仿"艺术的地位,但是却推崇来自"灵感"的艺术活动。尼采的悲剧研究,对于理解这样一个发展过程,也是有启发的。

二、"梦幻"与"迷狂"

我们看到,尼采以"梦幻—Traum"和"迷狂—Rausch"分别指日神和酒神两种不同的精神,前者是"理智的"、"静观的",后者则是"情感的"、"运动的"。

就艺术来说,尼采的观念正好和古典学者的思路相反,而体现了他的一种独特的哲学视角。通常的艺术观念认为,酒神所代表的"迷狂"是一个低级的原始阶段,那是人们尚缺乏"理性"的控制,是感情—情绪的直接发泄。当此种情绪得到"理性"的控制之后,人们才能认识真善美,按黑格尔的说法,"美"为"理性"的"感性"体现。"美"是一种庄严静穆的"凝视",而不是混沌的躁动。

这种观念,在尼采的时代,也许来自早年古典艺术理论家温克尔曼的提倡。是温克尔曼在古希腊的雕刻中,发现了"静穆"之美。此后,"美"就被理解为一种"合规律"的、"有韵律"的东西,

---

[①] 或许,在实际上,古代希腊德尔菲神庙的祭祀将日神和酒神分别开来,并轮流进行,似乎在考据方面也有一定的根据。

古代希腊人，也被想象成崇尚一种理智型"自由"的"君子"，他们"随心所欲"，但并不"逾矩"。在这种观念指导下，希腊的许多艺术作品都得到"合适"的"解释"，但却离古代当时的真实情况相距甚远。

在18—19世纪德国自身的艺术情况，也对古代希腊的艺术提供了另一种解释，有另一幅图景。这个时期正在兴起的浪漫主义艺术思潮，正摧毁着温克尔曼所建构的观念。在我们哲学中，最具有代表性的这种浪漫主义艺术观，当以康德为代表。康德使古典主义对"美"的崇拜受到了一种哲学理路的威胁，他在《判断力批判》中，不仅对"美—审美判断"作了哲学的分析，而且对于"崇高"概念作了决定性的论述。

跟他的哲学一样，康德的美学也自有其来源，远及古代希腊以及后来拉丁文化和基督教文化的影响，而近因则大体不离开英、法以及自身的理论学说的启发，这一点他在谈到休谟和卢梭的影响时已有清楚的表露。关于美学中"崇高"的思想，如众所周知，是受到英国的柏克的影响；但是康德的工作不仅仅在指出一种"现象"，而且能创造性地将这个现象与他的整个哲学思想系统联系起来，找出它在这个系统中的恰当位置，而这个"现象"也就不仅仅有一个"孤立"的意义。

康德关于"崇高"的理论，揭示了它和更高层次的"理性—意志—自由"的内在联系。表面上看，"崇高"与"美"相对应，它具有一种"放任"甚至"放荡"的特点，似乎是"不受控制—不受限制"的，因而它在某个意义上似乎是"违反理性"的，是"悖理的—荒谬的"，然而正是在"不受限制"这一点上，它接近康德那个居于哲学宝塔之尖上的"意志—自由"。"崇高"是"意志自由"的体现，是超越于日常理性—知性的。

这样,"崇高"的地位就像"意志自由"的地位一样在哲学中得到确立,而不等同于一般的感性的"放任—放荡"。

我们看到康德的"自由意志",正是叔本华—尼采哲学思考的"出发点";在美学上,尼采所谓"日神"精神和"酒神"精神也正是"美的—古典的"精神和"崇高的—浪漫的"精神的对照。

当然,我们现在以理论分析的方法梳理的思路,而在当时是很丰富多彩的。我们知道,浪漫思潮对于黑格尔的影响,他的"绝对精神"的那种"不受限制"的"创造性"活力,同样是这种精神反映;只是黑格尔仍要以更高的"静观"——"理念"的"静观"来把握那个原本是"放荡不羁"的真实的世界,使之成为"有规律"的"美"的世界。这一点,连叔本华也不能例外。

在美学理论上,我们也不能忘记莱辛所做的工作。他对于康德美学的阐述,有其积极推广的作用,而他的论希腊雕塑"拉奥孔"的论文,对于"诗"和"画"的理论区别,应该同样影响到尼采日神—酒神两种精神的划分。

莱辛曾有一段时间潜心研究康德的美学,写了有关抒情诗和叙事诗的论文,从浪漫主义和古典主义的关系入手,颇得康德美学的旨趣,加上他以文学的笔法消除了康德文笔的学究气,备受当时文坛的重视,康德美学借以更进一步发挥影响。莱辛研究古代希腊雕塑"拉奥孔",也有理论上的含义。

"拉奥孔"的故事与古代特洛伊战争有关。特洛伊人拉奥孔因反对木马进入特洛伊城而得罪于阿波罗神,神派遣蟒蛇把他和他两个儿子活活绞死,遂有雕塑家将他父子被蛇绞缠临死前挣扎痛苦情状塑成雕像。这个雕像后来被发现,但是拉奥孔本人的一条胳膊缺失,专家学者们纷纷设想原来的胳膊应是一种什么样的姿态,以便仿制后增补上去。文人们大概按照他们理解的古代希腊的审美观念，认为拉奥孔作为一个英雄人物，虽然经受被蛇缠绕的极端痛苦，在垂死的挣扎中，应仍不失其英雄之本色，那只增补的胳膊必定要显得坚强有力，如此等等。莱辛的论文在思路上并无与众不同之处，但是他以此阐明浪漫与古典在艺术原则上的区别，旨趣已经大大超过所论的范围，产生了更加广泛、更加深远的思想影响。莱辛认为，"诗"与"造型艺术——包括雕塑与绘画"两种艺术门类的区别，体现了两种不同的艺术精神。"造型艺术"侧重于视觉形象，应在直观形象中体现庄严肃穆的美，诸如"痛苦""挣扎""撕裂"等场景，不宜于"入画"；而借助语词的艺术"诗"，则不受这种限制，它所表达的内容"不受限制"，因而更能体现一种浪漫的精神。于是我们看到，"造型艺术"为"古典主义"的艺术，而"诗"则是"浪漫主义"的艺术。把艺术门类与艺术精神联系起来思考，莱辛可说起了很大的作用，一直到黑格尔，他在美学的讲义中，仍把艺术门类和艺术精神联系起来讨论，尽管具体说法有所不同，但是大体区分还清晰可见。

应该说，尼采同样也受这种说法的影响，这是无可否认的。

尼采认为，"造型艺术"体现了"日神"精神，而"音乐"则体现了"酒神"精神。在这里引起我们注意的是：尼采认为"日神"的理智静观的世界，恰恰只是一种如梦般的幻象，而"酒神"营造的那种狂欢境界，却是"真实"的。

三、"音乐—合唱"在希腊悲剧中的地位

我们知道，"诗"原来就有"韵律"，这个韵律的加强，就成为音乐，当然音乐的来源似乎应该更早于"语言"。尼采在悲剧研究中特标出"音乐"，当受叔本华和瓦格纳的影响；而后二者则又有密切

的联系。

我们从美学思想的重点中可以看出叔本华和黑格尔的不同。黑格尔的美学，重点放在雕塑绘画在戏剧（文学剧本）的分析研究上，将艺术分为象征的、古典的和浪漫的，重心显然放在了"古典艺术"上，造型艺术是他研究重点，当然对于希腊的悲剧也有很好的分析，但也因哲学的立场不同，已是尼采心目中的批判对象。因为黑格尔欣赏艺术的古典性，而当时浪漫主义盛行，遂使他有"已非艺术时代"之叹。

在艺术精神上，就时间划分而言，叔本华则至少是赶上了那个时代的，是顺应了时代的潮流。他把重点放在了浪漫艺术的巅峰——音乐，而音乐部分，正是黑格尔美学中最为薄弱的环节。

我们难以确定到底是"音乐"精神促成了叔本华的"意志"哲学，还是"意志"哲学使叔本华看中了"音乐"，但是无论如何，叔本华把"音乐"这个艺术门类，和他的整个哲学体系联系了起来，使音乐在他的哲学理路中有一个坚实的地位，以便人们更深入地把握这门艺术的特性，某种意义上"填补了"黑格尔美学的"空缺"。

当然，叔本华和黑格尔是两种哲学精神的区分，或许我们也可以理解为哲学的"浪漫精神"和哲学的"古典精神"的区别。

"音乐"进入了哲学家的视野。哲学家已经不限于像亚里士多德那样对"音乐"作些经验的研究，而是接纳它到哲学里来，使其有一个"安身立命"之处。"音乐"在"哲学"里找到了"本质"。叔本华说，音乐和造型艺术不同，是"意志"的直接体现。也就是说，"音乐"就处在"本体—意志"的位置。

《悲剧的诞生》显然与叔本华这种思想密切相关，在前提上是相通的。当然，尼采重视音乐，同样也和他曾经是瓦格纳的崇拜者有关。

尼采酷爱音乐，与瓦格纳有过交往，曾经想以演奏瓦格纳音乐为生。[①]尼采自己也作过曲，但未获成功。

瓦格纳在音乐上有一个理念：要使戏剧和音乐进一步结合起来，形成一个包容众多艺术门类的最为综合的艺术，在这个综合的艺术中，使戏剧与音乐密不可分，亦即使戏剧"音乐化"。[②]瓦格纳这个艺术理念，并未得到完全的实现，但他的乐剧以其音乐的卓越而名垂千古。或许，瓦格纳的音乐创作并未得到尼采的全部理解，但是他这个使戏剧音乐化的理念却得到尼采的积极响应。尼采对于古代希腊悲剧的理解，和这种理论有相当的关系。

尼采认为，古代希腊的悲剧原本只是歌队合唱——Chor，而一般认为这种歌队只是作为一个"旁观者—观众"的地位而存在[③]，其歌词大体也是代表"观众"的一些感想、赞叹之类；但尼采却说，悲剧起源于"歌队——Chor"，最初只有"歌队"[④]，演员是后来产生的。

古代希腊的悲剧表演，起初却是依靠歌队叙述故事，据说是埃斯库罗斯设置了第一位演员，被称作希腊悲剧之父，以后，经过索福克勒斯、欧里庇得斯，歌队的作用逐渐减弱，于是遂由说唱艺术的形式转变为演员表演的戏剧艺术，这种转变，在通常的艺术史家

[①] 参阅雅斯贝尔斯《尼采其人其说》，鲁路译，社会科学文献出版社，2001年版，第32页以及同书第66页关于尼采与瓦格纳关系部分。

[②] 瓦格纳或许不知道，这种理念在中国的戏剧传统中早已成为现实。中国古典戏剧，载歌载舞，以歌唱的"对话"和舞蹈的"动作"为特色，把戏剧和歌舞、舞蹈、雕塑、绘画、器乐等诸种艺术门类全都总和进去，是世界上最为"综合"的艺术。

[③] 参阅 Richard G. Moutton, *The Ancient Classical Drama*, 1898年第2版，第65—66页。

[④] 参见 Nietzsche, "Die Geburt der Tragoedie"，《尼采文集》上卷，第617页。

看来，无疑是个进步；尼采却采取了相反的立场，认为歌队的减弱以致消失，就艺术精神来说，如同道德伦理和哲学一样，就精神上的意义言，乃是一种退步，是一种"遮蔽"——是"日神"精神"遮蔽"了"酒神"精神的表现，也就是"意志"被"理智"所"蒙蔽"，而在悲剧艺术上，则是以"造型"的戏剧表演，代替了"音乐—舞蹈"性的"歌队"。

于是，尼采的对于古代希腊悲剧的研究，与其说是一种学术研究，不如说是一种理念、一种哲学的表现。

当然，尼采在掌握古代希腊悲剧的材料方面，也还是相当专业的，有相当的学术水平，并非完全以自己的观念强加于古人。尼采研究这个问题的艺术史根据，乃在于他侧重于理解原始艺术的"参与性"，强调古代艺术并非单纯地为"观赏——欣赏"而设。这种以"庆典活动"为艺术之本源的观念，应该说也是于史有据的。

尼采以古代希腊的剧场设置为例，说明古人在设计悲剧表演场地时，并无"观众"的位置，或许古代剧场因地制宜，利用如同"山谷— Gebirgstal"的地形①，自然形成一个表演的空间，而"围观者"随时可以进入"圈内"，"参加"表演，而这种演出方式，无论古今，都还有不同程度的保留痕迹，甚至在上个世纪初，在新生的苏联，成为激进的一个戏剧表演流派——与斯坦尼斯拉斯基相对立的梅叶霍德表演体系。

原始艺术体现了艺术本原的创造性契机，这自是无可否认的事实，但是艺术以及一切文化形式的历史发展，是否为一种倒退的进

---

① 参见 Nietzsche，"Die Geburt der Tragoedie"，《尼采文集》上卷，第621，622页。

程，则需要经过实践和理论两个方面的检验。

希腊的悲剧艺术，经过埃斯库罗斯、索福克勒斯和欧里庇得斯三大悲剧家的创造，由雏形走向成熟，这是一历史发展进程，并非一种倒退。在历史的发展中，不可避免地会有一些因素丢失，譬如那种物我两忘—天人合一的境界逐渐消失，理性静观因素逐渐加强，然而在这个过程中，"人"本身的问题得到确认，人的"个性"特点得到强调[①]，"分"意味着"个体"的成熟和完成，于是"人间"才出现"关系"，出现"人"与"人"之间的"关系"，才需要"理性""分"而使其"协调"，"乱"而后"治"，是一个历史的必然的过程；当然我们也需承认，历史进程不能完全消除"混沌"，"理智"并非万能，但是人类需要"理智"来调节自己，绽开"理智"之光仍是古代希腊文明对人类的巨大贡献，"理智""劈开""混沌"，"光照""混沌"，使之清晰明了起来。然则，"混沌"不可能完全"透明"，如同赫拉克利特说的，"自然—混沌"经常"隐匿"自己，"混沌—迷狂"被"埋"在"心灵"深处。"理智"不能完全"烛照""混沌—迷狂"，以此"酒神"精神自是一个永久性问题。尼采对此有深刻之体察，揭示其本来面目，有警世之功。

然而，人类原始的音乐舞蹈固然显示了人的本真存在的基础形式，但是这种形式本身也需要阐述，需要理解，因而人们并不能贬低古代希腊人在"理智"自由方面所做的巨大贡献，在悲剧的发展中，也不能完全否定从埃斯库罗斯经由索福克勒斯到欧里庇得斯的进展，在这个进展中，人们扬弃—丢失的是"原始""感性"的

[①] 尼采说"迷狂"否定了"个性——Individuum"（"Die Geburt der Tragoedie"，607），是很深刻的观察。

"迷狂",揭示的是在"理智"的照耀下的"自由"在创造中的"冲突"——一种真正的"悲剧—戏剧"精神。原始的"迷狂"并没有真正的"冲突","冲突"建立在"自由"的基础上,建立在"诸自由者"的基础上,而"自由"作为"一"中之"多"—"多"中之"一",正是尼采哲学的薄弱环节。缺乏这个基本环节,尼采的"迷狂"虽强调不是"动物式"的,但仍然常和"感觉经验"式的"迷糊"不易区分,而就艺术来说,则崇尚原始迷狂的节日庆典,否认展示人生矛盾冲突供人思考欣赏之"静观"性质,这种思路,自身不能避免"倒退"之讥。

四、欧里庇得斯与苏格拉底

尼采论希腊悲剧的论文并非纯粹讨论艺术,而实际上的旨趣在于哲学。我们甚至可以说,在这篇论文里,体现了尼采今后哲学思路的大体趋向,或许说是他的哲学的预演亦不为过。

尼采论文的主题乃在于揭示希腊悲剧由埃斯库罗斯到欧里庇得斯的演变,丢失了"酒神"精神,而欧里庇得斯在古代悲剧艺术中的地位,恰恰和苏格拉底在古代哲学中的地位相当。

尼采认为,希腊悲剧精神至欧里庇得斯就宣告消亡,因为这时出现了一个新型的"人"的观念——苏格拉底式的"理论性""人"(… den Typus des theoretischen Menschen)。[1] 在这里,尼采把他的悲剧理论明确引向了哲学问题。

苏格拉底在古代希腊哲学史上的地位与作用,就和他的实际政

---

[1] 参见 Nietzsche, Die Geburt der Tragoedie",《尼采文集》上卷,第648页。

治立场一样，一直是有争议的，尼采——以及二十世纪的海德格尔都采取批判的态度，他们认为，苏格拉底所引导的哲学方向是一条苍白的、幻想（像）式的道路，把活生生的生活引向抽象概念的"理念"世界。这个批判，在近代是从尼采开始的，因为在叔本华那里，苏格拉底—柏拉图的"理念论"仍是"最为接近"他的"意志"而又具有"解脱（自由）"作用的根本环节，甚至仍是叔本华哲学的追求的"目标"；然而，到了尼采手里，苏格拉底—柏拉图的"理念论"受到了彻底的清算，而这项工作正是从尼采研究希腊悲剧问题就开始了的。尼采论悲剧，实际也可以和他的《论道德的谱系》一样[1]，看作他批判欧洲传统哲学的一篇"檄文"。

的确，苏格拉底—柏拉图哲学的诞生，意味着一个时代的结束和新时代的开始，意味着人们的"思想—精神"已经脱离原始的朦胧状态，脱离了原始的"混沌"，进入"分"的阶段。也就是说，人们在"哲学性"的"思考"上，进入一个"理智—分析"的时代，事物向"理性"展现了它们各自的"自身"属性，"事物"和"人"都有了"自己"，而不是"混"在一起。"人"有了"个性"——这也正是戏剧史家通常对于欧里庇得斯在希腊戏剧史上地位的理解。

然而，问题在于此种"事物"与"人"的"分离"，被理解为只有"思想—精神"才是关键的环节，"人"被归结为"会思想的动物"。于是"人"与"物"的关系被理解为"静观—客观"的关系，"从思想上""把握""事物"成为哲学的最高目标。"知识"—"真知识"—探求"真知—真理"为哲学之最高使命。这是苏格拉底—

---

[1] 尼采：《论道德的谱系》，谢地坤译，副标题译为"一篇论战檄文"（漓江出版社，2000年版）。

柏拉图——包括亚里士多德在内希腊哲学为哲学奠定的基本路线。

在这个意义上,"人"就会成为"知识性—理论性"的人,而不是"全面的"人。

不错,苏格拉底强调"德性—arete",亚里士多德更对"德性"有诸多考察,但是他们对于"德性—道德"仍是作为一种"现象—对象"来观察研究,仍是知识性的,而非考察"德性—道德"本身,就像亚里士多德的《诗学》乃是把"诗"当做一个"对象",跟他的"动物—植物"和"政治体制"一样,作知识性分析研究一样。

"道德"不是"知识",而苏格拉底却说"只有知识才是美德"。[①]

这样一种源自于经验科学的思想方式对于他们的形而上学问题的思考,也有相当的影响。尽管柏拉图的"至善"理念后世有许多很好的阐发,但就其原意也还是一种圆满而抽象的概念;亚里士多德的"存在—实体"也可以阐发出很好的意思,但仍不免有"抽象概念"之讥。

在尼采看来,在哲学中经过苏格拉底,就像悲剧经过欧里庇得斯一样,"酒神"精神丢失殆尽,而"日神"精神成了"无本之木—无根之树—无源之水"。抽掉了"酒神",架空了"日神";如同康德说的,"概念"无"直观"就成为"空洞"的。

"空洞"的"日神"精神表面上给人以"乐观""平静""幸福"的假象——因此意味着"悲剧"的消亡。因为"悲剧"的"结局"都是诸种矛盾"和解",显示着最高理念的胜利,像后来黑格尔

---

① 参见 Nietzsche,"Die Geburt der Tragoedie",《尼采文集》上卷,第639页。

的著名的悲剧理论所宣传的那样,"绝对理念—无片面性的理念"最终在悲剧的"结尾"处总是以各种方式"显现"出来,这样,古代真正的"毁灭性"的悲剧精神也就寿终正寝。

古代悲剧精神的丧失,"酒神"精神的丧失,其根源概在于设定了一个最高的(绝对)"理念"。这个"理念"的设置,给人以虚假的"寄托",似乎有了这种"理念",世界上一切痛苦和罪恶都可以得到"理解",世界变得"合理"而可以"忍受"起来。

尼采对于苏格拉底—柏拉图哲学传统实质的揭示,也是人类哲学思考历史经验的总结。当这种传统的优点和缺点经过数千年的发展充分暴露出来后,对于这个传统的清理,也就不完全是少数哲学天才的事,而且少数像尼采这样的哲学天才的工作,才不至于被埋没,而变得能够为人们所接受,并在一定条件下产生巨大的影响。

希腊的"日神"精神,希腊的"理念论",在黑格尔哲学那里有全面的总结,把各种问题都发展到了"绝对"的地步,遂使聪明才智之士,难以在"体系"内部再行"添砖加瓦",要进行创造性的工作,要把哲学"推向"前进,只有"走出"这个"体系","粉碎"这个"体系",另行"创造"一个新的哲学的天地。如果说,叔本华曾经"走出"这个"体系",但是他为这个"体系"之外的世界所困扰,于是又"走了回去",回到那平静而安宁的"理念"。尼采则继续着叔本华"出走"的尝试,勇往直前,果然"走"出了一条新的道路,把原本是与"日神"不可"分割"的"酒神"精神恢复出来,实际上"走"出了一条真实的生活之路,或者说是真正的"幸福"之路,"幸福"就在"现实"的生活之中,要靠人自己的"争取—斗争",而不是向往虚假的"和谐—幸福"的"天国"。"斗争"为争取"幸福"的权利,需要"权力"的"意志",而不是"虚无"的"意志"。

悲剧中的"酒神"精神乃在于不承认一个虚假的"绝对理念",不承认自己的"失败"乃是为了显示这个"绝对理念"的"胜利",不承认自己只是显示这个胜利的"工具",悲剧的乐观精神不在于"悬设"一个虚无缥缈的"理念",而在于悲剧英雄的自己的肯定,只承认自己的"失败"是由于经验的"原因—理由",而并无"绝对的必然性",从而仍可抓紧另一次的"机遇",而不放弃"斗争",不放弃"实现""自己"的"意志""悬设"一个至高无上的"绝对理念",乃是让人"放弃""实现"自己"意志"的斗争。承认"失败"有一种"超验—超越"的"必然性",好像非失败不足以显示"理念"之伟大和不可抗拒。具有酒神精神的古代希腊悲剧不承认"理念"的"命定—命运"。悲剧英雄自己开创着自己的"命运","创造着"自己的生活。

正是在这个意义上,尼采批评苏格拉底—柏拉图以及在这个传统下的当时的哲学,为"理论上的乐观主义—theoretischen Optimisten"而"实践上的悲观主义—praktischen Pessimismus"。[①] 在"理论上",这个哲学传统,似乎给出了一个"可望而不可即"的"理念—理想",而"在实践上",在实际上,人们却永远得不到"完满"的结局。这种哲学只能败坏人们的"意志",使人们放弃"自由",而"信仰"一个虚无缥缈的"天国"。

果然,希腊哲学由苏格拉底—柏拉图建立起来的形而上学传统既然设定了一个与现实世界完全对立的"理念"世界,对于这个世界的理解和把握,就不能求助于一般的经验知识,而只能归之于一种"超越"于一般知识之上的把握方式,这种方式在当时被理解为

---

① 参见Nietzsche,"Die Geburt der Tragoedie",《尼采文集》上卷,第649页。

"哲学"的主要形式，而在亚里士多德则就和"神（圣）学"同一，"（第一）哲学"就是"神（圣）学——theology"。

在此后的哲学思想发展中，希腊的哲学传统与基督教思想虽然有过激烈艰苦的斗争，但终于得到某种程度的"融合"，除了其他各种复杂原因外，在包括尼采在内的一些人看来，希腊哲学传统本身已含有接纳基督神学的切入点；基督教为增加自己教义的理论性，也需要利用希腊哲学中可以被利用的因素，经过长期的实际和思想两个方面的"磨合"，无论从康德到黑格尔，还是从奥古斯丁到托马斯，欧洲的"哲学"和"宗教"在思想上已经不可分离。

就悲剧——艺术问题言，尼采指出，自从产生柏拉图"对话"哲学后，就有了一种新型的艺术作为罗马艺术和伊索寓言的原型，而在等级上类似于这种"辩证——对话哲学"，这样就使数百年后，"哲学"成为神学的"婢女——ancilla"。[①]

基督教神学发展，希腊哲学传统的理念论在理论层次上并不会从根本上与基督教"创世说"绝对相冲突，甚全可以利用来对这个学说做出"理论"的"论证"，于是有各种"上帝存在"的"论证"问世；而欧洲希腊哲学的传统也从基督教神学中受到启发，把自己的领地扩大到"宗教"的范围，从"知识"的"超越"，进入到"道德——伦理"的"超越"，从"理论理性"进入"实践理性"，从"知识"进入"意志"。我们看到，尼采同样没有真正离开这一条欧洲哲学的发展路线。

（选自《清华哲学年鉴（2002）》）

---

① 参见Nietzsche，"Die Geburt der Tragoedie"，《尼采文集》上卷，第645页。

"一切哲学的入门"——研读《判断力批判》的一些体会

　　康德《判断力批判》的地位在康德"批判哲学"系统中是明确的,它是《纯粹理性批判》和《实践理性批判》所涉两个独立"领域"的"桥梁",是"沟通"着两个完全不同的"立法""王国"的一个特殊的环节;它并没有自己独立的"王国",而是"依附"着"理论"和"实践"两边,时有偏重,所以似乎是一个没有"领土—领地"的"漂浮""部分",只是一个"活动场所","活"的"部分";而这个"场所"却是我们"人"作为"有理性者—自由者"的真实的"生活场所",是我们的"家(园)"——康德叫"居住地(domicilium)"。

　　如果说,《纯粹理性批判》涉及的是"科学"的"世界",《实践理性批判》涉及的是"道德"的"世界",那么,《判断力批判》也许涉及的是我们后来叫作"生活"的"世界"。

　　这条思路,在后来欧洲哲学的发展中似乎已有例证,在狄尔泰、胡塞尔、海德格尔等人的工作中似乎都可以找到一些迹象;这里要做的,是问这种理解就康德"批判哲学"本身有没有道理上的根据。

一、寻求"经验"中的"先天性"

我们一切的"知—有知"都来源于感觉经验,这是不可否认的实事,但是感觉经验之所以可以提升为具有普遍性—必然性的"知识"——无论是"理论"的,还是"道德实践"的,其原因不完全在于我们的"感官—感觉器官"的生理结构大同小异,而是这种"必然性"来自于"理性"。这层意思康德在他的第一个《批判》的一开始就指出了。

按照康德的说法,"理性"原则上不依靠"感觉经验",自成一套"必然"的系统,有自身的必然法则,譬如"逻辑"的一套规则,原则上不是从"感觉经验"中"概括"出来的,但它却能(有能力)使"感觉经验"所"提供—给予"的"材料""有序"。

"理性"虽然并不依靠"感觉经验",但是康德还有一层意思,就是"理性"仍是跟"感觉经验"有关的,分析、离析它们之间的种种复杂"关系",正是"批判哲学"的工作。康德甚至还有一层意思:"理性"是在"感觉经验"的"刺激"下"明晰"出来的,但这个"出来"的"理性"并不受"感觉"的"规定","理性"自身是"独立"的,也就是说,这个"不依赖于感觉经验"的"理性"原本是"潜在"的,是"感觉经验""激活"了它;而这个被"激活—揭示"出来的"理性"却具有"不依赖感觉经验"的"先天性"。

这样,康德的"批判哲学"的工作最基本的似乎就是要在"综合"的"感觉经验"中寻求它的"先天必然"的"理性"的作用。

"经验"是通过我们人的"心智能力"形成的,既然"先天性"是"理性"的,因而,寻求"经验"的"先天性"也就跟我们的"内在"的"心智能力"有关。

通常人们把我们人的"心智能力"分成"知识—情感—欲求"三个部分,康德的工作也就集中在这三个部分中寻求其中"先天性"的理性因素,也就是说,要在"经验"中离析出这种不依赖"经验"的"理性"独立自主性来。

我们知道,单纯揭示"理性"不依赖"经验"独立自主的"先天性"还是很不够的,因为"理性思维"自身的"逻辑形式"从亚里士多德起已经基本定型,现在的问题是:理性独立自主的"先天性"和"感觉经验"是个什么"关系"?没有这层"关系",我们的"理性",或者说,我们的"心智能力"只是空洞的"形式",是没有"内容"的,甚至永远只是"潜在"的(谢林),只有"关涉"到"经验",这些"心智能力"才是有内容的,并且,按照康德的意思,这些"心智能力"只有在"感觉—经验"的"刺激"下才"活动"起来,发挥自身的独立自主的"能动"作用,这时我们的"意识"才是"自觉"的,而不是"潜在"的。

这样,康德的"批判哲学"在揭示"理性"的"心智能力"的"先天性"的同时,更在这个原则下,更进一步地阐释了这种"先天性"是如何跟"经验"相"关联"的,阐释"理性"独立自主地与"感觉经验""相交"的这种"可能性",康德叫作"理性心智能力——在理论知识方面是'知性'"的"先验演绎",因为"理性—知性"既然独立于"经验",因而"经验"的"存在物"无权做这些"先天性""心智能力"的"证明—证据",而只能从"道理"上加以"演绎",而这些能力又是"关涉""经验"的,因而是"经验"中而又"先在于""经验"的因素,对于它们的"证明",康德就叫作"先验演绎",而不仅仅是"逻辑形式—形式逻辑"的。这层层的意思,我们应该仔细地分析清楚。

那么,首先的问题是:我们人的"经验"中的"知识—情感—

欲求"这些方面，其中是否蕴含了"心智能力"的"先天"的因素？康德的回答是：它们全都是有的——因而顺便说起，康德《判断力批判》的"情"，中文似乎还是用宗白华译的"情绪"好，"绪"者"头绪—秩序"也——而它们跟"经验"的"关系"又是不相同的。

康德对于"知识"方面问题下了很大的力气，《纯粹理性批判》某种意义上是"批判哲学"的奠基之作，不仅是事实上如此，理论上也是如此，因为康德在写《纯粹理性批判》时，他的全部"批判哲学"甚至全部"形而上学"哲学思想已经成熟。这部著作之所以称得上"博大精深"，值得反复研读推敲，是因为它的论述已经照顾到今后著作的主要思路，后面的"批判"读不懂的时候，往往在《纯粹理性批判》里可以得到启发，而读后面的"批判"往往也使《纯粹理性批判》的有些问题有忽然开朗之感。

在这个意义上，康德的三个"批判"，甚至其他著作，包括他的一些短文，都可以当成一部（大）著作——"一部"大书来读。

当然，所涉问题还是有区别的。

谈到"知识"问题，康德的工作在于揭示：由"感觉经验"作为"材料"提供的"经验"不仅蕴含了"先天性"，而且这个"先天性"的"心智能力"在"知识王国"还是起到"立法"作用的；"感觉经验"固然"激发"了"知性"的活动，使这部分"心智能力"活跃起来，但并不能够给"事物"以"规定"，也就是说，并不能够使"事物"成为具有"必然规律"的"现象"，因而不能"确立—建立"起一个"合规律—必然性"的"知识王国"，唯有"不依赖感觉经验"的"知性"的"纯粹概念"—"范畴"具有给"自然"作为"经验对象的综合"来"立法"。

这就是说，在"自然王国—经验王国—知识王国"，"知性"这个独立的"心智能力"拥有"立法权"。"知性"这种"先天"的"心智能力"与"感觉经验"的"关系"是"立法者"与"守法者"的"关系"。"感觉经验材料""服从""知性"的"法律法规—法则",这样"建立"的"知识王国"是一个"必然王国"。"知性"的"法律—法则"对于"感觉经验"具有"强制性"。

然而,"知性"这个"立法权"是一个"权限",不能是一个"暴君—僭主",这份"立法权"本身也是"合法"具有的,它有自己的"合法"行使权力的"范围",在这个"范围"内,"知性"行使它的"立法权"是"合法"的,"超出"这个"范围"就是一种"越权—僭越",这个"范围"是"感觉经验"为"知性""划定"的,即凡"可以感觉经验"的"事物"皆可以—有可能遵守"知性"所"立"之"法",超出这个范围,"知性""无权"过问,即"知性"没有"立法"的可能性。

"可以感觉经验"之"事物"皆"在""时空"之中,于是,"凡在时空"中之"事物",则皆"有可能""进入"由"知性""立法"的"必然王国—知识王国"。

这就是"知性""先天"地为"自然王国—必然王国—知识王国""立法"。

"不依赖感觉经验"的独立自主的"先天性",原本也是"理性"的"自由"的表现,即不由"感觉经验"来"规定","自己""规定""自己",并且通过"知性"来"规定""感觉经验";那么这种"理性"本身的"自由"又复何如?

"自由"既然完全"摆脱了""感觉经验"的"规定","在""时空"之"外",它的"规定性"只能由"理性"自身来赋予。这种由"理性"自身"规定"的"自由"当然也是"先天的"。

于是,在这个意义上,康德揭示,在我们的"欲求"的"经验"中，更有一个"先天"的"规定—决定"因素，"自由"乃是我们"欲求—意志"的一个"决定性—规定性"的"先天""根据"。

这就是说，不仅"知识"是有"先天性"的，"意志—欲求"也是有"先天性"的；"知识"的"先天性""建立—建构"一个"必然王国—知识王国"，"意志—欲求"的"先天性""建立—建构"一个"自由王国—道德王国"。

这个"道德王国"由"理性""先天"地为"自由""立法"，亦即"理性"为"自身""立法"，"理性"为"不在时空"中的"事物（本身）—物自身""立法"。这样，原本在《纯粹理性批判》中被"悬搁"、被"否定—消极"了的"自由—本体—思想体"在《实践理性批判》"积极—肯定"了起来。

"知性"为"在时空"中的"事物""立法"，于是"在我外部"的"空间"中"并列"之"诸事物"得到了"综合"；而"在我之内"的"时间""先后"也被"综合"，被"知性""规定"为"因果"的"必然关系"；而在"自由—道德王国"，因为"在""时空"之外，不受"时空""条件""限制"，则有一个不受"时间""先—后""空间""并列"条件限制，没有"前因"的"自由"作为"原因"，故"自由因"是为"第一因"。

也许，"第一因"是"原因性"的本意。在古代希腊，"原因"这个词原本含有"可以问责"的意思，亚里士多德把它纳入"真知识"的范畴，认为把握了事物的原因，也就是把握了该事物，就是"知道"了该事物，这样，"原因性"成为经验事物的把握—认知方式，由此组成为一个"原果系列"，而使"第一因"成为一个独立的问题。

"第一因"为"责任者"，就"原因性"的"因果系列""知识"问题来看，是"超越者"，"知识"的"因果系列"被（理性）

"超越—提升"为"道德"问题。

"道德"原也可以理解为"经验"的问题。人类集团为了共同的生存和利益互相"协定—成文的和不成文的契约",设定一些道德"规范",这些"规范"因"时空"条件而"不同"和"变化";然则,在这些由"时空"条件"限制"的"道德规范"之中,有没有"超出""时空"条件的"先天性"的因素存在?也就是说,林林总总的"道德规范"之中,有没有一个"不以人的主观意志为转移"的"客观—普遍—必然"的"基础"?

康德认为这个"先天"的普遍必然的"道德""根据"是有的,"道德规范"不仅仅有一个随"时空"条件"变化"的"现象",而且也有一个"超出""时空"、不受"时空条件"限制的"根据",这就是"意志自由"。

"自由"是"道德"的"先天"的"根基",因为唯有"自由者"才是"责任者",否则,一切的行动,皆有"推诿"到"时空"条件限制的可能性,"人"作为"自由者""否定—堵绝"了这样一种"归于""因果系列""必然性"而加以"推诿"的可能性。作为"自由者"的"行动者""责无旁贷",而每一个"有理性者"又"必定—注定"是"自由者",因为"(实践)理性"即"自由"。

与我们这里相关的是:"意志—意欲—欲求"在它的"经验"性的"需要—目的"之外,尚蕴涵着一个"先天性"的"规定"因素,即"规定"着"意志—意欲—欲求"在"道德"上的"性质"(德性)—"善—恶"。犹如"先天性"的"直观"和"知性""规定"着"经验对象"的"性质"和"知识"的"真假—对错"一样。

犹如"感觉""激活""知性"那样,"意欲"也受"内外需求"的"刺激",就"意志"言,也有一个具体的"目的",这个"目的"要由实际的"行动"在"现实"中"实现",实现了的

"目的"也可以看作"目的"作为"原因"的"结果",这种"因果关系",当适用于"因果范畴""规定"下的"因果律"。这样一种"因果"关系受"时空"条件的限制,"目的"的"实现"要"依靠""主观努力"和"客观的条件";只是"道德"无关"成败利钝",只问"行动"符合不符合"道德律",而"道德律"是"自由律",是"自由者"之间的"法律—法则",问"行为"所"根据"的"原则"是不是具有人人都"遵守"的可能性,因为这个"道德律—自由律""应该"是"理性"的,在这个意义上,也是"普遍必然"的。

于是,康德说,"知性"在"知识王国"拥有"立法权",而"理性"在"道德王国—自由王国"拥有"立法权"。"知性"为"自然""立法","理性"为"自由""立法"。

在某种意义上,"普遍必然"的"法"只是"形式"的,"立法权"并不"代替""行政权","行政实施"有自己的"规则","知识"有"先天综合"的,也有或更多有"经验综合"的,"意志自由"也必要通过"具体的—经验的""目的"之"实现"才能"完成"。就这层意思来说,"理性"为"意志"的"立法"是无关乎经验的"目的"的,因此这条"法律"也并不受"经验目的"的"限制",而是"自由"的,不受"感性欲求"的"驱使",当然也并不在实际上"压制—抑制"这种"欲求",要做到所谓"清心寡欲",只是在说道"意志自由"是"悬搁"起(胡塞尔)诸种"经验欲望","意志"自有"规则—准则",这条"自由—自有"的"准则""规定"着"行为"(包括其原因和结果)的"道德"上的"品质","规定"着"行为者""人格"的"品质",即"规定"着"德性"。

然而,"意志"原蕴涵着一个"实践"的能力,它是"趋向"于"实现—现实"的,"理性"原本就有"实践"的能力,"自由"意着"创造—开创",而"现实性"又是"经验性"的,一切"现实"的事物都"应该"是"在""经验"中的,于是,"目的"作为"自由"的"理念"来说,它的"现实性"是"在""时间"的"持久绵延"中,"在时间中""接近"这个"理念"的"目的"和"目的"的"理念","有目的"的"理念"是"具体的理念",乃是"理想"。

"理性"为"自由"所立之"法",使"意志""有权""先天地""追求—欲求—意欲"一个"在""时间""无限绵延"中才能"实现"的"目的",从而"理性"通过"实践—道德""立法"赋予了自身"建立—建构""终极目的"的合法"权利","确定"一个"超越""时间绵延"因而"超越时空"的"终极目的"的"理想"。

二、"判断力"与"合目的性原理"

"(实践)理性""阐明—演绎—证明"了"终极目的"是可以允许"合法"地"建立—建构"起来的,尽管在"理性"在"理论知识"上的"运用"(知性)范围内不允许"建构"这样一个"终极目的""现实性"的"合法性",因为"目的"在"时间"中是"无限绵延"的,这个"终极性"的"目的"只是一个"理念",只能被"悬搁"起来成为一个没有"感觉经验"可以"验证"的"思想体—思想物"。

"理性"在"实践"领域里的运用,确切无疑地告诉我们:我们"有权""设定"一个"终极性""目的",这个"终极目的"在"理性"的"实践"运用上其"现实性"被"设定"是"合法"的,因为"理性"在"意志—意欲—欲求"有一种"(先天)立法"的"权利",这种"立法权"是不受"时空"条件限制的,因而它与"理性"在"理论"领域的"(先天)立法权"并不发生冲突,因为它们各自是为两个原则上不同的"领域""立法",遵循着不同的"原理"。"理性"为"意志—意欲—欲求""立法",因"意志"本身具有的"能动性",即"意志"以"目的"为"原因""必有"一个"相应"的"结果",而这个"结果"作为"概念"本就有"现实性",因而"意志"的"目的"就是一个"现实"的"目的",也是"目的"的"现实—实现"。"理性"的"实践"功能——"理性"为"意志自由—道德王国""先天"地"立"的"法",赋予人们(有理性者)有一种"权利"去"设定—建构—建立"一个"终极目的"的"理想"。就建立这个"法律"的"实践理性"来说,这个"道德—自由"的"理性"是"有权""企盼"其"现实性"的,而不是一个"空中楼阁"和"海市蜃楼"。

这就是说,人作为"有理性者—自由者""有权""拥有"这个"终极目的"的"理想",人所建立起来的"经验科学"的"理论知识""无权""否定—阻止""理性"给予"意志"的"自由""权利"——"超出""时空"条件的限制来"确立—建立"一个"终极目的"之"理想"。

"自由者""有权""拥有""理想"。

不仅如此,"理论理性"不仅"无权""阻止"这个"理想",而且反倒要受这个"理性"的"影响"和"协助"。

"(实践)理性"固然"无权"为"经验"的"自然""立法",使自己成为一个"建构性—规定性"的"原理","自然"有自己的"法则";但是"理性"通过"实践"却"引导—范导"着"经验"的"自然","理性"这种"范导"功能促使"自然"与"自由"有"和谐"的可能性,保障了"时间"朝着"终极目的"的"方向""无限绵延"的可能性。"实践理性"给予"理论理性"一个"超越"的"方向",对"理论理性"的"僭越—超越""趋向",

不仅在"批判精神"下得到"遏制",而且也得到"合理"的"疏导—引导"。

在这个基础上,原本两个各不相同的"领域"不仅有了"关系",而且在"目的"这个"关键—环节"中也找到了"沟通"的"渠道"。

这个"关键"和"渠道"是"判断力"为"主体"各"心智功能""先天立法"下的"愉快—不愉快"的"情感—情绪"。

"情感"通常被理解为"感觉"的,是一些"感官"的"快感",当然是"经验性"的。"快感"或许也会是"通感",是一般人类"共同"拥有的,它或因感官结构相同,或因习惯相近,但也可能每个人有差异的,美味佳肴固然人人喜爱,但也会出现众口难调的情形,因为它们都是"在""时空"中被一些不同条件和因素所"规定"的。

现在要问,这些明显受"时空"条件"规定"的"经验性""情感—感觉"中,有没有"理性"的"先天因素"?如果没有,"情感"问题人言人殊,谈到趣味无争论;如果有,那么这种"先天性"和"理论知识"和"实践自由"中的"先天性"相比有无自己的特点?

康德认为,在"愉快—不愉快"的"经验性""情感"中仍然存在者"先天"的因素,"理性"仍然可以起着"立法"的作用,在这种基础上,"理性"以自己特殊方式提供的对"情感—感觉"的"愉快—不愉快"这种"描述"有成为"普遍必然性"的"判断"的可能性。

我们说"这朵花让我愉快"和"这朵花是美的"在哲学上具有不同的意义,前者"描述"个人的"感觉",后者则是要求"认同"的"普遍命题",而二者却须通过"目的"这一共同的"环节",因为"愉快"在康德就意味着"合目的性"。

涉及"理性"对"合目的性—即愉快—情感"的"先天性"功能,对其"权限"作出"审批—划定"乃是《判断力批判》的工作。

《判断力批判》从"合目的性"问题切入,因为"目的"概念兼跨"知识"与"道德"两个领域,而意义则不相同。

在"知识"领域,"目的"从属于"感性经验知识",受"知性"为"自然"颁布的"自然律""规定—支配",单纯"感觉"的"需求—欲求""必须"从属于"自然律"之下,"目的"才有"实现"的可能,在这个意义上,"目的"却受到了为实现这个"目的"的"手段—自然知识"的"支配—决定","目的"失去其自身的独立性,成为"时空"中"因果系列"的一个"环节",一切所谓的"技术性的实践"其实都在"理论理性"的"领域"之内,接受"知性"为"在时空中"的"自然"所"立"之"先天法则—法律"支配。

"道德的实践—行为之动机"是"自由"的,不受"时空中自然"之限制,"知性"无权为这个"领域""立法",它的现实性并没有"现象界"的"结果—目的之完成"来保证,因而也没有任何"事实"作为"实例"来"证实";但在"不计""时空条件"——按照"理性"为"道德实践"所立之"先天法则—自由律",这个"自由"的"终极目的"的"理想",因其"符合""道德律—自由律"而无须"时空"条件,就有"能力—实践能力""扩展"为"现实性"。这样,在经验的现象界,虽然找不出一个"自由—道德""目的"的现实的"例证",但我们还是"有理由"亦即"有权利""信任—相信"这个"理性"自身的"目的"是具有"现实性"的,亦即"理性""有能力""实现""自己","自由"是"有能力""实现"的。这样,我们"相信—信任""自由","信任""自由—道德"的"目的"具有"现实性",这种"相信—信任",这种"信仰"不是"盲目"的,不是"迷信",而是"理性"的。"理性"的"法律—法则""赋予"了我们"有理性者""相信""自由","信仰""德性"的"合法权利"。

然而,这种"相信"和"信任"在"知性"为之"立法"的"知识王国"看来是"空洞"的,"不可靠"的,因为在它"立法"的领域,一切都受"时空"条件的制约,"自由"之"结果","自由"之"实现",被"推延"到"无限长河"的"未来",只是一个被"悬搁"了的"理念"。

在这里,"自然"和"自由"似乎是两个"极端",康德《判断力批判》以"目的"的概念,把这两个具有不同性质"立法权"的"领域""沟通"起来,通过"目的"概念,我们可以理解到,"自然"具有自身意义上的"自由性","自由"也具有自身意义上的"必然性"。

康德在《判断力批判》里首先提出的"合目的性"概念正是"描述""自然"的,这就是说,"自然界"——我们作为只是对象总和的"自然界"是"有权—合法地"从"合目的性"方面去"理解—阐释"它的。这就是说,这种"阐释"方式也是有"先天立法"的"根据"的。

这个"先天立法"的"根据"何在?

"知性""无权"给出这种"法则",因为"目的"概念并不是"自然—经验对象"的一个"属性","知性""先天概念—范畴""无法""归摄"在一个"普遍规律"之下;"目的"概念本身也不"在""时空"中,"时空"作为"感性直观"的"先天形式"也"归摄"不了它;当然"自然合目的性"更不属于"自由",因为

"自然"绝没有"意志"。

这样,"自然合目的性"这个"概念"的"先天""合法""根据"何在?

康德说,其"合法性"的"根据"在"判断力"这样一个"心智功能"。如同"目的"概念一样,"判断力"是一种"兼跨""知识"和"道德"——"自然"和"自由"两个"领域"的"心智功能"。

"判断"在思维的逻辑机能里是"概念—判断—推理"的一个环节,在欧洲哲学的传统中,只有运用"概念"才有可能进行"逻辑思维",而"知识"的问题,则又是和"感觉经验"密切相关。在"经验知识"中,"判断"将"经验事物"的"概念""归摄"在一个"普遍规律"之下;而在"道德—实践"中,"判断"则根据"自由律"从"本体事物""推论"出这个事物的"实在性"来,于是人们有权对这种事物做出"合理—先天"的"判断"。

在这两个"领域"("自然"和"自由"),"判断""按照—遵从—听命"各自所立不同的"法律"来执行自己的职能任务,"判断"在这两个领域,并没有自己的"立法权","立法权"在"知性"和"理性"手里。

然而,既然叫作"法",则其所要强调的重点则在于一个"普遍性",天下万事万物"概莫能外",而事物之"具体性—个别性"则被"悬搁"起来。"知性"为"自然"—"理性"为"自由"所立之"法",乃是一些"普遍法则",对于"具体事物"还得"具体分析"。

不错,"具体事物"在"知性立法"下经过"判断"已经有了一个"归宿",但这个"归宿"是"理论"的,这个事物"属于—是"哪一"类"的,"归属"于那个"普遍"的"类""概念"之下,因而这个"事物"也只是该事物的"概念"。一个"小概念""属于"一个"大概念",至于那个"个体"的"事物"尚未得到"分析"和"规定"。

然而,在一个"有序"的世界,不仅要有"普遍法则",使这个世界成为我们有权认知的"对象","在理论上—在道理上"我们有权把握它的"必然性",而且还要求这个世界中的万事万物也处于"有序"之中,因而是我们"可以—有能力""理解—解释"的世界,世界不仅在"理论"上是"合规律"的,而且在"实际"上也是"有序"的,不仅是"可以理解"的,而且这种"理解"也具有"必然性"的"根据"。

既然康德的"批判哲学"揭示了"理性"在各"领域"的"先天立法"职能使这些"领域"具有"必然性"而可以—允许"理解—把握",那么,在具体特殊的世界,"理性"同样也有一种"先天立法"作用,使这个特殊—个别的世界也有"可以理解"的基础和根据。康德认为,在"心智能力"中,除"理性"和"知性"之外,尚有一种"判断力",它正是这个具体特殊的世界成为"可以理解为具有必然性"的根据。

而"具体特殊"的"个体"世界也是"有序的—合规律"的,则也是"有理性的人"在"感官快乐—快感"之上—之外有一种"愉快"的根据,犹如(类比—类似)"德性"提供"有理性的人"以"敬重"的"感情"那样。

在这个意义上,"判断"不仅是一个"逻辑"的"环节",而且也是一个"心智能力",可以与"知性"和"理性"并列。因此,中文将其译为"判断力"是很好的,它也是一种相对(于"知性"和"理性")"独立"的"(心智)能力"。

"知性""先天"地给出"普遍法则",当然也承认在"特殊物"的世界中,也有"合规则"的"时候",但在"知性"的"立法"原理中,这种情形只是"偶然"的"有时候",并无"先天必然性",如同"幸福"在"实践理性"的视野里一样,"德性"和"幸福"没有"必然"的"关系"。

在这个意义上,"判断力"的"先天立法""职能"就使我们由于"特殊事物"世界之"秩序"而产生的"愉快"的"情感"有了一个"合法"的"先天"根据,使我们"合法"地做出"这个事物是美的"这个与"知性""判断""相同"的"形式"的"判断",而"要求""普遍"的"认同"。

然而,这个"形式""相同"的"判断",在"实质—实际"上与"知识性—知性""判断"又是不同的,即它们的意义是不相同的。

康德说,"知性""判断"是一种"规定性"的,而上述"审美—感性""判断"是"反思性"的。"规定性"的"判断力"是将一个经验事物的"概念""归摄"于"普遍性""规律"之下的"能力",而"反思性""判断力"则是对于"特殊的事物"进行"反思",来"寻求"一个在"知性"是"不确定"的"普遍规律","知性"不能"规定"它"是什么"。"反思性判断力"与"规定性判断力"运行的路线正相反:前者由"特殊"到"一般",后者则由"一般"到"特殊";后者使"事物"在"理论"上有一个"秩序",前者则更使"千差万别"的"无限复杂"的"特殊"的世界,也有一个"可以理解"的"秩序"。

在康德"批判哲学"的"分析"下,这两种(知性和判断力)"建立秩序"的"先天立法"的性质和意义是不同的。"知性"为"自然""立法",使之成为"可知"的"对象","判断力"的"合目的性"的"先天立法"不能"借用—借过来""知性"所立之"法",因而"反思性判断力"所立之"法"是为"判断力""自己"立的,在这个意义上,"判断力"并不为"自然""立法"。"自然"并无"合目的性"的问题,因此在这个意义上,"统治""自然"的是"盲目"的"必然性"。

所谓"判断力"为"自己""先天立法",也就意味着,"判断力"是为了各种"心智能力"的"协调—有序""建立"的一个"法则",亦即,为"协调""知性"和"理性"的"关系""先天"地"立法"。

也就是说,"知性"和"理性"都为"客体—对象(自然和自由)""立法",而"判断力"却为"主体""立法"。这样,按照康德的说法,"知性"和"理性"为"客体""立法",亦即"建立—建构"各自的"普遍对象"——"自然"和"自由";而为"主体—主观""立法"的"判断力",则"建立—建构"不起一个"普遍对象",它的"对象"仍然是"知性"通过"知觉""给予"的,它的作用只是使这些"知觉表象"在"主体—主观""内部""协调"各种"心智能力"之间的"关系",使之"和谐一致",因而其作用—功能也是"范导性"的,不是"建构性"的。

"知性"只能为"知识"给出一个"普遍——一般"的"经验对象",而"反思判断力"从"知性"建立的"对象"中并不离开"知觉"的个别性,对这种特殊的个别事物按照"判断力"为自己"建立"的"先天法则","寻求"一个适合该事物的"规律",从而将该事物"判断"为"类似"为"规定性判断""归摄"下的"属性",这个"归摄",不是对这个事物在"客观—客体"上有所"断定—规定",而是表现"主体—人"对该事物进行"反思"的一个"合理"的思路。

"知性"的"先天立法"只告诉我们,"自然"作为"经验对象",必定遵守"因果律",因为"时间"的"先后"为我们提供了一个"感性形式"的"条件",在这个条件下,在"时间"中的事物,必有"因果关系","原因性"作为"先天概念—纯粹概念—范畴"是"知性"为"经验"确立了的。

然而,"普遍原则"确立以后,尚有特殊事物之间的具体的"因果性"原理有待"确立",这样,这个形形色色的大千世界,尽管在"理论"上必定具有"因果性",因而是"必然"的,但具体到"每一个""特殊事物"之间的关系来说,"知性"只能"断定"它们之间的"合规律性—有序"只是"偶然"的。

"知性"在"偶然性"面前之所以并没有"却步",是因为"知性"为"判断力"对"特殊事物"的"反思"留下了余地,"知性"的"普遍立法""等待着""反思判断力"的"深入现实",并将这些"特殊事物"的"现实性""提高"到"合规律"性。不仅"普遍经验对象"因"知性"而"建立",从而是"合规律"的,就是那在"知性"看来具有"偶然性"的"特殊事物"之间的关系中,经过"反思判断力"的"先天立法"作用,也"应该"被看作是"有规律"的,尽管"知性"对此不能提供确切的"知识"。因而在这个意义上,"反思判断力"所做的事情,也是"知性""想—有这个意图"做的事,但因自己的"立法""权限"而未能做的。这样"反思判断力"对"知性"来说,是一个"继续"和"补充"。"反思判断力""完成"着"知性"的"未竟事业"。

不仅如此,"知性"还要在"反思判断力"的"引导—范导"下,因不在"特殊事物"面前"却步"而"不断""扩展"自己的"事业"。在某种意义上,"反思判断力""推动—扩展"着"知性"的工作。

"趣味—鉴赏力"的提高,有助于"科学"的不停顿的"发展"。

三、"合目的性"与"趣味—鉴赏力"

"合目的性"是"理性—知性""委托"给"反思判断力"的一

种"权利",它的"权限"是"调节性—范导性"的,而不是"建构性"的,它无权给"知性"建立的"对象""立法",而只是给在这个"对象"中的"特殊事物"提供一个具有先天性的"理解方式","相信"这些"无穷尽"的个别事物,同样也是"有序"的,而由这种"特殊事物"之间这种"有序性"产生的"愉快"的"情感—情绪",也是有"先天立法"根据予以保证的。"合目的性"乃是"反思判断力"为"自己""调节""诸心智能力"所据有的"立法"权力。

"合目的性"原则所涉及的是一个"自然"的"特殊事物"的世界,是"自然"在"特殊事物"之间的"合规律性"的"先天条件",因而都离不开"个体"事物的"知觉表象",但又不是单纯"感觉"的,不是单纯由"感觉器官"提供的"感觉材料",在这个意义说,不是"实质"的,而是"形式"的,是一种"形式的合目的性原则"。

这样,康德引用了鲍姆加登的"审美的"一词。我们知道,在鲍姆加登那里,"审美的"是"理性知识"的一个低级形态,也不仅仅是"感觉材料"的。这一点,康德是考虑到了的,尽管他的"批判哲学精神"与沃尔夫—鲍姆加登不同,但"审美—趣味"是在"理性""引导"之下这一点是相通的。

"审美的"是离不开"感性的",但又不单纯是"感觉的",在康德看来,乃是由于"判断力"在"反思""感官"提供的"特殊事物"时有一个"先天"的"根据",尽管这个根据仅仅是"内在"的,即为"诸(内在)心智能力"的"协调"而立的"法"。

什么叫作"仅仅是内在的"?既然康德把"时间"设定为"内在"的"先天直观形式",而"空间"为"外在"的"先天直观形式",那么,在这里,所谓"仅仅是内在的"就可以指"仅仅是时间的",这就是说,"审美的"并不"涉及—顾及"到"外在"的"实物",而是将这个"特殊"的"实物"表象"吸收"到"内在—时间"中来,加以"反思",在这个意义上,对于"外在空间"中的"实物","审美—鉴赏—趣味"并不"涉及"它的"实质—感官材料"而只涉及"形式"。

于是,"审美的—鉴赏—趣味"的"愉快"并无"功利性",就不是康德的"独断",而是经过"批判—分析"的。

"审美判断"作为"审美"当然是"感性"的,离不开个别事物的"形象",但是这个个别事物的形象作为"审美的对象"即使是"实物—实在的",却也是"虚拟"的,是通过"想象力"将其与"实在的""时空条件""剥离"出来,这个"对象"有自己的"虚拟"的"时空",也就是说,有一个"内在化"了的"时空"条件,所以也是可以"直观"的,只是这种"直观"又是"内在"的,即"空间"也是"时间"的。将"空间"的"实物""吸收"到"内在"的"时间"中来,以便"判断力"对这个"内在"的"对象"进行"反思—思维",即由这个"内在"的"直观"作为"知性""范畴—(纯粹)概念"的"条件",而并不是就以这种"内在直观""直接"用来"反思—思维",在这个意义上,康德并不是说,"审美判断"是"形象思维",按照康德,"思维"是必定要用"概念"的,"反思"也不例外;"审美"的问题不在于用了一种"不同于""逻辑(概念)思维"的"另一种""独立—独特"的"思维",而是由"直观"与"概念"的"关系"的特殊性遂使"审美"这样一种"思维"有自己的特殊"意义"。

这样,"审美判断"作为"判断"仍然必须向"知性""借用""(经验)概念"以及"(先验)范畴"(不是"借用""知性"所立之"法","判断力"有自己的"法")才能成为"判断"表述出来；只是这种与"知识判断"在"形式"上相同的"审美判断"在"意义"上却是不同的。"审美判断"并不是将两个"概念（不论是经验的还是先验的）""先天—必然"地"连接"起来，譬如"水"在"通常"环境中，加温至100摄氏度必将成为"气"，表达的是在一定"时空条件"下，"水"这个"自然对象"的"自然律"，这里和一个对"水"的"审美判断"所要表达的"情绪"有不同的"意义"。"水"作为"概念"当然是"经验"的，不是"先天"的，但它是"经验"的"抽象"和"概括"，而不是一个"直观"，这样"知性"才有可能为之"立法"，按照"自然律"，找出"水"的"客观属性"，掌握其"规律"；相反，作为"审美判断"的"水"——如果这个判断中有"水"的话，则总是"具体"有所"指"的一条河、一滴水等等，而不是抽象的"经验概念"，"小桥流水人家"其中的"小桥—流水—人家"尽管未曾"确定—规定""什么桥—哪条河—哪一家"，却有一幅"直观"的"内在"的、"虚拟"的"画面"，对于这个"内在虚拟直观"的"画面"做出的"判断"——"美"，并不属于"客体"，甚至不属于这个"虚拟"的"客体"，而是"主观""（对它们）反思—思维"的"评判—鉴赏"，用"诗"的形式表达出这个"鉴赏"的"情绪"，则有那首"小令"传世，而他之所以有权"传世"，乃是这个"评判—鉴赏—情绪"同样有"反思判断力"为"自己""立法"的"先天性"作为"根据"，未能"欣赏—鉴赏"的"人""须得学习"，提高自身的"鉴赏力"，如同在"科学知识"上"须得学习"一样。

于是，康德有理由指出，"审美判断"的"主语"总是一个"特称概念"，"指"一个"具体事物"，而不是一个经验的"种—类""概念"，因此，严格来说，"审美判断"只是说"这朵花是美的"，而说"花是美的"也意味着"大多数"而言，犹如我们不能笼统地说"花是红的"一样；这就是说，不仅仅是"在时空中""可以直观"的"经验概念"，而且"就是""直观本身"，就是"时空本身"，而按照康德《纯粹理性批判》划定的"界限"，这些"本身—自身"对"知性"来说，是"不可知"的，是"事物自身"，是"思想体"，因而是"内在"的，于是在这个意义上，"审美的"所涉问题恰恰不是"现象"的问题，而是"本体"的问题。

当然，"知性"不可能通过"反思判断力"的"先天原理""认识""事物自身—本体"，但通过这个为包括"知性"在内"诸心智能力"之间的"合目的性"的和谐一致，对于"知性"的那种超越"现象""认识""本体"的"僭越"趋向和意图，有了一层"引导—疏导"的方式和途径，即通过"合目的性"的"先天原理"，人们被允许在自己的"内在"的"判断力"的功能中，"反思"出一种对于"事物本身—本体"的"体验—经历—经验"。"美"虽然并不是"知性"为"自然立法"的"自然"的"客观属性"，但人们却"有权""类比"于这种"合目的性"的"美"也是"事物本身"所具有的一样。同样的，单靠"知性"的工作，只能揭示"本体"的"存在"，对于这个"本体"却不能进一步加以"规定"，"知性"也不能通过"判断力"对"美"加以进一步"规定"，而只能"托付"给"判断力"对其进行"反思"，亦即"托付"给"情感—情绪"，使其成为具有在"主体"上有"普遍性"的"审美—鉴赏—趣味判断"，使原本具有"偶然性"的"感情（千变万化—喜怒无常的好恶）"在"反思判断力"的"内向—内在"的"先天性""原则"的"指引"下，也有一层"必然性"的意义。"美"作为"反思"的"概念"，对于"知性"来说，犹如对"本体"的"概念"一样，是"不可知"而只能被"思维"的，这个"可思维性"，由"判断力"的"反思"，在"诸心智能力"的相互"协调一致"的"关系"中有一种"内在"的"先天必然性",有权借助"知性""判断"的形式表达出来,提请"普遍"的"认同"。

于是,在这个意义上,我们也可以说,"审美判断"是按照"合目的性原则"对于"本体"的一个"反思性判断",而并不是"规定性判断"。

然而,既然"反思性判断"已经涉及一个"本体""概念",则也就把自己的"判断""伸向—扩展"到了由"理性""立法"的"自由"领域,因为"自由"正是"在""知性"为之"立法"的"自然—必然"之"外"的"意志—道德"领域。在这个意义上,"审美—鉴赏—趣味"的并不受"知性立法"的"限制"行使着"判断力"的"反思"职能,并使"有序"的"情感"—"情绪"与"道德"的"敬重"之"情绪"相互沟通。"敬重"是"自由律—道德律"对"情感"的"反作用",而"(审美)愉快"是"自然律—必然律"对"情感"的"反作用"。

于是"审美判断"就有沟通"自然"和"道德"两个领域的可能性,即"知识"向"道德""过度"的可能性。这种"可能性"由"判断力"的"反思"职能所"提供"和"保障",而"反思"则是"知性"对只能"思维"的"本体"的"再思"。"再思—反思"使"知性""上升"地"进入""理性—自由—道德"领域;而反过来说,也使"理性""下降"地"进入""知性"的领域,虽然它们各自的"立法权"不能"转让—让渡"。"知性"不为"道德""立法","理性"也不为"知识""立法",但是通过"判断力"根据"自己"为"自己""立法"的"(反思性)原理",使人们可以"理解"到"理性"与"知性"作为不同的"心知功能"之间的"合目的性"的协调关系。

按照"理性"在"实践"上为"道德"所立之"法","自白"

作为"第一因"也意味着"终止"了"以前"的"原因"系列,在这个意义上"自由"是"始"也是"终",而"目的"就其概念来说,是"始"也是"终",于是,"自由的目的",不仅意味着"初始原因",而且同时就意味着"最后结果",即"终极目的"。"理性"在"实践—道德"上的"法则",提供了"终始之道"的"先天可能性",并且只有在这层"合目的性"意义上,即康德"实践理性—道德"的意义上,我们看到了"原始反终"所蕴含的道理:"原始"也就是"终结","终结"是"反(返)(回)"到"原始"。

然而,"知性立法"的"经验世界"不提供"初始原因"和"最后结果"这样一个"可能性","空间"在"无限""扩展","时间"也"无限""绵延",这样,如果"理性"执意要按自己所立之"法"办事,则必须发出一道"指令—命令","令""万物终结"。只有在"万物""终结—完成"之后,"理性"才能做出"道德"的"最终"的"判断—判决—审判",否则就只能像尼采所指出的,"善—恶"只是随"时间—空间""变化"的"相对"的价值标准,人们无权做出"终审"——世间并无"末日审判",而也只有到了海德格尔,指出"死"使"时间"成为"有限"的,而"死"就是"大全—终结—完成",从而使"死"重新成为一个现代的哲学问题。

康德哲学并未"推广—延伸"到这个程度,但他的"批判哲学"在精神上为以后的哲学创造留下了余地。不管后来的哲学家如何"评价"(尼采的猛烈批评和海德格尔的审慎的尊重),我们可以看到他们在理路上的可沟通之处。在"审美判断""形式合目的性原理"中,"内在虚拟时空"使"实际的时空""定格","置之死地而后生"。

就康德来说,"知性"虽然在"法则"上即在"一般—普遍"的意义上"否定"了"事物"之"终结",但对于"个别—特殊"的

"事物"的"规律"性,"允许""反思判断力"按照自己的"先天法则"(而不是"非法"借用"知性"所立之"法则")来把那些在"知性"看来是"偶然"的"规律"也看成在"诸心智能力"的协调关系中有"先天必然"的根据。

这就是说,"知性"固然不允许"事物"在"客观"上"终结",亦即不允许将"目的"和"合目的性""赋予""自然",但却允许"判断力"在"反思—再思"的意义上来"理解"特殊、个别的事物之间有一种"合目的性"的关系,从而"使—令"它们"完成—终结—定格",允许"设定"有一个"初始目的"成为其"完成—完善—终结"的"自由—第一""原因"。

这个"自由因"的"引入""经验"领域,不但"自然"的"普遍规律"由"知性"的"立法"在"理论上"具有"必然性",而且"自然"的"特殊规律"由"反思判断力"提供了一个"主观上—情绪上"的"必然性",从而并不像"知性"那样把"特殊规律"看成是"偶然的"。

在这个意义上,"知性"借助"判断力"有可能"看"得更"深远",不仅"看"到了"理论上"的"必然性",而且"看"到了"实际上"的"必然性",只是"知性""止于"这种"看"是"主观—内在"的,并不给"自然""颁布"什么"客观"的"法则—法律",因而只是对"自然"的一个"反思—再思",对"知性"的一个"协助"和"补充"。

但是,"判断力"通过"反思—再思"对于"知性"的这一"协助—补充"不是可有可无的,而是必要的,甚至是基础性的,因为通过这一功能,"判断力"把"理性"的"自由""带进—邀请"到"经验世界"中来,使这个世界"添增"了一层只有对"有理性者—自由者"才"开显"的"意义"来。"美"成为"善"的"象征","审美的""眼光"使"有理性的人"在内在的"时空定格"中,看到"至善"的"象征"。

具有这种"反思判断力"的人,就是具有"鉴赏力"的人,中国的习惯也许可以叫作"有情趣"的人。

这种人虽然不是"科学家",也不一定是"艺术家",但有"艺术"的眼光,即有"判断力"的"反思—再思"能力,能够在"自然"的"特殊性"中"看"出"合目的性"的"规则—规律",亦即原本"自在—自由"的品类万殊的大千世界,通过自己的"愉快""发现"一种"合目的性"的"美"的"情绪—情趣";此时的"自然对象",已不是在"知性""建构"起来的一个"必然"网络中的一个"环节",而且是一个"自由"的"产物","脱离—摆脱"了"一时——一地"的"时空"条件的"限制"(虚拟时空使之定格)——尽管如叔本华说的只是"暂时"的。"大自然""鬼斧神工","似乎""超越"了"知性"的"领域",或者就在这个"领域"内"显现"出另一番"意义"。这种"自由"的意义,"似乎"有"另一个""知性"为它的"产生"提供了保障,而这"另一个知性"当然实际上并不存在,"判断力"通过"反思—再思",使"知性""承认—但并不能够认识它是"什么":"人"作为"有理性者—自由者""有权"在自己的"主观—内在"的"诸—各心智能力协调"中"设定"一种"超越""知性"的"能力""在",通常人们也把这种能力叫作"智慧"。

"鉴赏—情趣"乃是一种"形而上学"的"智慧",这种"智慧"当然不能—无权"代替""知性",但却"有助—协助""知性","引导—范导""知性"使之"深入"到"事物"之"内在"之"协调",从而"扩展"自己的"领域"。

"人"作为"自由者"不仅是"有知识—知性者",而且是"有智慧者",似乎就是叔本华说的,"人""天生"就是"形而上学"的,我们"天生""生活""在""意义"的世界,这是一个"基础"的世界,"知性"建构的"科学"的世界,是"在"这个"基础"之上"建构"的"科学王国"。

2011年10月9日于北京

(原载于《云南大学学报》〔社会科学版〕2012年第1期)

"画面""语言"和"诗"——读福柯的《这不是烟斗》

福柯在出版了他的主要著作《字与事》("Les mots et les choses",英译《事之序》,"The Orders of Things")两年之后,于1968年写了一篇文章《这不是烟斗》,评述比利时超现实主义画家马格利特(René Magritte,1898—1967)同名作品,实际上是借题发挥,以艺术评论的方式,表达他基本思想的某些方面,这篇文章的事实上的写作原因似乎是:马格利特在读了福柯刚出版的《字与事》后,于1966年5月6日写信给福柯,表示他对该书的兴趣,对书中"resemblance"与"similitude"所作区别作了评论,并附去"这不是烟斗"这幅画的复制品。[①]从马格利特同年6月4日的回信看,福柯在接到5月23日信后立即复信给马格利特,提出了关于另一幅作品的问题。6月4日信中,马格利特没有提福柯有否回答他关于"resemblance"与"similitude"的评论,但两年后福柯这篇评论文章,却集中地阐述了这两者的区别,也可以看成是对马格利特评论的一个详细的回答。

---

① 见D. Eribon,"Michel Foucault",Flammarion,1989年版,第198页。

在5月23日信中，马格利特说福柯在《字与事》中对"resemblance"与"similitude"所做的区别，有助于自己的论述。尽管在字典上不易找出字面上的区别，但在实际上，这种区别对理解"世界"与"我们自己"的关系是有帮助的。信中马格利特说"事物没有resemblances，但它们可以有或可以没有similitudes"，并说："只有思想才resembles，它与其所视、所听、所知者相resembles。"后一句话为福柯在文章中引用、发挥。所以可以认为马格利特对《字与事》中的道理是领会了的。

"resemblance"与"similitude"的区别是福柯在《字与事》一书中提出理解西方语言和事物关系历史发展的重要观念，这个观念，被引申来解释西方现代派艺术，说明他的思想与西方艺术（文化）发展的一致性，说明他和西方现代新派艺术家所思考的是同一类的问题，而艺术家们用不同方式、不同流派风格来处理"语言结构"与"意象结构"的关系，在精神上与福柯的意思也是一致的。然而这两个法文字——"resemblance"与"similitude"译成中文而又要体现出它们的区别，是很难的。根据福柯的理解，我们暂时把"resemblance"译成"意象（者）"，而"similitude"则译成"相似（者）"。这两者的联系和区别，将随着我们讨论的深入，而逐渐明朗起来，这一点是我们要预先说明的。

福柯自从出版了《疯狂史》（"Histoire de la folie"，英译《疯狂与文明》，"Madness and Civilization"）之后，在巴黎成为知名人士，他的《字与事》很快受到重视，也是很自然的；但这部艰深的书首先接到艺术家的反映，却也是很有趣的事。不错，福柯关心文学艺术，早在《字与事》出版前五年，福柯出版过一本称赞"前"（准）超现实派作家鲁塞尔（Raymond Roussel，1877—1933）的书。虽然福柯这本书中国读者不易读到，但从鲁塞尔这位作家喜欢运用"词句"和"意象"之间的复杂、变形和比喻的关系来看,福柯该书的宗旨当与后来的《字与事》和本文要介绍的《这不是烟斗》是一致的。

哲学家和艺术家都生活在时代之中,都是特定的时代的"思考"。不但马格利特读了福柯的书,而且福柯早就看了马格利特(以及克利、康定斯基……)的画,促使他进一步思考那人与现实、主体与客体、语词与表象、概念与形象……的关系,提出一种自己独特的、但又是为当时同代人所能接受的见解。当我们了解了福柯提出他的见解的"根据",亦即当时哲学、文学、绘画、音乐等领域所思考的"问题";当我们理解了福柯提出这些见解的可能性,即这些思想、观点、说法何以可能,则我们就理解了福柯的见解,也就理解了福柯本人。作为"著作者""思想者""言者""写者"的"福柯",无非就是那些"见解"的"总和"。

一、围绕着"语言"的讨论

古代哲学重"思想",现代哲学重"语言",但如同古代哲学的"思想"遇到了不少麻烦一样,现代哲学的"语言"也面临着严重的挑战。并不是说,古代的哲学家没有想到"语言"的问题,智者学派就曾提出为什么"可听的"语言能够代表"可见的"事物这一根本问题[①],不过那时只认为"语言"是"思想"的工具,"语言"是第二位的,而"思想"才是最重要的。

系统强调"语言"的独立性和任意性的是瑞士的索绪尔,他的语言学成为现代结构主义思潮的奠基者。这时,"语言"才不仅仅是

---

① 参阅拙著:《前苏格拉底哲学研究》高尔吉亚部分,人民出版社,1983年版。

一种"指谓"的"工具",其意义不只限于"所指",而"能指"本身成为人为的、自成体系的结构系统。"能指"与"所指"之间的关系是人为的、任意的、约定俗成的,而不是模拟的、派生的,从而为自己独立的结构。

"语言"的独立性,引出了"文字"的依附性,因为在索绪尔看来,"文字"无非是"语言"的外在表现和记录。索绪尔这种贬低"文字"的看法,受到了后来不少人的批评,但批评者都侧重在更加强调"写"和"文字"的独立性和重要性,而把索绪尔的论述重点"说"移向"写"。"写"的独立性引出了"文学"(作品)的独立性。

"文学"(作品)不是"模仿""复制""描写"客观的现实世界——对象世界,其独立性表现在:它也是一种主体(精神、心灵——psyche)的人为的表现(结构)形式。这种理解在精神分析学派的影响下,摆脱了"对象世界"的"文学",成为"无意识""梦"的世界。总之,"文学"脱离了"现实","文字"脱离了"对象"(意象,image),它们之间是一种"不确定的"(indefinite)、"游移的"(adrift)关系。

这样,由文学领域中首先出现的"超现实主义"流派,影响到绘画领域中这个流派的发展,而马格利特作为这一个流派中的一员——尽管不是最典型的一员,就有"这不是烟斗"的两度创作。

"这不是烟斗"(Ceci n'est pas une pipe)是马格利特早在1926年画的,而1966年他又重新画了一遍,将1926年的旧作保留在一个黑板画的地位,而又悬空画了一个大烟斗,这幅新画的标题为"两个秘密"(Les Deux mystères)。是否因马格利特读了福柯的《字与事》想起了旧作,一起寄给了他,还是为别的意图,不得而知。

1926年的画和题字都是"一本正经"地"画"完全写实的烟斗,"写"完全工整的手写体法文,并无一点可以怀疑、含糊的地方;

但这两个"相反"的"意思"都放在了一幅画中。福柯的任务就是如何从自己的思想立场来解释这两幅画。

可以想象，福柯并不会认为这是一个困难的任务。因为大家记得，他的《字与事》一书的开头，也是以一幅画作为引子，引出了他一整套"知识考古学"，而选的画，竟然是17世纪西班牙大画家维拉斯克斯（Velázquez, 1599—1660）的一幅古典名画——"宫女们"（Las Meninas）。福柯居然利用该画处理"画中画"的隐显关系之独特的手法，引导出"语言"与"画象"（意象）之间不确定关系这个结论来，那么，以故意游离"语言"与"意象"为宗旨的马格利特这两幅画，当然就可以更加得心应手地来说明福柯对"语言"的一种独特的看法。

画上明明是"烟斗"，为什么题词（text）却写着"这不是烟斗"？福柯说，这幅画按传统习惯来说，很是奇怪，但细想起来，却是可以说得通的。通常我们都把画上的东西，理解为"实物"的"代表"，而语词又是"指示"着"实物"。"这是烟斗"这句话语，等于用手指头指着一个实际的烟斗，但马格利特这个题词里的"这"，首先被理解为"指"那画上的"烟斗"，而画上的"烟斗"不是实际的烟斗；如果马格利特画的不是烟斗，而是"布丁"，而题词也改为"这不是布丁"，则中国人很容易就能理解题词的意思。"画饼（布丁）不能充饥"，"画烟斗"也不能"过（烟）瘾"，画上的饼、烟斗不等于实际的饼、烟斗。

画上的烟斗是由布料、颜料组成的，实际的烟斗是由木料组成的，而"这不是烟斗"的题词则又是黑色（1966年版是用白色）线条组成的。画、实物、文字，实际是三种不同的东西（物），它们之间只有某种"相似性"（similarity），它们是"相似物（者）"。

"相似物（者）"不同于"表象物（者）"（resemblance）。福柯认为，按照传统的、古典主义的理解，"画"和"字"都是"实物"的"表象"（representations）。"表象"本身没有存在的价值和意义，而只"代表"它所"代表"的"实物"。"表象"和"实物"原是一件事，而不是两件事，它们之间没有"缝隙"。"实物"是"原子"，而"表象"本身为"虚空"，这是西方人一个传统的观念。"表象"的"意义"以其"表现""实物"的完善程度为转移。"画"以"状物"，"辞"以"指事"，皆以"事""物"为最后标准，画得越像真物，则水平越高，意义越大，"辞""事"相符，乃是"真""话"，"真""理"。

然而，实际上，"画""字"本身亦为一"物"，"虚空"本身亦为一"始基"，就其"思想性"言，是为"无"，就其"实物性"言，仍为"有"。绘画史、文学史并非真的为"无之史"，而亦为"有之史"；没有"纯粹"的"思想史"，一切的"史"，都是"有"的"史"。"字""画"之所以能成"史"，乃在于它们本身亦为一"物"，是它所"代表"的"实物"的"相似物"，"虚空"为"原子"的"相似物"。"相似物"之间就不是"亲密""无间"的，而是"有间"的，"字""画"与"实物"之间有一种"游离"的关系，因而不是一成不变、一劳永逸的。

福柯整本《字与事》的重点之一就在于指出西方对"语言"的"表象"式理解并不是永恒的，直到十六世纪，西方人还相信"字"与"事"乃是两种"相似物"，"字"本身就有某种实际的作用，不仅"事"影响"字"，"字"也可以影响"事"。"书"是根据"事实"写出来的，"事实"也可以根据"书"来改造、塑造、组建，其间的影响是相互的、可以逆反的。福柯在书中还特别指出唐·吉诃德作为这种"尽信书"的最后一个"英雄"，而为古典主义思想所嘲弄——唐·吉诃德坚信"事"应按"书"中所教导的方式来组造,"书"之所以未曾应验,乃是施了"魔法"的原因,而"魔法"总是可以破的,唐·吉诃德就是破那把"书"只看作"表象"而自身没有价值的"魔法"的"英雄"。这个"英雄"之所以成为"喜剧式"的,是因为古典主义的"表象"观念已然成为占统治的观念,"书"(文字)只是"事"的"表象",理应随"事"而变"。在培根破除了多种"偶像"之后,在笛卡尔把科学方法引进哲学之后,唐·吉诃德式的"英雄"则越来越显得"滑稽可笑"。

然而,福柯在《字与事》里指出,"字"与"事"这种古典表象式的理解,也不是永恒的,因为它把二者之间的复杂关系简单化了,并未真正解决"可听的"、"可视的"之间的矛盾。这样,当古典主义发展到一定阶段之后,现代的思潮转向了"语言""字"本身的意义和价值。福柯认为,尽管人类说了几万年的"话","写"了几千年的"字",但"语言"(文字)在西方真正成为科学研究的"对象",真正成为一个特殊的"物"——有"实体性的""厚实的""物"而被"观察""分析""研究",则是十八世纪末、十九世纪初以来的事。

"语言"当然是用来"指""事"的,但这个"指事者"本身有自己的结构,这个"结构"并不完全是"模仿"所"指"之"事"的结构,而有自身的独特的要求。不仅"词法""句法""模仿""实事",而且我们对"实事"的"理解",离不开"词法""句法"。"语言"的区域,限制了我们可理解的世界的区域;"语言"的"结构",影响了我们对"世界""结构"的理解。这样,西方从十九世纪起,我们似又看到了许许多多的"唐·吉诃德",但却不是"滑稽可笑"的,而反倒是倍受尊敬的。

二、"图画诗"(calligram)

"语言"不仅是"语音",而且是"文字";不仅是"说",而且是"写"。"文字""写"在现代受到特别的重视,人们觉得过去过于侧重语言的声音的一面,而以为"声音"是空灵的、精神性的,"说"总要"说"些"什么"(胡塞尔),要紧的不在"说"本身,而在"什么"。这种情形自从海德格尔以后,有所改变。"说"不被理解为一种表达"思想"的"工具",而本身是一种"存在"方式。所以尽管现在有一些人批评海德格尔没有完全摆脱"语言中心论"从而仍有"逻辑中心论"的影响,但"语言"的存在性思想是海德格尔跨出的第一步。

不过,"语言"自不光是"说",而且还有"写"。从某种意义看,"说"不是"写"的一种方式。"说"是"可听的",但"写"却是"可看的","可听的"如何能够"代表""可看的",这个问题也许可以在"写"——"文字"上得到一点启发。

从马格利特的"这不是烟斗",福柯谈到了一种一度流行的"图画诗"。

法国先锋派诗人阿波利奈尔(Guillaume Apollinaire,1880—1918)在去世那一年,出版了一部《图画诗》集,把文字排成了"图形",以与诗中指示的"事物"吻合,求得"诗""画"在形式上的一致。据说,这种"图画诗"在欧洲中世纪曾经试验过,但未曾流行起来;阿波利奈尔重新创作之后,虽曾有一些响应者,但仍似昙花一现,并没有多少生命力。

然而,要看到"图画诗"的宗旨却也是很宏大的,福柯指出:"图画诗是要以游戏的方式消除我们字母文明(alphabetical civilization)的最古老的对立:指示(to show)与命名;塑造(to

"画面""语言"和"诗"——读福柯的《这不是烟斗》

shape)与言说;再造(to reproduce)与建构(to articulate);模仿与指谓(to signify);看(to look)与读(to read)。"[1]

福柯在这里意味深长地指出了这些对立是他们"字母文明"的突出问题。欧洲的文字是拼音文字,"文字"是"语言"的记录,"语音"是第一位的,"文字"是派生的、次要的。现在法国有些人,如德里达,甚至把欧洲文明的一些缺点、失误都归诸"拼音文字",固然是夸大其词、危言耸听,但"拼音文字"掩盖了"文字"本身的特点,这倒是事实。

古代埃及用象形文字,"文""图"并茂,"读音"则是规定好了的,不少象形文字大概至今不易弄清如何"读"法。中国汉字讲"六法",造字的办法是多样的,其中也包括"象形",但"象形"并不是唯一的造字的方法,所以汉字未曾像古代埃及象形文字那样久已废弃。然而,古代埃及象形文字出不了"图画诗",中国的汉字也出不了"图画诗",只有欧洲的拼音文字才会出现"图画诗"这种怪胎,这一点,大概福柯也是意识到了的。

不仅如此,福柯的讨论要点,正在于以马格利特的"这不是烟斗"为例,来说明"图画诗"之不可能性,他说马格利特的画是"图画"诗之"解散"(解体)。

福柯说,"图画诗"的宗旨是要做修辞学以"比喻"(allegory)来做成的"同语(义)反复"(tautology),但"图画诗"以拼音文字的线条来组成"图画",来代替语言的比喻,是不可能达到"同语(义)反复"的。这里的理由在于,"图画诗"不可能同时做两件事:既"说",又"表象"(represents)。这就是说,人们不可能同

---

[1] 福柯:《这不是烟斗》,英译单行本,第21页。

时"读""诗",又"看""画","读"了就不能"看","看"了就不能"读"。

马格利特的"这不是烟斗"就是以极端明快的艺术手法向人们表明:"看"是"看","读"是"读","看"的是"烟斗"的"画","读"的是"这不是烟斗"的"话",二者并无"矛盾"可言。因为正如福柯指出的,所谓"矛盾"只是在两句"话"或同一句"话"中发生,而不会在"话"与"画"中发生。于是,"烟斗"的"意象"(画),与"这不是烟斗"的"题词"(话),可以在一幅作品中出现。

当然,这并不是说,"画"("烟斗"的"意象")和"话"("这不是烟斗")没有关系,而只是说,它们之间的关系并不像传统想象的那样确定,好像船抛了锚固定在那里一样,而是有相当不确定性。因为"话"与"画"不是一方"代表"(表象)另一方,而只是"相似物"。马格利特的作品正是要把这种"相似物"的特性揭示出来,他的"这不是烟斗"就好像起了"锚",而使"船""漂移"起来,但"船"仍在"水"中,"话"与"画"仍然在"关系"中,在同一个"世界"中。显示这种"关系"的,可以从题词中那个"指示词"(ceci, this)见出来。

"ceci"(this,这)是一个字、一些字母、一些线条,但又是一个"词",是一个"语词",理应有"所指"。然而,"ceci"这个"所指"是一个空集。这个表面上很确定的词,实际上却是很不确定的。

首先,"ceci"可以"指""画"的"烟斗",那么马格利特的题词就可以读作:"'画的烟斗'不是'字的烟斗'(这个字),或不是'可以读作"烟斗"的这个字。'";其次,"ceci"可以存持其"空集"而作为一个"字"——可"读"出的"字",那么,这个题

"画面""语言"和"诗"——读福柯的《这不是烟斗》

词就可以读作："'ceci'这个字不是'画的烟斗'。"不仅如此，福柯还提出了第三种读法，即以"ceci""指"整个的画和字——即"图画诗"，然后这句话则是对"图画诗"的否定。总之，"画"的"烟斗"与"读"的"烟斗"，不是一件"事件"，而是两个不同的、但又可以是"相似的""事物"。

"诗"就是"诗"——"字"就是"字"，"画"就是"画"，"画"不是识字课本，不是图解，"字"也不光是"命名"。在马格利特的画面前表现出束手无策的"教员"是福柯强调"图画诗"解散、解体的见证，他面对画幅，说话的声音越来越小，当他由喃喃作语说"这（不）是烟斗"这句话到完全沉默不语时，"他""看见"了那个画上的"烟斗"，也许这就是第二个版本中悬空八只脚如同梦境般的那个大烟斗的旨趣所在。

1966年第二个版本的那幅叫作"两个秘密"的画似乎才是马格利特写信给福柯的主要用意所在，但福柯的评论却大都是有关第一个版本的。可以猜想，马格利特在事隔四十年后想起了"这不是烟斗"那幅画，而且以此画为"背景"重新画了一张，寄给福柯，必是在读了《字与事》后有感而发，第二版必与第一版在意图上有所不同。福柯当然也是一位很细心的鉴赏家，他看出了，并告诉我们：第二版中的"这不是烟斗"这幅画，是在一个貌似稳定的画架上，这幅在画架上的画，酷似教室里的黑板画，而这个画架的架子是不合比例的，似乎随时都有倒塌的危险；但半空中却漂浮着一个大的、像幽灵似的烟斗。作者告诉我们"有两个秘密"。但那块黑板是要倒塌的，黑板上的画和字，都会随着支架倒塌而破碎，反倒是那个没有支架、飘浮在空中的烟斗并无破碎之虑。第一个"秘密"是要"破"的，第二个"秘密"却似乎永远悬在那里。我们当然不可从这里就去揣测马格利特似乎要"画"出一个"永恒"的"烟斗"的"理念"——"意象"来，但却似乎很容易引起人们想到马格利特对早年"字""画"游戏式的"分离""游离"有一种积极的否定态度，当游离的"字"和"游离"的"画""破碎"后，"无名""无字"的"物象"仍然高悬，虽飘忽不定，"惚兮恍兮"，但仍清晰如"画"。

我们看到，第二个版本的"两个秘密"，已不是第一个版本在"文字"与"画面"之间故意作相反的游戏，而是以马格利特常用的手法，以真实画面之间的独特的处理，来表现"现实"与"梦境""实境"与"心境"之间的沟通关系。这时我们已离开了"语言""文字"，而进入"画面"。以独特的手法来处理"画面"，则是艺术家的技巧。

三、从超现实主义到抽象主义

"图画诗"是要人们从"诗"中"看"出"什么"来，而现代的画家则要人们从"画"中"读"出"什么"来。

福柯对西方绘画从十五世纪到二十世纪的发展，有一个小结性意见。他认为支配这个时期西方绘画的有两个原则：一是"造形表象"（plastic representation）与"语言所指"（linguistic reference）的分离；一是"表象事实"（the fact of resemblance）和"表象联结之认定"（the affirmation of a representative bond）之对应。前一个原则比较好懂，后一个原则相当难解。福柯是要说，"表象物"与用以表现这些"表象物"的手段（点、线、面、色彩等）之间要有一种对应关系，否则就不成其为"画"。

福柯认为，打破西方绘画这两个原则的代表画家是克利（Paul Klee，1879—1940，瑞士画家）和康定斯基（Wassily Kandinsky，

1866—1944，俄国画家）。

在福柯看来，克利的画力图在"形状"的结构中表现一种"句法"（syntax）而"船、房子、人同时可以认出为一些形象（figures），又具有写的成分（elements of writing）"。[①]这种"画"与"写"的并列（juxtaposition）的结合，使得"意象"变形，不易辨"认"，而"写"出来的"字"也不易辨"读"，但二者合起来，却被认为"告诉"了一些"什么"。克利在1900年画的"R别墅"（"Villa R"），房屋、路、河流等等虽不易辨认，但"R"这个字母却相当清楚明白。"R"也许是英文的"River"（河）、"Road"（路），也许是法文的"Rêver"（梦）、"Réveil"（醒）……

克利以"字"的"结构"（句法）来使形象变化，不惜割裂、扭曲实际形象以显示这种"字"、"记号"（signs）的结构，到了康定斯基那里这种思路的进一步发展，则干脆舍弃了任何具体的、可辨认的"形象"，成为"抽象"的"绘画""非表象的"（non—representational）"绘画"，从而突破了福柯所总结的第二条原则：表象联结之认定与表象事实之间的对应。这就是说，在康定斯基的"画"中，只有各种用以联接（bond）表象的手段：点、线、面、颜色，但却无"表象"之"事实"。福柯叫作"赤裸裸的认定（a naked affirmation）而不附着任何表象（clutching at no resemblance）"。[②]

这样，康定斯基的画，就成了一种新型的"几何图形"。"几何图形"本是一种"记号"，是"无形"之"形"，并无"实物"与其

[①] 福柯：《这不是烟斗》，英译单行本，第33页。
[②] 同上，第34页。

"对应",为"无象"之"形"。从通常的绘画史角度来说,康定斯基的画是理智主义、科学主义的产物,它要表现的不是事物的表面形象,而是事物的"本质的结构",可以理解为资本主义工业科技世界对绘画艺术的一种冲击。然而,福柯却从这种发展中,看到了另一些意义,而这些意义与通常的理解在精神上还是有相通之处的。抽象派绘画,如同其他的现代流派(达达派、立体派等等)一样,并不是要人们从绘画中"看"出"什么",而是要人们从绘画中"读"出"什么"。在这种主导意图下,克利直接用语词、文字(概念),康定斯基不用文字概念,但其要人去"读",则用意为一。

从表面上来看,马格利特的风格与克利和康定斯基的很不相同。超现实主义以梦境幻觉视像来表现"心象"和抽象派以抽象形式来表现艺术家对世界的理解在形式上甚至是相对立的;但福柯认为,他们在精神上是相通的,在反对传统绘画原则方面,甚至马格利特更为激进。

福柯认为,克利、康定斯基和马格利特绘画所体现的一个共同的、反对传统的特点是将"意象"和"文字"的关系复杂化,使人们不能既作"观者",又作"读者"。"这不是烟斗"以直观方式使"意象"与"题字"相背,"文字"似乎突然闯进了画面(意象),使意象"漂浮"起来,而"文字"却非常严肃地、学究气地坚持着自己的内容。与"这不是烟斗"相反的例子,福柯举出一幅"讨论的艺术"(L'Art de la conversation)。画面主要由巨大的石块堆积成城一样的屏障,"城"下有两个很小的"人"在互相讨论些什么。仔细观看,则显然可见石块拼成的字母:RÊVE(梦),TRÊVE(爱),CRÈVE(裂)。在这里,"文字"不是像在"这不是烟斗"那里那样与"画面"直接对立,而是隐藏在"画面"之中,需要有一点细心才能辨认出来;一旦辨认出来,倒也十分清楚。如果说,在"这

"画面""语言"和"诗"——读福柯的《这不是烟斗》

不是烟斗"中,"文字"闯入"画面",但"画面"却坚持着自己的独立性,那个第二版飘浮的大烟斗,虽如梦境,但硕大无比,似乎要表明,它的"存在",是任何"文字"力量所摧毁不了的;但在"讨论的艺术"中,"画面"掩盖了"文字",而"文字"却坚持着自己的"存在",那两个"人"虽小,但只要是"人"(当然首先是法国人,或认得法文的人),就一定能辨认那些"文字",读着"文字",互相"讨论"着,而忘掉了那些巨大的石头。这两幅画在形式上是相反的,但实质却都是在"意象"与"文字"之间做文章,使它们之间出现一些复杂错综的关系,从而打破那种古典式的"名""实"相符的传统。

"讨论的艺术"当有一层意义似乎福柯未曾能及,即画家把"文字"隐藏在"石头"之中,"石头"自身组成一些"文字",向"人"隐约显示这些"文字",则要表现"世界"(那些巨石的组合)正在显示着它的"意义","世界"本可当作一本"书"来"读",而不光是"视觉"("视感官")"对象"。"文字"只有"人"才能认得出来,所以尽管"人"比起"巨石"(世界)来,渺小得不可比拟,但却识得出"巨石"(世界)"中"的"文字",而且可以相互"讨论"。所谓"指点江山"。而尽管"江山"与"日月"长存,"不废江河万古流",但"江河"所显示的"意义",却只犹如沧海一粟的"人"才能识得;"高山流水"的"韵味",只有"人"这个"知音"才能听得出来。反过来说,"这不是烟斗"那两个版本的画幅所要坚持的,不是那学究式的"文字",而是那意象画面本身。无论人们(无名的手)"写"什么"字",无论如何认真地告诉"观者""这不是烟斗",也无论这个"题词"如何可以说得通,但"烟斗"仍是"烟斗";无论"人"如何"解释""世界","指鹿为马"也好,"颠倒黑白"也好,"世界"仍是"世界"。我想这种"解释",同样未出马格利特"画面"(意象)与"文字""漂浮"、"游戏"式关系那种艺术手法的范围,也当是可以说得通的。

福柯还举出1928—1929年马格利特的画"走向地平线的人"(personnage marchant vers l'horizon),说明画中的"实体转化"(transubstantiation)现象。马格利特这幅画以一个穿黑大衣人的背景为中心,有一些无规则的块块围绕着他,这些块块都是实实在在的,因为在地上的块块都有影子,而只有写着"云"(nuage)的块块因悬在天上而没有影子,写着"地平线"(horizon)的块块有一半的影子,因为它处在"天""地""交界"之处。其他在地上的块块分别写着"枪"(fusil)、"椅"(fauteuil)、"马"(cheval)。按照福柯的解释,这些块块意味着"文字"转化为"实体",它们不是我们所"看"到的"云""椅""马""枪""地平线",而是这些"字"的"实体化","实体"本身不成"形状",所以要"写"上"字",让人去"读";光"看"这些不规则的实体,是"看"不出"云""椅""马""枪""地平线"来的。从这个意义来说,这些块块有"形"无"状",其意义全由"文字"决定。解释到这一层是很清楚的;但福柯没有提到,那个处于中心地位的"人",身上穿的黑大衣,头上戴的黑帽子,但却没有写上"人"这个"字"。"人"是一眼就"看"出来的,用不着"写"上"字",而相反,画上这些"字"("名字")却都应是由"人"写的。马格利特在这幅画的题词上用的不是一般的"人"(humain),而用了"personnage"这个字是指"重要人物""角色"这类的意思,即不必指出"名字",是一望即知的。当然,再重要、再著名的人物也应该有个"名字",但这个"名字"不能是像"云""椅""马""枪"这类的普通质料名词,而应是"专名",但"专名"纯属"记号",它的"模状词"(descriptive)"意义"是"历史"赋予的,如"罗素"是(一本)

"西方哲学史的作者",二者的"意义"是不能等同的。"专名"原本是个"空集","内容""意义"是"历史"填进去的。所以"椅""枪""云"都可以以"字"来代替其各自的"本质",都可以"实体化",唯独"人"的"名字",不能"实体化"。"实体化"了的"人",不是那个人的"名字",而只能是活生生的、我们所亲眼看见的那个"人物"(personnage)。

世上万物都有自己的"本质",只有"人"没有抽象的"本质","人"是一个"例外"。或者说,"人"的那种抽象的"本质"是一个"空集",是一种"可能性"。不错,我们说,"爱因斯坦是伟大的科学家",这句话的意思并不意味着"爱因斯坦"这个"人"的"本质"就是"伟大的科学家",或他的所作所为是"伟大的科学家"这个"本质"的"显现";相反的,是因为"爱因斯坦"的所作所为才使他成为"伟大的科学家"。从最基础的情形说,"人"是最根本的"朴",可以成为各种的"器";不像"木头"(朴)通常做"桌椅","钢铁"才能做"枪炮","人"却是"将相本无种,男儿当自强"。

也许这些想法并不合福柯的意思,所以他对那幅画的那位"大人物"略而不谈。我们知道,福柯的主要思想是要破除西方传统哲学中的"人(类)中心论",把"人"作为一种特殊的"实物"(实际、实践)来对待,使"文化""知识"的"历史学",成为考据"实物"的"考古学"。他认为,"人"的"本质"既然是一个"空集",就没有、不存在这样一种"本质",而"人"的"可能性"也不是"无限的",而是受各种社会条件制约的。"人"的行为、活动,必在一个制度、体系之中,在具体的各种关系之中,"人"被分成各种"碎片",一个"人"可以是"工人""农民""科学家",也可以是"父亲""丈夫""哥哥""弟弟"。"人"在各种关系"网"中。这样,如果按福柯的意思来说,"人"应是各种"关系"的总和，或是反映各种"关系"的"名字"的总和。

我们想说，福柯这个思想倾向很可能是和马格利特的画风相反的。的确，马格利特的画是利用了"画面"（意象）和"文字"之间的复杂关系，这一点被福柯抓住了，并揭示了出来；但马格利特的主要技巧在于要人们从"画面"的特殊的、包括扭曲、变形、错位的处理中，"读"出画的意思来，因此，在马格利特的画中"读"与"看"仍然是一致的，只是这里要求的"看"，不是表面的、感觉式的"直观"，而是一种透视心灵（psyche）的"看"，这样，马格利特的画才与超现实主义的文学和绘画的精神沟通起来。

1947年，马格利特画了一幅题名为"闺阁中的哲学（La philosophie dans le boudoir）"的画，画中只有一件挂着的连衣裙和一双高跟鞋，但这双"鞋"同时又是一双"脚"，而这件"衣服"同时又是"身体"。这里倒没有马格利特常用的"错位"的手法，譬如"树"本身又是一片大"树叶"等等，这里的"位置"是很确定的，但却将本是"看不见"的，画了出来，成为"看得见"的。从这幅画的题词来看，画家似乎有一种"调侃"的意味，因为"哲学"是讲"本质"的，要将"隐蔽"着、"掩盖"的"东西"揭示出来，要揭示"现象""后面"的"东西"，于是，被"衣服""隐蔽"起来的是"身体"，被"鞋""掩盖"着的是"脚"。"哲学"用"文字"来"写"（说）出那"后面"的"东西"，艺术家干脆把它们画了出来，艺术家与哲学家做着同样的工作，"看"也是"读"。

四、的确是一个哲学问题

"看"出那"背后的""东西"，这的确是哲学，特别是西方哲学中一个要紧的问题。

"画面""语言"和"诗"——读福柯的《这不是烟斗》　　177

　　从西方哲学的源头来看,古代希腊早期的"始基"是"看得见"的"水""气""火"等实实在在的"东西",但这些东西不是很稳固的,要从这些东西中寻出相当稳固的东西,于是就有一种"尺度"的观念,后来发展成"Logos"。"Logos"与"始基"相结合,出现了后来的"理论"(theory of ειδος)。"ειδος"是"看得见"的,但却是"种"和"类"。亚里士多德把最后的"存在"看作一种最为普遍、概括的"种""类",这种"存在论"就成为西方传统"形而上学"之根源。"meta—physics"就是要"看出"那"万物"(beings)"后面"(meta)的"东西"(being)。

　　于是,这种哲学,自其产生之日起,就带有一种"矛盾"的色彩;要"看"那只可"说""写""读""想"的"东西"。这就是从近代以来哲学家所强调的"本质的直观","直观的本质"。"直观"是感觉的,"本质"是语词的,而哲学家的任务就是把这二者结合起来。哲学家的立场就是坚持:凡是"说得出"的,都是"看得见"的;凡是"看得见"的,都是"说得出"的。在这种种古典式的形而上学的精神下,"绘画"及其"题词"当然是很能一致的。"拾麦穗的女人"就是"拾麦穗的女人","名""实"(画面、意象)完全相符。

　　然而,这种"结合"是"调和"起来的,而它们之间的矛盾,终究是要起作用的。果然,在哲学上就有人指出,一般现象中的那些"东西",当然都可以"说",也可以"看",但那最最"本质"的"东西",或恰恰是亚里士多德所说的那个"(诸)存在的存在",却是"看不见""摸不着"的,而只是"说说"罢了。"存在"只是"理念"。这是康德的意思。这就是说,"理念"只"存在"于纯粹的"概念"之中,只能"说",不能"看",而只有"可看的",才可以成为"知识"。"知识"只涉及"可感觉"的

"现象"。

然而,"艺术"并不仅仅是"知识","绘画"不仅仅是"图解","拾麦穗的女人"这幅画不止于这句"话",所以即使康德,他可否认"知识"领域中的"直观本质"和"本质直观",但在"艺术"中却不得不以象征"(symbol)方式来承认可以"看"出"背后"的"本质"。

从这种立场出发,似乎又可以导向一种相反的观点:那个"背后"的"本质"是"说"不出来的,而只能"看"出来。凡想"说"那个"背后"的"本质"者,皆为"语言"之"滥用"。从康德的"理性的僭妄"到维特根斯坦的"语言的滥用",我们看到在同一个精神引导下的不同的结果。维特根斯坦在叫大家面对"不可言说"的"东西"保持"沉默"的同时指出:"当然有不可言说者(Unaussprechliches)。这种不可言说者'显示'自己(zeigt sich),这是'秘密(神秘)'(das Mystische)。"[①]这里维特根斯坦的意思是说,"秘密"只能"看"得见而"说"不出。于是"绘画"在这方面似乎就比语言、文字作品具备了优越性。"绘画"似乎取代了过去"形而上学"的地位,"哲学家"让位于"艺术家"。

现代的艺术家不正是在做着过去哲学家做过的同样性质的事情吗?"语词"(文字)与"画面"(意象)的"分离""交错""游离"的复杂关系,表现了抽象(或拼音)"文字"的局限,而真正的"字",就在"画面"(意象)之中。"画面"也不是平常人们所感觉到的一般视觉形象,而是"心灵"(psyche)的"视象",是"意象""心象",于是变形、错位……各种手法,都被"合法化","画

---

① 维特根斯坦:《逻辑哲学论》6.522。

面"可以如同"梦境"那样"荒诞","画"不仅要"看",而且要"读";不仅要用"眼",而且要用"心"。康定斯基要把"事物"的抽象本质"画"出来;而马格利特则以真实的意象打破通常的语词关系,或用语词的结构错乱通常意象的方位关系,他们的画都具有相当浓厚的"形而上学"的意味,意在把那维特根斯坦所谓的"秘密""显示"出来。

"艺术"不是"科学语言"所能穷尽的,所以"艺术"也不能像"知识""科学"那样学习、模仿、传授。西方传统的"形而上学"要把那"本质"当作某一种特殊的"现象"用通常的科学语言"说"出来,所以被一些人认为是一门"伪科学"。只有用那不寻常的"语言",不寻常的"意象",才能把那种带有"形而上学""意味"的"东西"表现出来。"科学"为"艺术"留下了余地。

然而,占据了传统"形而上学"地位的西方现代艺术,深深打上了"形而上学"的烙印,表现了过多的"心灵"的干扰——不管是理智的(如康定斯基)或非理智的(如马格利特)。

人并不是想"看"什么就"看""什么",也不是想"说"什么就"说"什么。"说"与"看"的分离反映了西方世界本身的分离。从根本上来说,人是按照"看"到的"世界"来"说"的。"世界"等待着"说"(在西方,重点在"命名"),从这个意义说,是"世界"本已在"说",人"听到"了"世界"的"话","看"到"世界"的"字",才有自己的"话"和"字"。所以"话""画""字"原本是同一、统一的。这是我们中国人的一种传统的观念,在这个观念下,未曾发展起西方的纯写实的绘画,也未曾有过西方现代的那种骇人的"怪画"。

五、想起了中国的"诗""书""画"

中国传统的"诗""书""画"呈一种"综合"的趋势。"诗"从"言","言"(说)"什么",这个"什么"为"志","诗言志","志"为"意向",但亦为"标志","志"者"记录","意向"本为"世事"之"记载"。把"世事"中之某些"事"特别地"标志"出来,"记载"下来,供"别人""后人""回忆"。"诗经"三百篇"吟诵"世间之悲欢离合,"说"的是人间一些最寻常、最基本的"事","人"也可以"无名"。"无名之辈""寻常百姓",就连"首领"也只是"祖甲""祖乙",或为后人之"编号",但人间之哀乐,世道之盛衰,其情其理则一。

"书"从"曰",将"话""写"下即为"书",古时"书""写"为一。中国的"话"以"字"为单位,故"书"即"写""字";"字"也是志(誌),"志""言",即"标志"那个"话",将"话""记录"下来。于是在"记录""记载"的意思上,"诗"与"书"也是通的。作为"典籍"的古代"诗""书"记载"世事"的方面固有不同,但其为"记载"则一,只是"书"的"记载",又有一层"律"的意思在内。"字"原本是比"话"更为郑重其事的。"话"出如风,但"字"却"白纸黑字",不可更改。以"字"的精神来理解"话",则"话"也是严肃的,"记载"下来的"话",无论为"诗",为"史",都带有几分"神圣性"。"史"作为"书",也有"制定"的"律"的意义。

"画"为"划",为"刻",原也是"作标志"的意思,所以"画""诗""书"原都为了"志"些"什么"。从这意义来看,不仅"书""画"同源,而且"诗""书""画"都来自同一个源头。然而它们的表现形式又是不相同的:诗言志,画状物,书表情。

中国古代早期的绘画，并无款识，连画家留名的也少。款识的滥觞，恐怕要到宋元以后才明显起来。宋徽宗赵佶不是一个好政治家，却是一位大艺术家，他精鉴艺术，而且书画双绝。他有一幅"腊梅山禽图"，画面上题有一诗："山禽矜逸态，梅粉弄轻柔，已有丹青约，千秋指白头"，左下角并有"宣和殿御制并书"，据考据，这类画大都为宫中画院高手代笔，但题款必为真迹无疑。

"书法"引进"绘画"，使"绘画"产生了很大的变化，使中国绘画不但有"画意"，而且充满了"诗情"，而"书法"之所以能够被引入"绘画"，关键乃在"诗"。

表面上看，中国画上的题款有一些也是单纯的"命名"。传为东晋顾恺之画的"列女仁智图"上每个"人物"上面都注明了姓名，但大多数画上的款识却不是"命名"式的。譬如早期有款式的五代赵干的"江行初雪图"就不仅仅"命名"和"指事"。这和西洋画中干巴巴地题一句"穿绿衣服的女人"或"持锄的人"旨趣完全不同。

中国是一个最善于"命名"的国家，不仅画上的题款如此，现实生活中的街名、地名、堂名，甚至店铺名字，无处不显示出中国人独特的情趣。他们看"江山"如"画"，"城池"似"锦"，必要有一些富有诗情画意的"名字"，才不辜负大自然的恩惠和巧夺天工的匠艺。当然，"名字"不必处处皆是"百花深处"或"桃花源头"，即使如"小桥""流水""人家"，合起来竟成千古名句。在这里，谁也挑剔不出"画面"（意象）与"语言"（文字）之间的距离来，它是"诗"，也是"画"，但却不是克利、马格利特的那种"怪画"，也不是阿波利奈尔将"字"化成表现"图象"的"图画诗"。中国的"命名"的"艺术"或"艺术"的"命名"使中国的"诗""书""画"可分而又可合。"看得见"的，必是"说得出"的，

"说得出"的,也必是"看得见"的,因为"看"原本不是单纯的"感觉","说"也本不是"知识"的"传授"。

西方人在被分割了的世界中呆得太久了,常常把那最平常、最基本的世界忘得干干净净。"人"自不是一个抽象的"概念",但不是抽象概念的"人"却不必是一些"碎片"。福柯指出西方传统形而上学以抽象的"人"为中心,自是这个时期以来西方反传统的一种思潮,有其一定的作用,但从"考古"的"碎片"中去理解人的文化,从而否认文化的历史性,则是一种失去信心的表现。艺术更不能建立在"碎片"的基础上,将"图象"随意(或根据某些"原则")"折散""移位"之后再重新将"人"和"世界"拼起来,将"语言""文字"也作为"碎片"来拼凑,这样的艺术作品,自然有其用意所在和特殊的艺术技巧,但总是离人们的最平常的、最基本的生活太远,而成为少数艺术沙龙的展品,难与现实的生活打成一片。这种情形,即使在西方世界,也是如此。

从中国人的眼光来看,两个版本的"这不是烟斗",未尝不可以理解为画家对西方绘画与语言(文字)这种分离和矛盾的揭示,而那个漂浮的大烟斗,则是在意识到这种分离、矛盾之后表现出的一种"怀疑""困惑"的"心情(心境)"。

(原载《外国美学》辑刊,第10辑)

哲思中的艺术

一、我的"艺术生涯"

我非从艺者,自无"艺术生涯"可言,只是说到与艺术的渊源,是一种"业余生涯"而已。

我小学和中学都是在上海读的,因祖父过世得早,父亲虽未经过正式学校教育,但是对于小孩子的读书,倒也有比较严格的要求。他自己喜好京剧和书画,所以我从小就常跟着父母上剧场看戏,平时也常听父亲评点书画,不用说,写字临帖,也是我每天必做的功课,尽管那时上海的学校,已经不很重视书法这种教育了。

小孩子随大人看戏,也不过是一种游戏而已;但是世事的变迁,提供了一种机会,使我和京剧有了更直接的联系。

1950年、1951年,上海解放初期,新的社会秩序正在建立过程中,头顶时有美国飞机轰炸,晚间常有防空灯火管制,影响到剧场不能正常演出,促进了业余票房的发展,其中有著名演员陈大濩的濩声,还有著名票友和剧评家苏少卿和他的师弟郭圣与办的两家,大概还有一些我不知道的。我在父亲支持下,参加了一期濩声票房的活动,跟陈先生学了一出票友入门戏《二进宫》,记得当时名演员魏莲芳和名琴师赵济羹都在那里活动过。我跟郭先生学胡琴,但他觉得我嗓子还可以，也教我唱《武家坡》，好像没有学完就辍学了。见过苏少卿先生一次，后来先生进京入戏曲研究院当研究员，住家离我很近，倒是时常拜访了。

1952年我来北京上大学，那是新中国成立后院系调整后的第一年，学校有一番新气象，不久学生会成立各类文艺社团，我参加了京剧社的组建工作，后来一直参加这个社的活动。

新中国成立初始，万象更新，演艺界也有种种新措施。据说当年新成立的中国京剧院面向大众，有两个重点辅导单位，一个是石景山钢铁厂，一个就是北京大学。所以一阵子我们这个社在中京院指导下，排练了新编历史剧《猎虎记》，名演员叶盛长时常驾摩托车来北大指导，名导樊放也来做过演讲。

我在上海只学过唱，不会身段，也不懂武场上的锣鼓经，再加上一度封了我一个社长之职，不好意思争角，所以除了在《将相和》里演过虞卿算个角色外，大都演些小角色，记得还演过丑角。要想弄个好角色过瘾，抓住了一次举办化装舞会的机会，我借来《三国演义》里的刘关张和诸葛亮的服装，抢了一套孔明的羽扇纶巾扮了起来，不想又被一位同学扒了下来，连一张剧照也没有留下。

就在此期间，我认识了大演员奚啸伯先生。那是一次奚先生在北大演出后，一些戏迷学生追到后台等识庐山真面目，奚先生真心喜欢我们这批青年学子，居然相约去他家里，那时他住在东四九条，从此我们一些人就常去他家，其中他老先生最为垂爱的一位女生，那时是我的对象，后来成了我的妻子，算来已是五十多年前的事情了。奚先生早已故去，没有看到后来振兴京剧的繁荣景象，是我们这些晚辈最感遗憾的事情了！

说到书法，虽然我从小在父亲督促下经常练习，但是长进却很慢，时常因写得不如在一起的表姐而惹得父亲生气，到北京入大学后，更是管束无人，练习不再了。到了六十年代初期，我参加编写当时的高等教材《美学概论》，因集中住在当时的高级党校，空余时就拿旧报纸来练字，既不认真，也不持恒，并无成效可言。

说来奇怪，反倒是在"文革"期间，有较多的时间认真练字。那时举国上下专攻政治运动，满街的大字报需要毛笔书写，"书法"反倒"大行其道"；加上毛主席他老人家雅好书法，以毛笔书写毛主席诗词，工军宣队皆不能反对。于是我在明里抄写大字报和毛主席诗词和语录，暗里就找旧字帖来练书法，因其用心专一，珍惜时间，而稍有进步了。这个长进，大概给在"文革"中身心俱疲的父亲有了一点慰藉，特别是"文革"后期稍有松动时，以他极其菲薄的收入从上海旧书店购得不少古旧碑帖拓片，现在都是弥足珍藏的精品了。

总之，我的书法，完全没有专业的老师教导，没有"幼功"。小时候，除了父亲以外，就是我有一位写得一手好字的姨夫，不过他也只是说一些体会，没有技术上的指导。记得"文革"期间，杨向奎老师托他夫人尚树芝老师传话：既然喜欢练字，应该找一位老师；但我终未拜师。我觉得，写好字原是书生本色，而且历代古人典范多多，照本临习足矣；再说那时也并没有"书法博士点"，可谓投靠无门的，于是只能走"自学（成才）"的道路。于是乎由着性子乱临一气，真草隶篆齐上阵，苏黄米蔡全都来，今日《圣教》，明日就可能《家庙》了。不过逐渐地也有了一点"倾向"，我的笔性柔弱，容易喜欢赵子昂、文徵明这类的风格，自觉需要"纠偏"，经常练习的反倒是北魏诸碑和欧阳询、欧阳通的碑，最近常临的是《泉男生墓志》，因为字小省纸，笔力遒劲。

改革开放后，渐渐地也有人知道我会写点字，就来求索，有的居然也印了出来，挂了出来，只是我是很有自知之明的。我书房墙上，挂着一幅文徵明八十九岁写的《兰亭序》，是学生送的很好的复印本，我经常对着它读文看字，也能看出文老先生有些笔力不到之处，甚至有"我要写，这一笔会更好些"这种狂妄的想法，等到真的写好一幅放在那里一比，优劣立时间非常明显地分出来了，于是又从狂妄跌落到自卑了。于是明白一个道理：优劣不在一点一划，而在整体水平，要想在整体水平上超出古人，在现时间的条件下，或许不很可能了。

这样，我对这两门艺术，无论京剧还是书法，也都只是"业余"水平，作为"自娱"尚可，而不足以"娱人"的。当然，京剧是一门很专业的艺术，虽不乏票友下海成大器者，但一般都经过严格的训练的。唯书法的专业性不很强，过去读书人常能写一手好字，不以鬻字为生，润格、润笔也都是聊以酬谢，高雅事也。新中国成立前已有人以此为专业，但也随之而淡化，而此风唯二十世纪八九十年代为盛，时代之变迁也。好在这些都与我这个"业余"者关系不大，时尚且自由它。热闹时沾点时髦之光，冷落时留点孤芳足以自赏，最是不计荣衰的了。

二、我对艺术的理论兴趣

我很满足于我的艺术修养在业余水平，不是不求精进，而是别有旨趣在。我的兴趣是在理论的，这是我的专业所在。从一开始，我就没有志趣去当演员，或者当书法家，尽管起初我也不很懂得"哲学"到底是怎么回事，但我总是想把"艺术"和"哲学"结合起来，所以我一个时期很着迷于"美学"。

不错，"美学"和"哲学""艺术"都有很密切的关系，这是没有疑问的；只是做法也有不同的侧重之处，有的侧重在艺术，也有侧重在哲学的，各有千秋；我一开始的侧重点全在艺术方面，认为必先成为艺术的"内行"才有资格谈美学,不大赞成"身无一技之长"而奢谈艺术,所以我在五六十年代的文章,有的还很"专业"的,尽管我在艺术实践方面是"外行",也不愿意成为"内行",但是在"知识"上,我总想要努力成为"内行"才好。至少要避免"外行看热闹"之讥,力求"(内行)看门道"。

首先我要了解京剧乃至中国戏剧发展的历史,买了许多书来阅读;其次是剧团(戏班)的组织结构、服装道具、行头脸谱、文武场面,等等,我都尽力收集了一些资料;不过我的侧重点还是在演唱方面,对于京剧语音、唱法以及演唱的流派等等,我了解得比较细节一点,所以我的第一本关于京剧的书,名叫《京剧流派欣赏》,说的是演唱风格问题;其实除这本书外,我还写过几篇关于京剧音韵的文章,在那时候的《戏曲音乐》杂志登过,可惜这几篇文章找不到了。当然,现在来看,那是一些很边沿的问题,无关京剧艺术的本质,只是当时还是很认真、很有兴趣地做的,为此买了元朝周德清的《中原音韵》时常翻阅,想弄清京剧语音的来龙去脉,这事我已在《古中国的歌》里交代过了。像我这样的没有语言学、训诂学训练的人,也只是"外行—票友"的奢谈而已。

对于书法艺术的写作,我开始得比较晚,"文革"前我大概只发表过一篇短文,那时我在艺术上的"主攻"方面是京剧,只是"文革"中京剧成了大大的禁区,所以"主攻"转移为书法了;只是"文革"前的那篇短文,倒是涉及了一些颇有意思的问题,亡友吴战垒写信告诉我,夏承焘先生表扬这篇文章,那时战垒正跟夏先生在读书。

我做那些专业性、细节性的工作,并不打算成为那方面的专家,而是为了美学理论有一个坚实的实践基础,我的主要工作兴趣还在理论性上,这从我早年一些戏曲文章中也可以看出来,我好发表议论。

　　这里顺便提到我的第一篇关于京剧的文章。那是一篇剧评，是我看了一出新编戏《晴雯撕扇》后的感想，我还记得大体内容是说京剧人物太"脸谱化—类型化"了，"个性"不突出等等。文章寄给了一位当时在上海当文艺编辑的一位大朋友，他说有点见解，推荐给《新民晚报》，不久登了出来。因为没有署名，而稿纸用的是北京大学的，编辑为省事就用了"北大"这个名字，我收到过寄来的报纸，但是丢失了，前几年托朋友查找不得，也就作罢，反正是少年习作，不足挂齿了。

　　只是"共性"和"个性"问题，始终是我对于戏剧—京剧思考的一个要点，这也是我后来写那篇《论话剧的哲理性》和《中国戏曲美学问题（研究提纲）》的契机之一。

　　《论话剧的哲理性》是我开始自觉地把一个具体艺术部类和哲学问题结合起来思考的初步尝试，其中以康德、黑格尔的哲学美学和席勒美学作为参考系，无非是将艺术分为象征的、古典的和浪漫的三大风格，然后再按照我理解的中国戏曲的特点，对号入座，做一些阐述。这样的做法，当时还是很新鲜的，因为那时候，做哲学的——特别是做西方哲学的不会做中国戏曲，做中国戏曲的，也很少涉猎西方哲学的问题。我这样做，当然也有人重视的，所以《文汇报》以整版的篇幅发表了此文，不想差一点成了靶子，因为那时候已是"文革"的酝酿时期，山雨欲来风满楼，只是一时因为读不懂那文章，先记上了一笔，且听下回分解了。

　　不想这下一回却真的授人以柄了。接着我写了一个研究中国戏曲美学的提纲，先打印了出来征求意见，这篇没有发表的文章做了前面那篇哲学性较强的文章的注解，不好懂的地方变得好懂起来，主要意思凸现出来了，原来就是说中国戏曲属于古典风格，各种艺术因素和而不同地综合在一起，个性不很张扬，而共性—类型性—典型性比较突出。再引申出来的意思当时就有点大逆不道了：我认为，比较而言，中国戏曲更适合表现古代生活，而话剧则更容易表现现代生活。这层浅显的意思在《论话剧的哲理性》里是隐藏在一些同样浅显的哲理后面的，虽然也说了，不容易引起做戏曲的注意，而做哲学的，则因为问题太小而不会去注意。但《中国戏曲美学问题（研究提纲）》对于做戏曲的就一目了然了，而那时正是"京剧现代戏会演"时期，也就是"京剧革命"的准备时期。

批判文章已经排成校样，眼看即将见报，不知为什么这篇批判文章《文汇报》没有发表，把校样寄给我要我参考，其中原因至今未得其详。一种可能是我不是什么"人物"，不在"目标"之内，为避免分散战斗力，就让我溜掉了；还有一种可能是上海现代戏会演时后来"文革"中很红的一位大领导在开幕式致辞中说到"固然在表现现代生活上话剧要方便些，但是京剧"也要怎样怎样，我注意到后来以文件形式出版时这个意思删掉了，但是作为新闻报道稿子中是印得有的，我在报纸头条中读到的，是不是这句话"保护"了一下？反正现在也不必弄清楚了，对我只是一场虚惊。

我的那篇研究提纲原想给我所的《哲学研究》杂志发表，也是校样已经排出了，被我所当时负责人好心压下，一直到"四人帮"倒台以后才在上海一个文艺集刊上发表；倒是那篇批判文章，只是我手中存有那份校样，就不必再见天日了。

实在说起来，那篇研究提纲的学术水平是相当差的，一方面理论和实际之间很多地方生搬硬套，完全没有消化；另一方面，立论也过于片面，把复杂的现象说得过于简单，总想用黑格尔那三个艺术风格去套，连"个性—共性"也成了一些框框，后来已经有朋友善意提出，我自己也是承认的。

相比起来,那篇相同类型的论中国书法艺术的文章就稍好一些,尽管那文章还是在"文革"的一种特殊环境下草拟成的。我曾经在文章中提到过打草稿的情形。

那的确是一个值得记住的时期。除了主动或被动"斗争"的对象外,大多数人都进入过一个从轰轰烈烈到无所事事再到万念俱灰再到心平气和的过程,在"五七干校"中"究天人之际":"天—运动"归运动,"我—人"管好"自己"的事。我那篇论书法的文章就是在"天天读"的"覆盖"下偷偷用小纸片打好草稿,回城后贴在大稿纸上修改成的。由于用心"专一",写得还是比较一气呵成;再说,比起那篇戏曲美学研究提纲来,又有几年过去,思想总是会更清楚些,所以这篇文章受到朋友的表扬。

就我个人来说,"文革"以后一个时期,在这两门艺术中,我似乎更加注意的是书法艺术,其间出版两本小书,一是《古中国的歌》,一是《书法美学引论》,前者实际是二十世纪六十年代的旧稿修改而成,后者则是新写的。比较起来,我自己当然觉得后者要好一些,前者还拘泥于一些太细节的问题,后者则大体有一个理论的思路。

当然戏曲方面也应朋友之约做过一些文章,其中特别是那几年梅兰芳、周信芳百年诞辰,在上海的纪念会我没有参加,只提供了一篇纪念文章,但在北京开的筹备会我去了,见到我五六十年代心仪已久的老专家和老领导,可惜张庚因为身体原因没有去;我曾经拿着《论话剧的哲理性》一文的校样登门请教过他,他很热情,是个学者型的领导。

为这个纪念会我写了一篇论梅兰芳表演艺术的古典风格的文章,登在《哲学研究》杂志上,梅兰芳哲嗣绍武先生很喜欢,不幸他也故去了。这篇文章,虽然仍承过去思路之脉络,但是在理论上还是努力做得深入一些，比以前《京剧流派欣赏》中收的谈梅派文章好些了。

事情就是这样复杂，读自己早年的文章时常因为那时的幼稚和错误而汗颜，但也有一种"青春不再"的惋惜，有些文章现在叫我写也写不出来了，天时地利人和都不同了，由此会产生一点留恋；但是做学问还是要有冷静科学的头脑，所以我倒是大体不愿意"回忆—回顾"的，有时甚至告诫自己要面向未来。我相信未来才是真实的存在，包括了过去和现在。我们现在做事为什么不能把年轻时的活力和经验学问的积累结合起来呢？这两者真的是那样誓不两立的吗？

所幸我的"专业"是"哲学"，而"哲学"正是一门教导人在"经验学问"中如何保持"创造—活力"的学问。于是我对于"哲学"和"艺术"的关系也有一种体会，说出来请大家批评。

三、从"艺术"到"哲学"和从"哲学"到"艺术"

这个体会，简单说来，就是：我过去是想走从艺术到哲学的路，最近几十年则想走从哲学到艺术的路。这两条路，虽说可能有异途同归的结果，目标可能都是"美学"，但是走起来却有很大的不同，其中或许可以说各有利弊。

五六十年代，我在美学方面的工作主要是想通过对一个或几个艺术部类的内部的探索和把握，"总结"出一套"规律"来，将它们"上升"到"哲学"的高度，那当然也就是美学的理论了，在这种思想支配下，就有了上述种种工作结果。或许由于我毕竟是学哲学的，我"总结"出来的那些"规律"——实际只能是一些"意见—看法"，有些居然也有些一得之见，但我又毕竟不是做艺术的，这些成果在真正的艺术家—艺术理论家看来，仍然是"外行"。

问题当然不在于和谁争一日之长,问题在于从总结经验入手,要想把"经验积累"到"哲学"的高度,这条道路对于一般人来说,是过于长了,也就是说,从单纯总结经验来把"经验"提高,其"高度"往往是不够的,勉强"拔高",甚至会出现"乱扣帽子""套用""哲学范畴"之类的毛病,譬如把中国文字具有某种"象形"性而比附到艺术对现实的"反映—模仿"上去,把中国戏曲表演里的某些"程式"化的动作,作为"艺术源于生活又高于生活"的范例来理解,等等。

并不是说"总结经验"要不得,"总结经验"对于指导实际的工作——包括艺术的工作在内是不可或缺、非常重要的,这样总结出来的经验理论,对于实践的帮助是非常宝贵的;只是说,"哲学"的工作不止于此,或者说,哲学的工作和一般的经验总结工作,或一般的理论工作是不同的。哲学的理论,不同于一般的经验的理论。

什么是哲学的理论工作,这几年我有几篇文章讨论过了,那是我学习哲学史的体会。在这里,我从自身做美学的实际途径的转变体会出来的一点,就是真要作哲学性的美学研究,还得从哲学的源头抓起。

美学在近代,原本是哲学的一个分支,一般认为这门学问是德国鲍姆加登建立的,而批判这个哲学体系的康德,也是把美学—审美作为他的三大批判的最后一个——《判断力批判》中一个部分处理的,是他的整个"批判哲学"的一个部分,因而我们也必须从他的整个"批判哲学"的精神,去理解他的《判断力批判》,而不是断章取义地光摘取他的某些关于"审美""艺术"的论断,随意套用。

五六十年代,我读康德、黑格尔的书,重点在《判断力批判》和《美学讲演录》,对于康德的《纯粹理性批判》和黑格尔的大小《逻辑学》没有耐心认真阅读,实在是一种急功近利或者短视的兴趣主义态度在作怪。逐渐地我发现，就读书来说，如果不认真阅读康德的《纯粹理性批判》就很难读懂他的《判断力批判》；如果不认真读黑格尔的《精神现象学》《逻辑学》，也就只能在枝节上了解黑格尔的《美学》。

　　哲学家是把"艺术"（现象）放在了他的总体的哲学理路中来思考的，在有"体系"的哲学家那里，他给"艺术"在他的"体系"中安顿好一个"位置"，如黑格尔那样；更晚近的一些哲学家，或许没有或自称没有"体系"，则对于"艺术"的思考，也和他自己的哲学思考紧密相连，如海德格尔、德里达、莱维纳斯等。海德格尔的《论艺术的本源》，把"艺术"与他的"存在—Sein"联系起来，成为"Sein"的显现方式，自然也融合于他的哲学思考之中，或者说，是从他的"Sein—Dasein"的角度来理解"艺术"，从而有能力—能够"揭示""艺术"的"存在论的—ontological""意义"，而对于他弄错了凡·高所画那双《鞋子》的实际经验世界的意义，自可忽略不计，犹如尼采弄错了古代希腊某些神祇而不妨碍他的"酒神—日神"精神的意义一样。"哲学"的"意义"另有所指。

　　这意思并不是说，美学就没有自身独立的意义，或者只是哲学的附庸；恰恰相反，哲学在实际经验上来源于"非哲学"，这方面"后现代"诸家的工作也是有意义的。康德的《判断力批判》并不能限于把它理解为前两个"批判"的"桥梁"或"过渡环节"，好像康德感到"理论理性"和"实践理性"割裂得太厉害了，找出一个"判断力"来"缓冲"一下似的。我受康德以后谢林甚至包括费希特、黑格尔的哲学思路特别是海德格尔的思路之启发，曾说康德《判断力批判》或可是他的哲学的"基础"，"思辨理性"和"实践理性"或是从它那里"分析—解析"出来的，《判断力批判》所涉及问题是"鲜活"的，是"哲学"的"生活"之"树"，在《判断力批判》里"人"是"活生生"的,是"是诗意地存在(栖居)着"。这层意思被我的一位学生拿去做博士论文,做得不错,但不容易得到认同,也是可以理解的,因为人们从前学到的《判断力批判》只是一个"过渡环节"而已,就像费希特、谢林也无非就是从康德到黑格尔的一个"过渡环节",好像他们活着就是为了黑格尔做"铺垫"的。

其实,从经验眼光来看种种事情,往往只看出万物相关,一物总是另一物的"陪衬","艺术"也还是一种"工具",只有在一个哲学的视角下,万物才都有"自身"的独立意义,"艺术"也才有"独立"的"存在",而不仅是一个在诸多关系网中的"存在者"之一。这就是说,"艺术"此时才"自由",因为"人"此时才"自由";而此时"万物"也才"自由","万物静观皆自得"嘛。此时"自由"并非没有相互间的"关系","自由者"之间的"关系"正是哲学需要探讨的问题,哲学诸范畴之间的"自由"的关系,正是黑格尔《逻辑学》所研究的,也就是刚过去的世纪末法国德罗兹说的那个"活动砖块"的意思。

在这个意义上,康德《判断力批判》在其整个"批判哲学"系统中,并非仅仅有"过渡环节"的作用,而可以理解为一个基础,一个基地,其意义就后世影响来看,当不在其他两个"批判"之下。从这个角度来考察《判断力批判》,它或许是最为基本、最为原始的。

康德这个批判所涉及问题,一是审美的,一是目的论的,而前两个"批判"是一涉及思辨理论,一涉及道德律令;二者多涉及"形式",而只有这个第三批判,更多涉及"实质",一般它被理解为"理论理性"和"实践理性"的"统一",而这正是费希特、谢林、黑格尔走过的路子。

康德第一批判着力于"理性—知性"为"科学知识""立法",而第二批判则阐述"理性"如何为"意志""立法",而"法"都是必然的—形式的,尽管不止于这些形式,而要有"合适"的内容;但是正因为重在"形式",康德的"科学知识"乃是"理论知识—科学理论知识",而实际的"经验知识"则仍然充满了"偶然性",虽说偶然性不是没有"原因",但这个"原因"只是在"结果"出现之后,才是"可以推断"的;道德的立法,则更倾向于"形式性",绝无一点经验之内容,而只有设定(postulation)一个"神城—天国",这个道德领域里的内容—实质才会出现。

但是在《判断力批判》里,形式和实质内容却是"统一"的,是结合在一起的,是"和谐—交融"而不是"分离"的。这里有最为根本,也是最高的"综合"。在这种"综合"中,"自由"是"必然"的存在形式,而不是相反;偶然之中蕴涵着必然,而不是抽象为形式的必然性的形式;"意志自由"也正是"自然之合目的性",而不是"绝对命令"。如此种种,展示了这个"艺术"与作为"艺术—作品"的"自然",乃是"人"的"活生生的""生活"世界,是最为"真实"的"世界",也是最为"本质"的"世界",而不仅仅是从"理性"这个君王那里"领得"的"封地—领地"。"人"本"无需—不缺乏—不需要"向任何"超越者""领取"任何"恩赏—grace"。

这个"人"的"世界",或许就是后来胡塞尔那个"现象学的剩余者",把抽象的"经验世界""括了出去","剩下"的不是一个更加抽象的纯形式的幻象,而是活生生的人的世界,不是"死"的世界,而是"活"的世界,或曰"本质"的世界。

何谓"本质"?"本质"就是"存在"。何谓"活"的?"活"的,就是"时间",而"在""时间"中,岂非海德格尔于《存在与时间》一书中所要阐明的问题吗？于是，我们可以看到，康德《判断力批判》似乎正是蕴涵了以后哲学思想发展的契机，而这个蕴涵着意思，为后来哲学家们更加清楚地开显了出来。

康德《纯粹理性批判》所涉及的乃是"诸存在者"何以能够成为"科学知识"的"对象"，而到了《判断力批判》，问题才转向了"存在"。康德在《纯粹理性批判》里合理地否定了"存在论—本体论（ontology）"，在《判断力批判》里，又将它蕴涵了进去。

然则，康德仅将"时间"限于《纯粹理性批判》的"诸存在者"，即他的"经验之存在（ontic）"，而在《判断力批判》里则并无"时间"问题之地位，亦即康德的"时间"观念尚未至于"本体存在论的（ontological）"，这方面的工作，海德格尔做了。

海德格尔将"时间"引进"本体—本质"对于哲学思维功莫大矣，当然，一个阶段做这项历史性、时间性工作的，尚有不少哲学家，这也是一个时代的运行思潮。

就本文主旨来说，是不是离题太远？不是的。当我将我的思考重心从艺术的细节又收回到哲学时，我对中国艺术的理解，一直比较重视"时间"的因素。中国传统艺术的本质是"时间"的，而不仅仅是"空间"的。

当然，并不是说中国艺术里就不重视"空间"，诸如"经营位置""间架布局"等等，都是说的"空间"方面的问题，所以我在讨论中国书法艺术文章中强调了"书法"和"绘画"这两种艺术部类的不同，同时也说到了"书法"对"绘画"的越来越加重的影响，这就是说，即使是"空间"艺术，也还尽量地加强"时间"的因素。

戏剧艺术原本是比较完整地呈现出"空间"中"时间"的"变迁"，在"空间"中"表现—表演""故事"。但是中国传统戏剧——

戏曲，却努力在"舞台"的"空间"中加强着"时间"的分量，不是"时间"为"空间"服务，而是"空间"为"时间"服务，在有限的"舞台""空间"表现—表演出"不受限制—不很固定"的"时间"，也就是表现"自由"的"时间"和"时间"的"自由"："舞台空间""框不住—限不住"舞台"的"时间"。

传统戏曲论述里常讨论戏曲舞台空间"虚拟"的问题，舞台空间要由故事情节的表演来"规定"，而不全是"固定"的"规定情景"，恐怕也是来源于"时间"之"自由"性，亦即"自由"地处理"时间"的"连"和"断"的关系，一个"圆场"可以表示"千万里路程"，"空间"为"时间"服务，"空间"为了"存留""时间"，在这里体现得比较清楚了。

传统戏曲为了强调"时间"的因素，不但没有放弃音乐的成分，而且着意加以强调和发挥，对于"舞蹈"的成分，也按照这个精神处理，这样，中国传统戏剧就形成了一个歌—舞—剧大综合的艺术部类，在世界上独树一帜；而音乐和舞蹈自是"时间"性的艺术。

中国戏曲艺术这种"大综合"的特点，经过一个从"原始综合"到"古典综合"的过程。最初或许是因为演出条件简陋而自然形成的，逐渐地形成了一个自觉的创造，一个经过许多代大艺术家精心改进的成熟了的艺术特征。中国艺术家走这样一条"大综合"的道路，是和中国的艺术精神，或者更扩大开来说，和中国的传统思想精神分不开的，中国的传统，支持着这样一条艺术道路；而当这种精神在近代受到冲击时，中国传统戏曲也发生了种种危机，面临过种种责难，而在艰难的环境中，也更加突出了自己的特色，从而逐渐地找到了自己的位置。和世界上万事万物一样，一旦找到了自己的真实的位置，即这个"位置"并不是"存放—占据"了一

"物",而是"存放—占据"了一"事—时间—历史",因此物就从"诸存在者"转换为"存在",就不会因其"完成"而"终止",或者被"消耗"。

作为一"物",作为一个艺术(物)的"种类",它的"作用—功能"会有种种不同,或者甚至因其"用处"不大而"边缘化",甚至被"闲置";但作为"古典—经典"的"艺术",则"恒存",只要"有""人",就"有可能—能够—有能力""识得"它的"意义"。就我们的问题说,只要"有""中国人—华人",就"有可能—能够—有能力""识得""京剧"和"书法"这类传统艺术的"意义"。反过来说,"能力"需要培养,于是培养—训练"有能力—有可能—能够""识得"这类"古典艺术"的"下一代—来者",又是我们这一代的不可推卸的"责任"。

中国戏曲是最综合的艺术,而书法似乎又是最单纯的艺术。我在文章中说书法艺术起源于"画(划)道道",一笔一画都意味着"有人在思",这话也不大容易得到认同,因为书法总还离不开"汉字";其实,在"画道道"这一层意思上,我们倒也未尝不可以同意"书画同源"的说法。绘画这门空间艺术之所以能够—有能力吸入书法之"运笔",也说明中国人注意到了它们之间的"同源"问题,即绘画之具象性、空间性,原本是为了"存放""流动之时间";而不像西方人那样把"文字"也理解为仅仅起源于"象形",亦即将"时间"也"归结"为"空间",而中国文字"象形"只是"造字"六种方法的一种,所以强调中国文字之象形性,未免以偏概全了。

当然,文字记录语言,将时间中的东西凝固为空间之东西,但中国古人在造字之初,就并不想把文字完全空间化,变成一个单纯的符号,而要努力保持其时间性,在这个意识的指导下,中国文字才走上了一条独立的艺术道路,而不像西方的文字那样,充其量只是空间美化的"美术字"。中国书法艺术之"动态"韵律，与音乐异曲同工。

在艺术领域动态韵律之突出，使中国各艺术部类在创作精神上都带有某种"表演"性，虽然并不全如戏曲那样有现场—临场的表演性。我认为，这对于艺术来说，是一个很有趣的问题，很值得进一步研究，我在过去的文章中只是提出来了，而无深入的探讨。

西方艺术理论或是强调"模仿"，或是强调"灵感"，认为是两种对立的理解，绘画是重在模仿的，而诗则善于抒发主观情感，当然也并非绝对地割裂开来，但是理论倾向却是分立的。在这种意识的支配下，西方绘画曾经出现过完全写实的风格，古代希腊就以画出的葡萄被鸟啄为荣，这样的画风固然难能可贵，但是当摄影艺术出现后，就受到很大的冲击。而摄影艺术对中国传统绘画却并无多大影响，我想这和中国传统绘画原不以"模仿"实物事实为能事，而是另有旨趣在有关。

中国传统绘画也讲"临摹"，甚至被批评为"抄袭"，这当然也是一个容易犯的错误，任何方法都可以发生这样那样的偏差。不过中国传统绘画倒不是"临摹"实物，而是临摹古人的作品，而古人的"作品"，已有古人的"精神""在"，并非单纯的"自然"——中国绘画有"师法自然"之说，但此处"自然"又非西方作为科学对象之"自然"，而是"造化"，是"活生生—生气勃勃"之"自然"，此意可以从上述康德《判断力批判》中"自然之合目的性"观念得之。亦即，中国传统思想中之"自然"，并非康德《纯粹理性批判》所指，而是《判断力批判》中所谓，它和"自由"乃是"同一"的。

从艺术角度来看，这种临摹，也可以从"表演艺术"的特点来理解，犹如将剧本文学转化成舞台艺术，将乐谱转化成音乐演奏这类的意思，这样或许就无人会说，演奏和表演都是"抄袭"了。

其实，"读书"做学问也是同样的道理。你说"读书"之后的"写作"是不是"抄袭"？可能是，也可能不是，大多数情况下不是。

我们读古人的书，不是死记硬背，而是领会古人的意思，学习古人的精神，没有这一层功夫，你的"写作"很难有水平。为什么？因为你在"创造"，"他人——古人"也在"创造"，都在"创造"的层面，就有一个比较，一个水平问题，我们读书，正是学习他人如何创造性地写作的；我们临摹他人的作品，同样也是学习他们的创造的"经验"，然后在更高的层面上，进行自己的创造。读书、写字、画画，其理也一。

尽管模仿、抄袭之作，或者比比皆是，但是作为"学习"的方法，作为"创作"的途径，中国传统艺术所采取的，也有自己的道理：它"临摹"的应是古人已经在"作品"里体现出来的"精神"。写字和绘画之"临摹"，当亦在寻求"笔意"精神所在。书法艺术当然离不开文字，只是书法毕竟是书法，并不因为都要按照"文字"本身的间架结构去写，就说是"抄袭"，同样的"字"的结构间架，写出不同风格的艺术性的字来，犹如同样的乐谱，大指挥、大乐队能演奏出自己的艺术风格来。

多年以来，我已经很少想艺术方面的问题，美学问题也很少涉及，可能是本职的工作就已经够我忙的了，加之年龄不饶人，精力不济，研究范围只能一再收缩；当然也有某种客观原因，我已经多年不上剧场，不看戏，也不看电视节目，或许我在艺术趣味上变得越来越保守了。当然，就我的艺术"资历"来说，本没有什么"资格"来"保守"，但是我还是不很喜欢看到京剧变成了大堂会——现代堂会的一小段或者十个包公群演的场面。我感到，长期以来我们的京剧和书法艺术在整个社会生活中有点"错位"，老是想要和那些流行的艺术争一日之长，而比较忽视了古典艺术的恒久的价值。这当然肯定是我自己落后于时代的表现，好在艺术对我来说本是业余爱好，是一种娱乐；但是我对它的思考，还是很严肃的，所以才有以上的写作。

或许"寓娱于思"和"寓思于娱"也可以是一种生活方式呢。

2006年10月27日于北京乐澜宝邸

（本文为《古中国的歌》和《说"写字"》书共同后记）

中国艺术之"形而上"意义

一

"形而上"谓之"道","形而下"谓之"器",这是中国传统的说法;西方哲学有metaphysics的说法,我们译为"形而上学"。西方"形而上学"的意思,是要研究一切"万有"之"上"或之"外"的"存在"(Being)。Metaphysics是在Physics之"上"或之"外"的意思,也是"超越"的意思。Physics在希腊有"生长"的意思,所以metaphysics又有在"生长"之"上"之"外"的意思,或是"超越""生长"的意思。这就是说,metaphysics乃是研究那"超越""生长"的"不生长""不动"的东西。于是,所谓meta又有"在……之后(面)——(背后)"的意思。

我们看到,西方"形而上学"思想,是从"生长学""自然学"中"发展""超越"出来的,说的是"自然"——"物""背后"的东西;与此不尽相同的,我们中国传统的观念,所谓"形而上"是真的指"形"之"上"的东西,在这个"上"的前提下,才有"超越""背后"的意思。

"形"而下谓之"器","器"在"地"上,而"地"再"上"面是"天",因此,所谓"形而上"的具体意思是指"天"。《周易》

上说,"在天成象,在地成形",从这个意义说,"形而上"乃是指"天"上的"象"。中国人很重视这个"象",认为它是起主导作用的,它支配着"地"上的一切"形""器",然而,"象"又是不成"形"的,所以又说,"象也者,像也"(周易·系辞下),似乎是些"什么",又似乎不是些"什么",不像"地"上的那些"器",清清楚楚。

相对地来说,西方人比较重视"地"上的"器"(形),而中国人则比较重视"天"上的"象";西方人趋向于从"地"上的"器""形"来推断其"背后"的东西,而中国人则趋向于"直接"从"天"(上的"象")来"观察""思考""地"上的"形""器"。这个哲学思想方式的趋向不同,带来了艺术思想方式上的具体不同。

二

我们知道,西方哲学,在古代希腊的时代,对于思想的方式,考虑有三种形式:theoretical, practical和poetic。Theoretical和practical是后来常用的,至于poetic,则在亚里士多德的著作中,就有两种含义:一是指一种与theoretical和practical不同的特殊的对世界的把握方式,另一种就是指一种特殊的文学形式。当然,这两种方式是有联系的,但应该说,前一种就哲学来说是更为根本的。希腊文 ποιέω 原本是"做""制作"的意思,所以英文一般译为product,形容词为productive,也还是可以的;不过在理解上要有一定的阐述,意义才更为清楚。在哲学意义上的product,即与theoretical, practical不同的poetical,是一种"无实用功利目的"的"制作"(做),这样,poetical就不仅与theoretical可以区别开来,而且可以与practical区别开来。作为理解世界的方式，theoretical把世界作为客观对象，掌握其规律性的特性；practical则把世界作为实际消耗的对象，了解其功能性特性。与这两种态度不同，poetical的态度，既不把世界当作理论的对象来研究，又不把世界当作实用物品来消耗，这就是后来的更为专门的艺术、审美态度的基础。Poetical这种基础性意义曾被theoretical和practical的光辉所掩盖，而在一个长时期内被忽略，直到康德的第三批判出来，才恢复了三足鼎立的格局。在康德哲学中，poetical——基础意义上的poetical，起到沟通由practical reason决定的本体界和由theoretical reason规定的现象界的作用，实际上，就是起到沟通"形而上"和"形而下"的作用，亦即我们时常说的，把"无限"与"有限"，"无形"与"有形"结合起来这个意思。从这个意义来看，康德的第三批判，就不仅有狭义的美学或艺术意义，而且有很深刻的哲学意义。

三

"形而上""形而下"，"本体""现象"……的基本理论格局固然如此，但在具体的沟通途径上，中西哲学是有所区别的。我认为，大体说来，西方哲学趋向于从"形"来推论"背后"的、超越的东西，而中国的传统，则趋向于从超越的、形而上的角度来看地上的万物——"形""器"。我认为，把握这个区别，是非常有意义的，也是非常重要的。

当然，西方人早年也是把"形而上"与"形而下"作为可以双向沟通来考虑的，所以才有赫拉克里特"向上的路和向下的路是同一的"之说，也就是说，人们既可以从"下面"的"万事万物"来看（推测）那"超越"的"本体"，也可以从"上面"的"秩序"来

"观察"下面事物的"和谐"。于是,在古希腊早期,既研究地上的"元素",又研究天上的"以太";既有"测地者",又有"望天者"。然而,逐渐地,这种"双向选择"似乎向"单向"倾斜,西方人日益趋向于从世间万事万物出发"推测"(推论)其"背后"的"超越者",从具体的事物出发——从感性的事物出发,经过"分析""综合","概括"出事物的"本质特征",得出事物的"概念",这似乎是他们(至少是希腊人)的习惯的思维方式,于是有柏拉图的"理念论"。所谓"理念",乃是事物各自的理想的"本质"。只是"理念"永远是"理想"的,"现实的"具体事物永不能达到其"理想"境界。其后,又有亚里士多德的"定义"之说。"定义"更是一种抽象概念。相比较而言,中国传统当然也有双向的进程,但更趋向于自"形而上"的角度来观察、体验地上的万事万物。在我们观察世事时,常常倾向于从具体的事物中体会出某种更为广泛、更为深刻的"意义"来,此种"意义",不完全在事物的属性或与此相关的功能,因而具有某种"超越性",即此种事物的"意义",不在"地上",而在"天上"。

在我们的古人眼里,"地"是受"天"支配的,"天尊地卑"虽不完全是道德的意思,但"天""地"的"位"是"决定"了的。"地"既是"被"决定的,人要掌握、理解"地",就必须"先"努力去理解、掌握"天"的"命令"——"天""命"你如何如何,这是"人"作为"天""地"之"中"(间)的一个特殊品类所应起的桥梁作用,也是"人""把握""理解"世间万物应取的途径和方式。

从这个对比的方面来看,西方的传统哲学,从感性事物出发,走上了一条概念式思维的道路,重在掌握事物的"规律";中国的传统哲学则从"超越"的"天"的"形而上"的角度来体察"形而下"的品类,并努力从这些品类万物中,"看出"更深远的"意义"。在这个意义上，我们或许可以粗略地说，西方传统思想趋向于"科学性"，而中国传统思想则比较趋向于"艺术性"。

四

于是，我们看到，中国艺术的态度，就不仅是从艺术品类自身来看，而是具有相当深刻的"形而上学"的底蕴在内。我们中国传统，看事物不仅看它的属性、功能，而且要看它的"意义"——看事物带来的"信息"、"消息"（message）。我们看到"燕子""归来"了，遂"知""春天"即将来临。这种"消息""信息"，不是科学性的"知识"（knowledge），传递的不是"概念""推理"，而是一种"意义"—— bedeuten，signify一种"意味"（意谓），因为，"概念"是无时间的，而这里的"意义"是时间性的，它"意谓""蕴涵"着"过去"，也"意谓""预示"着"未来"：春天曾不在过；春天即回来——"意义"显示着"在"的"时间性"，这是和科学性思想方式不尽相同的。

从"形而下"到"形而上"，都会有个"过程"，不过西方哲学的"过程"主要是"逻辑推理"性的，而中国传统哲学则侧重在对"时间性"的总体把握。在这个意义上，它就不是抽象概念式的，比较而言，就带有更大的"直接性"。这种"直接性"，同时也因为我们对"形而上"的把握，不全是从"形而下"的感性世界"推论"出来而多了一层保障。对"形而上"的直接把握，使我们中国艺术精神更接近"哲学"而脱离（经验）科学稍许远一点。也正是在这个意义上，我们才说，中国的艺术具有更为强烈的"形而上"的意味。

五

中国传统艺术中,就形式来看,似乎没有比书法艺术更单纯的了。当然,以文字的内容来说,自然也是很复杂的,不过,书法艺术的意义,主要不在文字的意思,而是在文字之外,另有其"超越性"。从某种意义来说,书法因其单纯性而最具有"形而上"的意味。

书法作为艺术而言,当然是有"形"的,是"形而下"者,但书法艺术不是"器"。作为"交往工具","字"亦是"器",但书法艺术的意义既在"字"外,则其意义也在"器"外。如果要说"交往"的话,书法艺术作品也是精神性的,而不是实用性的"交流"。

我们看到,艺术的作品既然不脱离感性的材料,那么一切艺术品都离不开"器",但艺术品不"止于""器",这是中西共同的看法,并非中国独然。只是西方的艺术品,受其哲学传统的影响,更注意"形(象)"之逼真,故其艺术理论以"模仿"说占主导,究其意趣说,仍有其超越感性形象的宗旨在内,所以黑格尔才把"艺术"也纳入"绝对理念"之内,使其具有"形而上"的意味。

然而,中国传统为要强调这种"形而上"的意味,则努力使作品的"器"的意义"弱化",迫使其不(能)作"器"来用。从这个方面来看,书法艺术有其优越性,所以中国人开发出"书法"这门艺术品类来不完全是外在条件决定的,而是与我国传统思想方式的特点有关的。中国传统的重视从"形而上"来看"形而下"的思想趋向促成了"书法艺术"作为一个独立的艺术部类在中国的产生。

"字"是"人"写的,而人写字有各种不同的"目的":有的为了传达"命令",有的为了描述"事实",也有的是为了表现"感情",等等。这一些,都说明"人"写字是为了写"什么",因而他写字都要写些"什么",这些"什么"的内容是主要的;然而,如果把写的内容的意义"弱化",而把"写"本身的意义加以突出,甚至他可以不写"什么"——"什么"也不写,或者他没有写"什么",是为没有"什么"的"写"(writing without "what"),此时即所谓"乱涂"(scribble)。"乱涂"并非毫无意义,恰恰相反,它"隐去"了"什么"的具体意义,突出了"写"的更为广泛的意义。

"写"出来的"什么"是"结果",是"形成"了的,而没有"什么"的"写",则是"过程",是"时间",把"时间"凝固在"空间"中,是中国书法的很大的特点,所以,人们常说,书法是"凝固了的舞蹈",书法的美,是动态的美。

"写"是由人来"做"的一件事。就艺术来说,这件"事"不完全是"实用"的,也不是在"做"一件"科学研究"的"事",做事而没有这些"目的",似乎是"无所谓而为",这就是前面所提古希腊人说的"poem",是一种"诗意的""做"(写),做出来的也是"诗意"的"事",而不是"实际的""实用的""事"。"诗意的事"因其没有固定的"什么"而增大了其涵盖性;因其不拘泥于"形",而达于"形而上",因其"不定形"(apeiron)而达于"无限"。"无限"正是艺术、哲学所共同追求的"境界"——如果"目的"过于"实际"的话,那么中国的"境界"一词,则可避免这个缺点,所以,我国不少学者常用这个词来说明艺术以及哲学、人生道德的深层意义,尽管它也不能非常确切地涵盖所有的艺术品类,而比较复杂、综合的艺术种类,就要另想更合适的词。

六

譬如,我国的戏剧(戏曲)艺术,就是一个比书法更为复杂、更为综合的艺术种类,某种意义上说,甚至是最综合的艺术,它包括了音乐、舞蹈、文学、绘画、雕塑等等以及武术诸类艺术或技术部门,在戏剧的动作、对话和故事情节的规范下凝聚成一个整体,中国的戏剧载歌载舞,在世界上独树一帜,实在是我们对人类艺术做出的很大的贡献。

当然,欧洲的戏剧也有着光辉的历史,从希腊起就是世界艺林的奇葩。西方的戏剧随着历史的进展,由诗剧逐渐变化为话剧,写实、模仿的因素更为加重,自有其长处。西方戏剧重在"剧情"的矛盾开展,从而比较擅长人物内心世界的挖掘。不过,欧洲人在古希腊的时候,也是强调"动作"(drama)的,这从亚里士多德的《诗学》中可以得到证明。所谓"动作",就是"做",就戏剧艺术来说,就是"演",所以,过去人们常把"演戏"叫作"做戏"。

戏剧当然有些故事情节,它要有道德的教育意义,这当然是很重要的;但戏剧的意义又不限于此。戏剧是演员的艺术,是演员的"表演艺术"。如果有人问,到剧场去"看"什么?譬如,台上是梅兰芳在演《贵妃醉酒》。观众到剧场去,既不全是去看杨贵妃(的故事),也不全是去看梅兰芳(这个人),而主要的是去看"梅兰芳如何演杨贵妃",是去看梅兰芳的"表演"。"表演"是一种"劳作",是"做"一件"事"——不是一般的"事"而是一件有"诗意"的"事"。人们到剧场去,主要去看梅兰芳如何去"做"这件有"诗意"的"事"。"表演"这件"诗意"的"事",大于、重于故事情节中所说的事,虽然这两件"事"不是没有关系的,但就某种意义说,故事情节中的"事"是"形而下"的,是一些具体的"事实"(fact),而"表演"这件艺术的、诗意的"事",却有"形而上"的意义。

粗略说来,中国戏曲的表演有歌唱和舞蹈两个方面,可以叫作"对话性歌唱"和"动作性舞蹈",以便为戏剧的中心任务服务,当然还要伴以其他的舞台艺术，成为一个整体。戏剧的歌唱和舞蹈都是时间性很强的艺术，而故事情节也都是过去、现在和未来的"生活"，这一切，交织起一幅幅"时间"的网络，通过演员的"表演"，使之"呈现"在观众面前，使"生活"凝聚、展现在舞台上，把"过去"或"未来"都以"现在"（现时、现实）的方式"再现"出来，即某种意义可以重复展现出来。戏剧的舞台"存留"着"历史"，"预示"着"未来"，从而在"有限"的"现实的""时间"中，展现着"时间的""历史无限长河"，而就戏剧来说，此种"历史的无限"必须经过演员的"表演"呈现出来，在这个意义上，"表演艺术"也具有"形而上"的意义。这就是说，"表演艺术"把观众引向一个"超越"故事情节和演员本人的"另一个"世界，我国戏曲艺术，又以歌舞的方式保护着这"另一个世界"的"超越性"，使其故事情节的"真实性"和歌舞艺术的"韵律"结合起来。

七

"韵律"是"诗意"的基础，它当然有"数"方面的根据，不过倒也不是完全由"数"来决定的。我国传统"诗论"，讲"神韵"，讲"气韵"，讲"气象""气候"，应该说，这些说法都有"形而上"的意味。

"气候""气象"不完全是"天气（预报）"。"气象""气候"不能离开具体的感受，或许叫作"感应"，是人对"自然现象"提供的"信息""消息"的"回应"（response）。这种"回应"既不纯是知识性的，也不纯是道德性的，它具有"形而上学"性。我们说一幅花卉画"气象万千""万紫千红"，说一幅字"贯气""一气呵成"，都不是知识性的判断，而是鉴赏性的判断——我们不妨叫作"形而上的判断",是从具体的"形""器"中"看出"在"形""器"上面（超越）的"征候"——"存留"着"过去","预示"着"未来",由此而展现着一种"历史的必然性"。我们看到,这种"非（经验）知识"的、"诗意"的"历史必然性",将可避免历史的"命定论"和"宿命论",而将"必然性"与"偶然性"统一起来。有趣的是,我们在这里,看到了中国艺术这种"形而上"的意义,竟和古代希腊早期的戏剧艺术精神,有可以沟通的地方。我时常想,在希腊哲学中不易找到的"命运""自由"这类问题,在希腊的艺术中,特别在希腊的悲剧中,却有强烈的反映,在这个意义上,希腊的艺术比希腊的哲学更有"形而上"的意味。

1997年3月14日于中国社会科学院哲学研究所

（选自《中国文化》第15-16期合刊）

从脸谱说起

京剧脸谱是艺术明珠,堪称国宝,不但在京剧艺术中不可或缺,而且本身又有独立之观赏价值,实在是我国艺术家对世界艺术做出的特殊贡献。不过,以前也常听批评家在贬义上用上了这词,说人物没有个性,有"公式化""概念化"的毛病,则斥之曰"脸谱化"。其实,"脸谱"与"概念""公式"是完全不同的。"概念""公式"是"抽象"的,但"脸谱"却不能归结为"抽象"。

关于脸谱,已有许多专家作过专门的研究,它或许起于古代"面具",或许还有"图腾"的意味,再有一些"象征"等等,包公脸上那个"月牙",也许有些宗教的意思在内,这些研究当然是很有益的,对我们理解脸谱很有帮助。这里的问题是:如何从艺术上来理解脸谱?

我想,批评脸谱"公式化""概念化"的,其中有一点未曾深察的是在那个"谱"字上。

"谱"从"言"从"普",似乎是"普遍的"东西,到处可以"套"用,"脸谱"表示一些"类型",譬如"忠""奸""善""恶""刚直""阴险"等等,还有地位上的贵贱、尊卑。这一切,似乎是一种"定型","套"用起来,的确容易犯"公式化""概念化",而缺乏"个性"的毛病。西方人研究"面具",也是强调它把后面那张有血有肉、有个性的"脸""遮盖"起来了。所以,"脸谱"的毛病,不出在"脸"上而出在"谱"上。

中文的"谱",似乎没有固定相应的外文来译,它们的fable,score,recipe都有"谱"的意思,甚至"tree"都可以用来指"谱",像我们说家"谱",他们就说"family tree"。这样,中文一个"谱"字涵盖了西文许多字的意思,内容是很丰富的。

"谱"首先有"标准""准则"的意思。化开来说,还有"(方)法"——得法、不得法的意思。我们常说,某人说话、行事"没有准谱",言其做事说话不遵守一定的"规则",无法沟通、交流,也无法"理解"。"谱"是要大家(普遍)都能"遵守"的,"没有谱"则不成"局面"——这是博弈论里的game,没有"规矩",不成"方圆"。

"谱"还有"谱系"的意思。"谱系"是历史形成的、是历史性的,是一种"传统",因为历史不同、传统不同、"谱系"也就不同,于是有各种不同的"家法""流派"。我们知道,京剧的脸谱,也还有不同的"家法",同样曹操的脸,勾画上也有大同中之小异、这是专家们有过很细致的研究的。

此外,"谱"有一层很重要的意思是不能忽略的。凡称"谱"的,都是有待去"实现"的。"谱"自身是"实践"的"本",好像是个具有普遍意义的"设计方案"(图案),它是要被"付诸实践"的。所以脸谱首先是京剧(戏曲)艺术的一个有机部分。光有个脸谱不能成为"活曹操""活姚期""活包公",要成"活某某",还看演员如何去"演"。这一点,天下的一切的"谱"都是适用的。

世上的"谱"种类繁多,譬如"乐谱""棋谱""菜谱"……其自身只是一个"本",一个"依据",而等待着如何"演奏",如何"下棋",如何"做菜"……

在西洋，大作曲家的"乐谱"当然是很"神圣"的，但"乐谱"还需要"演绎"（演奏）才真的成为"音乐"，而大演奏家（包括大指挥家）的地位并不低于作曲家。我国"谱"的作者大概是集体的，但演员却总是个体的。在舞台上，"脸谱"通过演员的表演"活"了起来，就像演奏家在舞台上让作曲家在纸上的"音符""活"了起来一样。

现在书店里有许许多多"菜谱"，的确也有许许多多的"谱系"：有四川的、淮扬的、上海的、广东的……当然还有许多西餐菜谱。但"菜谱"不是"菜"，不能吃。"菜谱"给大厨一个规范，有的说得很详细，看起来也很"死板"，如加盐多少、文火炖半个小时，等等。但这些"指标"，对于普通家庭主妇言，是帮助她做出中等水平的菜肴来，不至于不堪入口，却又不"限制""大厨"的匠心独运。"厨艺"上乘，在于掌握"火候"。"火候"是一个综合性的分寸，不是"30分钟""35分零5秒"那样死板的。不是飞机的航班，到时一定"起飞"（起锅）。"火"曰"候"，乃是一种"征候"，是靠操作者的经验体会"感觉"出来的，它不是"理论性"的，而是"实践性"的，因而不仅仅是"实用性"的，而且是"艺术性"的。就"实用性"而言，做出来的"菜"，有个中等水平，能吃就行；但就"艺术性"而言，"火候"是必须掌握的。

舞台艺术中也有"火候"，是把各种的"谱"——包括曲谱、身段谱（程式）、脸谱等都艺术地"兑现"出来，是要（等待）艺术家把这些"谱"用"活"了，塑造出活生生的人物形象来。像"厨艺"一样，舞台上也有中等水平的演员，他们按部就班地把各种"谱""做"出来，也算是完成任务，刻苦点也会有相当的"功夫"，就是缺少一点"灵气"。像"灵气""天才""体会""悟性""气象""气候""气韵"等并不是能"谱"出来的，而是艺术家的一种"创造"。然而，就道理上来说，各种的"谱"，并不是要"限制"人的"创造"，而只是要使人创造得更好。做不好"菜"不能怪"菜谱"，演不好戏不能怪各种"程式"，人物没有"个性"也不能怪脸谱。再往深里说，各种的"谱"不但不企图"限制"艺术家的"天才"，而且还可以防止"天才"的"流产"。"谱""规范"着那不易"规范"的"天才"，使其不仅有"天才"，而且有"成就"。至于京剧的脸谱还具有独立欣赏的艺术价值，也是一个很有趣的问题。就这个意义来说，脸谱艺术乃是绘画艺术的一种，而中国的绘画艺术，按其传统说，也是有"谱"的。梅有梅谱，菊有菊谱。"画谱"乃是过去画家的入门功夫，所以中国绘画的意趣与西洋的绘画有些不同，它似乎更接近"表演艺术"，要把那个已经加工过的"谱""本""兑现"出来，"画家"好像一个"演员"，不过不用自己的身体，而是用笔墨丹青，在"谱""本"的指导下，把梅、兰、竹、菊等创造性地表现出来。所以和书法艺术一样，中国绘画艺术也讲究"笔法"（用笔、运笔），讲"气韵生动"，是"动"的，不是"静"的；是"时间"的，不是"空间"的。"脸谱艺术"同样亦有自己的"气候"，亦有"笔法"之"飞动"。记得几十年前奚啸伯先生对我们说，演员艺术要做到"有规律的自由"，他的体会是很深刻的。"自由"不能"没有谱"，而"有谱"并不真的一定要妨碍"自由"。

（原载《戏剧电影报》1997年1月29日）

余叔岩艺术的启示

艺术史上有些现象很值得研究,余叔岩的艺术就是京剧艺术史上很有意义的现象,研究它,会得到许多启发,所以如果京剧史上有我说的"余叔岩现象",也并不是故意套一个新词引起大家注意,而是实有所感。

一

感想之一就是古典艺术固然也讲质、量并重,但比较而言"质"更要重要些。

事物总要质、量相统一,事物的发展总要量中求质,没有相当的量,出不来高的质。京剧艺术也不是一开始就很成熟,它有一段很长时间的酝酿、积累、提高的过程,从徽班进京起,已有两百多年历史,而更不用说在这之前昆、乱各剧(曲)种以及更为久远的诗、词、曲、舞的发展基础了。京剧到谭鑫培,在老生行当就相当成熟,成了典范,而余叔岩则是老生艺术的更进一步的发展,成了历史的高峰,是老生行当的更为成熟、更为优秀的古典范式,在"质"上得到了更好的完善。

余叔岩艺术这种历史地位的确认，在更老一辈的顾曲家那里，也不是没有争议的。我们现在可以读到对京剧史卓有贡献的齐如山，对以此来衡量余叔岩，自有不同看法，而种种"不同"，也就成了"不足"。这是历史评价中常见的事，连自然科学史上也有不同时期的范式，而历史的进步，乃在于"范式"之"涵盖性"，即后一种"（理论）范式"可以"涵盖"前一种"（理论）范式"，譬如爱因斯坦"相对论"可以"涵盖"牛顿的力学理论，等等；艺术史各个时期的代表（范式）当然不能相互"代替"，但也有个"涵盖性"问题。艺术的"质"度，就体现此种"涵盖性"。

我们这一代人没有看到余叔岩的舞台演出，从文字记载来看，余叔岩固然所学甚多，但在舞台演出相对较少，而我们所能直接接触的，竟只有他留下的"十八张半"唱片——或许应了那句"物以稀为贵"的话，因其少而弥足珍贵；不过，如果达不到"质"的高度，那也可能因其"少"所被湮没。余叔岩的艺术不但没有被湮没，而且得到了发扬光大，成了经久不衰的大艺术流派，我想，正是因为它的"质"高，才能使少数的"种子"可以生根发芽，蔚然成荫。

所以，研究余叔岩艺术，我想说的第一句话就是研究古典戏剧的演员如何精益求精，提高"质"度，而不求一时之热闹。

二

感想之二是请演员注意"技巧"。过去我们研究艺术理论的很强调"自然"，这当然是对的。"自然"是艺术的最高境界，但这种高级境界要靠"技巧"来支持，要通过高度的"技巧"锻炼来达到"自然天成"，才是艺术的高级境界，所谓"工后之拙"。没有

"工"的过程，那种"自然"是较低的。

譬如京剧演员嗓音条件好，实大声宏，当然是好事，但嗓子响的人多得很，因没有训练而并非演员，更不是好演员。很多人都会写字，但并非书法家，我们都会"说话"，但也并非演员、演说家，多数人都会哼几首曲子，但并非歌唱家……艺术需要训练。

从记载来看，余叔岩身体不好，嗓音不属于实大声宏那一类，因此他就更加着重在"锻炼"，把"技巧"提高到"化"境，以"技巧"支持他的演唱，所以现在听他的"十八张半"，每一张都是精品。

余派技巧侧重在何处？咬字当然是很重要的，过去老顾曲家说得也很多，现在再来强调，因为总是觉得现在有些演员，不很重视。你说嘴皮子没有功夫。青年演员依仗着嗓子好、气力足，不注意嘴里的功到头来会吃亏的。记得我们年轻时看谭富英的戏，他的嗓音条件太好，有时咬字上不很注意，大家也不在意；后来他年纪大了反倒嘴里讲究起来，他晚年录的唱片（如《奇冤报》等）简直精彩极了，但令人惊讶的是，我却发现他那几段的韵味非常像余叔岩。

我一直觉得除了咬字外，余叔岩的"运气"也是很值得研究的，现在读到有的研究文章很好地探讨了这方面的问题，很高兴。我听余叔岩的唱片，常感到他的"气"好像是"用之不竭，取之不尽"的。事实上哪里会有这样的不竭之气呢，无非是演员下了功夫，运用得当，让人听起来似乎总有充足的储备一样。

"气"是中国艺术里的一个很重要的观念。"气"就是"生命"，是一种"力"，是"生命力"。西方人也有同样的意思，他们讲"灵魂""精神"，他们的艺术品，也要讲"精神灌注"，是"活"的，不是"死"的。

艺术里"（中）气足"不是自然现象，而是艺术现象，不是拖长腔，越长越好，谁也不能一口气唱一出戏，总是有连有断，这里就有技巧，就像书法一样，就是"一笔书"，也有个"断"的时候，要紧是如何做到"笔断""意不断"，书法里叫"贯气"，也就是"精神（生命、生气）灌注"。"自然"的"气"总是要"断"的，但"艺术"的"气"却可以有"无限的""绵延"，"断"了还可以"连"起来，这叫"生生不息"。

"气"是"内在的"，所谓"内练一口气"，"气"推动着、支持着"咬字""行腔"，就像书法里"气"支配着"用笔"一样，也像绘画里说的"气韵生动"，有了"气"，才有"韵"，也才能"生动"。余派讲究"韵味"，但没有"气"，"韵味""推"不出来，"气"使"韵味""出来"。身体多病的余叔岩，如何"练气"，是现在的演员应该认真学习的。

三

最后讲一点感受也是有关"涵盖性"的。京剧有"京派""海派"之分，说的是事实，在艺术上各有特色，但又是相通的。余派不仅在北方，而且在南方同样是很受推崇、影响很大的。

我少年时在上海读中学，那时刚解放，学校功课不紧，课余晚上我参加一个票房（大概叫"濩声"）活动，陈大濩先生教我们唱《二进宫》。当时，上海电台里有苏少卿先生教唱《武家坡》《文昭关》，前者是谭派，后者则是汪（桂芬）派路子。记得范石人先生也在电台教唱余派。这些都是"京剧"。刚解放那一阵，美国飞机老来轰炸，上海常停电，有次陈大濩先生在煤气灯下演《击鼓骂曹》，台下照样坐得满满的。我还记得随父亲看过孟小冬的《搜孤救孤》,可惜我太小,只记得赵培鑫的"公孙杵臼"也得了许多叫好声。

我说这些,是想说只要能达到高质度的水平,京剧无分南北是同样受欢迎的。上海曾是十里洋场,灯红酒绿,西洋的玩意儿也已不少,但不但京剧的"海派",就是"京派"仍是上海人民的高雅的娱乐,说明京剧作为中国的古典艺术的地位,实在已是不可动摇。不过,这种地位是需要大演员、大顾曲家弘扬光大才能维系下去的。京剧发展到现阶段,更需要在"质"度上保存和提高,"质"度高的艺术,其"涵盖性"反而大,这是我们纪念余叔岩、研究余叔岩艺术要注意的一个道理。

(原载《艺坛》1996年第2期)

论艺术的古典精神——纪念艺术大师梅兰芳

我总是觉得,一个民族拥有自己的伟大的艺术家是这个民族的福分。一切的民族都要生存,必须解决衣食住行的物质问题,但有什么样的精神生活,拥有什么样的艺术形式,有什么样的艺术家,各个民族就不一定都一样了。外国有的,中国未必有,也不一定都要有;中国有的,外国未必有,也不一定都要他们有。我们不要求西方人也普及中国的书法艺术,出一两个王羲之;而必须承认人家有贝多芬、舒伯特是人家的福分,而我们有梅兰芳,也是我们的福分。梅兰芳的艺术中国人崇拜,外国人也崇拜,就像我们也崇拜贝多芬一样。我觉得应该提醒的事是:不要身在福中不知福。现在我们纪念梅兰芳诞辰一百年,就艺术而言,就是要加深对梅兰芳艺术精神的理解、认识,使我们更加珍惜、发扬这种精神。

一、梅兰芳艺术与中国人文精神

梅兰芳是京剧演员,是演旦角的,我们把他的艺术和中国传统的人文精神联系起来,说在他的艺术中体现了这种不同于西方的文化精神,是有道理的,今试阐述如下。

就中国传统文学艺术的历史发展而言,从诗、词、曲直至戏剧,在文学史上的线索是很清楚的,这方面专家们有很好的研究。中国戏曲大盛于宋元,其时中国社会正孕育着一些新的变化。完整的戏剧形式,给中国传统艺术注入新的生命,也发扬了一种市民阶层的文化精神,此种艺术趣味的兴起,丰富了中国传统艺术精神,使它在内容上更加开阔,具有更广泛的涵盖性;在形式上也更加丰富多彩,使中国戏剧成为世界上最为综合的艺术。可以说,中国戏曲融合了过去一切艺术的形式,在"戏剧"原则的主导下,发挥着音乐、诗歌、绘画等艺术形式的作用。有了这样一种在内容和形式上最大限度综合的艺术——中国戏曲——才能在变革、发展传统时,最小限度地"丢失"传统,而使我们中国人不至于像西方人那样经常感到"遗忘""丢失"了什么东西。在这个意义上,我们或许可以说,中国戏曲就是最能代表中国传统人文精神的一种艺术形式,它不仅把诸多传统艺术形式综合进来,而且很好地解决了"新"与"旧"的矛盾。在宋元时代,"戏曲"既是新的,也是旧的。

中国戏剧发展到清代乾隆年间,又发生了一次大综合,这次是在戏剧艺术的内部,京剧综合了昆曲和地方戏的特点,在雅俗两种趣味上又得到一次很好的协调。京剧将昆曲市民化、民间化,而将地方戏文人化,这一次综合,"丢失"的又是最少最少的。

京剧保留了相当一部分的昆曲剧目,努力吸收昆曲的优秀唱法,同时又以同样的方式吸收各地方戏的优秀剧目和唱法及其他表演技巧,而在这种融合的过程中,却不断地出现新的东西。譬如中国戏曲各个"行当"在表演方面的特色,是在京剧的表演中才逐渐明显起来的,也就是说,京剧使昆曲和各地方戏中各"行当"的表演技术更加成熟起来。

京剧各"行当"的成熟时间有个先后,一般认为京剧(老)生行（当）发展得比较早，其中谭鑫培起了巨大的作用，他的后继者余叔岩等人使之更加定型；且角则稍晚一些，直到梅兰芳才全面地奠定了基础。也就是说，中国戏剧的代表剧种——京剧自从出了梅兰芳之后，生、旦两个行当，才不仅仅是男女性别上的区别，而在一整套的表演艺术上显示出自己应有的特点。京剧的生角，离不开谭的系统，而旦角则离不开梅的衣钵。所以我始终觉得，谭、梅两家，不是京剧表演里的一个"流派"，而是京剧艺术的"总代表"。

梅兰芳生活在中国社会发生翻天覆地大变化的时代，中国的封建统治正土崩瓦解，社会长期动荡不安，更有外国侵略，使中国人民生活在水深火热之中。在这动乱的年代里，中国文化传统受到外来西方文化的严重挑战，也经历着脱胎换骨的变化过程，中国传统人文精神如何吸收西方的科学精神而又保存、发扬自己，是许多志士仁人努力的目标，而当一些学人在做各种尝试来面对这一挑战时，梅兰芳以自己的工作——表演艺术——出色地完成了这一任务，在适应新的社会环境下，保护、弘扬、发展了中国传统的人文精神。所以，当中国人民结束了动乱时代，对中国人文传统有了科学的态度和方法之后，梅兰芳的艺术工作受到中国人民的极大的崇敬，当然也是很自然的事。

"中国传统人文精神"是一个很大的题目，从学术上来讨论，非我所长，此处姑妄言之。我觉得中国传统人文精神核心为儒、道两家，或再增加后来的佛家，但根基是儒家和道家。儒家言"仁"，道家言"道"，"仁"是"内在的"，"道"是"超越的"，"仁"为"立心"，"道"为"立术"，一为"道德"，一为"智慧"。"仁者爱人""人相忘乎道术"，乃是中国人文精神之"两仪"，体现了目的与手段、人与世界的和谐统一。"立心"为"美德"，"立术"为"美艺"，都离不开一个"美"字，而梅兰芳则是"美"的化身。

西方的艺术家,"做人"归"做人","做事"归"做事","事"做得好(戏演得好,画画得好……),"做人"不一定好,这也有道理,"人""事"有时是应分开的;但中国传统的理想是强调此间的一致性,所谓"文如其人",强调的是"什么样的人",就会"做""什么样的事","做人"的道理和"做事"的道理是相通的,而且"做事"和"做人"并不能分开,不仅"人"决定"事","事"也决定"人";而西方人把"人""事"分割开来,到很晚才认识到"人"原来是由所做的"事"决定的。

当然,并不是说,西方人没有将"人"和"事"统一起来的思想,只是说他们的主要倾向是如此。而在比较短的时期内,他们也很强调过此种"和谐"的理想,这是他们曾经向往过的各种学术文化、艺术中的"古典主义"精神,我们在席勒的美学思想中,在黑格尔的哲学思想中,都可以看到对这种境界的追求。

中国是最富有此种古典精神的国家,中国戏曲艺术将那么多的艺术形式(因素)综合起来,使它们处于一个和谐的统一体中,这就是一个很好的范例;而西方的戏剧,则往往将某种形式(因素)特别突出出来,像"歌剧""舞剧",还有瓦格纳的"乐剧",当然更有"话剧",这种办法也自有其优点,但与中国相比较,则不是同一类型,也不是同一思路了。

中国传统在处理多种因素之综合时,讲究"互补""相济"。譬如儒道两家,儒家"立心""立德",态度非常坚决、刚强,而有道家的"道术"来"补"它,道家尚"柔","以柔克刚",天下"至柔"者,亦为"至刚",这样就"补"了儒家之"刚",使之"刚柔相济"。

梅兰芳演旦角,可谓"柔媚"已极,但他极重视向生角学习,从剧目到表演,都注意此种互补关系,使他的旦角表演风格"柔中有刚"。梅兰芳的表演，不但着重向其他旦角演员学习，而且向谭鑫培、杨小楼、余叔岩等大生角演员学习，这是大家很熟悉的例子。他早年的合作演员为王凤卿，王是汪派传人，汪桂芬在高亢激越方面直追程长庚；而梅兰芳与杨小楼的《霸王别姬》，一刚一柔，堪称双绝，幸尚有唱片保存典范。

梅兰芳的剧目中，虽然也有《贵妃醉酒》表现"宫怨"的戏，但他却特别喜欢排演《宇宙锋》这种带有妇女反抗意义的戏，这在他的《舞台生活四十年》中有详细的记载；此外还有《穆柯寨》《抗金兵》等带有武打的戏，更不用说他晚年排演的《穆桂英挂帅》这样充满爱国激情的戏了。这一方面与梅兰芳对中国妇女反抗性的重视这一种观点有关，同时为体现此种理念，在艺术表演上加强了旦角的力度，从而即使在"哀怨"中也有一种抗争的意味，又是一种"互补""相济"的作用。

古典的精神并非不要创新，不是抱残守缺。恰恰相反，古典精神是"完美"的精神，而既然"完美"是一个无限的努力过程，因而艺术家不断地创造，才是维系古典精神的唯一途径。梅兰芳一生，亦是不断地创新、革新的一生。他很早就尝试排演"时装戏"，说明梅兰芳作为艺术家的精神是很活跃的，一点也不墨守成规；他在传统剧目的改革、表演艺术之创新，以及音乐、舞蹈、舞台美术等诸多方面的新贡献，行家们已经有了许多总结。

当然，梅兰芳的京剧革新，也仍然不脱离古典的范围，其中要有所取舍，也不乏另起炉灶的地方，但都不脱离此种古典的精神，使自己的改革在本土有根底。所以，梅兰芳改革后的戏仍叫"京剧"，并不是在"剧种"（种类）上有改变，或另创一种戏剧形式，像把"京剧"改成"歌剧"等等。这并不是说，另立新"剧种"要不得，只是说，这种做法是另一种精神，是从"无"到"有"的精神，这在西方思想中是相当普遍的；不过在古代希腊也不相信从"无"到"有"，而认为"有"总归是"有"。中国古代老子倒讲"无"，但他的"无"是"无名"的意思，因为"朴"也是"有"，不像西方后来发展成一种抽象的"物质"概念，包容一切。中国的"朴"也有具体性，是什么"材料"做什么东西，用"纸"做"杯子"盛不住水，而"瓢"就可以。"材料"本身"提示"可以做出什么来；"京剧"这个"材料"——作为要被"改变"的"材料"，本身也提示你可以改成什么样子。梅兰芳对"京剧"的改革就是遵循着这个路子。对于有些着力于创建新剧种的人来说，可能觉得还不够大胆，但此种路子，却可以在保存传统的基础上将新东西弘扬出来，使"京剧"这个古典剧种不至"丢失"。

二、梅兰芳表演体系

"艺术"本是很奇妙的事，"表演"更是需要很大的灵气，一个人（演员）怎么会去"表演"另一个人（角色）的事，而更有"第三者"（观众）会去"欣赏"这种"事"？套用哲学知识论里的话"'科学知识'何以可能？"我们对表演艺术的美学问题似乎可以归纳为："'表演'何以可能？"这个问题意味着："他人"（角色）本与"我"（演员）不是同一个人，"我"如何可能"去表演""他"？

西方人对这个问题的理解，自亚里士多德以来，基本倾向是知识性的。"表演"和其他艺术一样，是一种"模仿"，而"模仿"是"学习"，获得"知识"的途径，"表演""模仿""他人"，也就是"认识""他人"的途径。当然"模仿""学习"也需要"灵感"，但已不是那种"灵魂""附着"于"肉体"的原始的意思（inspire），而是一种"聪明""领悟"的意思，因而仍是知识性、理智型的。这种思路，对我们增长关于"他人"的"知识"，根据各种有关"环境"，对"他人"做出"判断"，是很有帮助的，也是不可缺少的。但这种思路，自身存在着相当大的困难。"他人"的外在环境，"他人"所做的客观的"事情"，是比较容易把握的，而"他人"的"内在"的"思想"，则相当地难以捉摸。"他人"的"内心世界"不但复杂得很，而且是"自由"的，"我"既没有孙悟空那样的"钻心术"，又如何可以确切地"知道"？这是西方人在理论上经常感到困惑的地方。

为克服此种困难，在西方戏剧表演艺术中有"斯坦尼斯拉夫斯基体系"，他强调"演员自我"的感受，以直觉来体验"角色"的内心世界，以"形体动作"来保证这种体验的显现（实现）；以心理技术为主，以形体技术为辅，以求在舞台上深入地刻画"角色"的"内心世界"。斯坦尼斯拉夫斯基是伟大的艺术家，他的体系在众多的艺术天才的努力下，获得了巨大的成功，对艺术有不可磨灭的贡献。

然而，斯坦尼斯拉夫斯基体系面对"演员"和"角色"两个"自我"就已难以应付，而作为舞台艺术，还有第三个"自我"——"观众"，这三个"自我"，就好像康德哲学的三个"物（我）自体"，中间似乎都有一道"不可逾越的鸿沟"，在西方侧重"知识"的思想体系中，不易找到合适的沟通环节。这样，斯坦尼斯拉夫斯基体系由于内在的矛盾而时有瓦解之虑，于是有布莱希特的体系出来，索性贬抑表演中的"直觉"，而发扬"理智"的成分，不求活的交流、体验，而求冷静的理解，在演员、角色、观众三个"自我"中拉开"距离"，摆脱"同（移）情"，倡导"离情"，"演员"和"观众"都成了评论者、批判者，"角色"以及它所做的"事"，都成了理智研究的"对象"，艺术变成了科学——历史学和社会学。

布莱希特以及斯坦尼斯拉夫斯基的学生梅耶荷德等也都是伟大的艺术家，他们在戏剧文学和舞台艺术上均获得了巨大的成功。"理智"缺少"直觉"的深度，但却比"直觉"有更为广阔的内容，布莱希特的戏剧打破了斯坦尼斯拉夫斯基的"第四堵墙"，把大工业社会的内容纳入戏剧舞台，在气势方面就不是斯坦尼斯拉夫斯基体系所能比拟的了。

所谓戏剧的表演艺术（或舞台艺术）实际上就是以演员为中间环节（或谓"通过演员"），把角色〔以及它（们）所作所为、所思所想〕和观众联系起来。所以戏剧表演艺术核心的问题是要解决好"角色""演员"和"观众"这三个"自我"之间的关系，解决的方式不同，就会有不同的表演体系和表演流派。

一般说，西方的戏剧表演或注重"体验"（斯坦尼斯拉夫斯基），或注重"表现"（布莱希特），而以梅兰芳为代表的中国戏剧表演体系则无此分化，它是将"体验"和"表现"结合起来，所以当斯坦尼斯拉夫斯基和布莱希特两位艺术大师分别看了梅兰芳的演出后，不约而同地都引为知己，梅耶荷德还根据他对梅兰芳表演的体会，调整了自己的导演计划。这是表演艺术大师们在自己的艺术领域里的专业的体会，自很重要；不过，我们从学术文化的角度仍可对这三种表演体系作一些阐发，以求在更广阔的视野中把握这三种表演体系的联系和区别。

我们知道，西方的传统思想在过去、现在、未来这时间维度中常倾向于重视"现在""现时"，或谓"在场"。无论是情感的交流，还是科学理论的把握，都是如此，他们叫作"永存的现时"。因为"过去"已经"不存在"，"未来"尚未"存在"，它们都"不在场"，而只有"现时"是永久的"存在"，永久的"在场"。就科学来说，譬如我们做几何题，平面几何现在的做法和当年欧几里德的做法是同样的，谁做都一样，所以"历史"对它不重要；就艺术言，无论斯坦尼斯拉夫斯基或布莱希特也都是强调一个"现时性""现实性"，要把"角色"（他人、古人）通过"现时"的"演员"，呈现在"现时"的"观众"面前，不过一个强调的是"他人"的"原貌"（斯坦尼斯拉夫斯基），"好像""今人"（演员、观众）真的看到了"他人""古人"的言行一样；一个则是强调"今人"（演员、观众）对"他人""古人"的理智的、批判的态度（布莱希特），而不相信"今人"真的能够把握"古人"的"原貌"——这或许也反映出现在国内外学术界讨论得很热烈的所谓"现代"与"后现代"的区别，不过我看他们的着眼点仍在"在场"性；无论将"古人"拉到"今人"面前，或是将"古人"作为一个"木偶"，目的仍在表现"今人"，强调的都是"在场性"。

"在场性"思想与西方近现代以来"自我"观念的泛滥很有关系，现在西方的学者也逐渐觉得"自我"的观念有许多困难的问题存在，而想从"另一面"——"他人"来寻找出路。此种尝试，对我们理解中国的文化传统，倒有一些参考价值。

中国人文传统本没有发展起如此强烈的"自我"观念，中国的"人"，一直生活在一个个大大小小的社会之中。"我"是在与"他人"交往中"形成"起来的。除去"我"受的教育、"我"的"工作"……即排除掉了"我"的"生活"之后，"我"还"剩下"什么？的确，那些帝王将相，除去与"名位"有关的生活外，还会有一些"生活"，或许说，作为"帝王将相"他有一个表面的面貌，而剩下的那一些，或者叫"私人（个人）生活"，或者叫"内心世界"，似乎才是"内在的""本质的""更重要的"；但如果我将这一切统统"排除掉"（用括弧括起来），那还"剩下"什么？所以，在一种意义上,我们可以说,"生活""他人"——"他者"使"我"成为"我";"历史"使"现时"成为"现时",并通过"现时"规范着"未来"。也是在这个意义上,"历史"和"未来"为"主",而"现时"则是"过渡"性的,只是一个"环节"。我想,这正是中国人的传统心态,中国的演员也不例外。

演员不突出"自我",对于理解、把握"他人"的思想感情,与"他人"沟通,即体验要演的"角色",也就比较顺畅一些,并且也可以更为顺利地与台下的观众交流,因为大家都不是那神秘的封闭的"自我",本来就是"你"中有"我","我"中有"你"。这样,问题就不应是:不同的"自我"之间如何可以交流——所谓"主体间性";而应是:既然"你"中有"我","我"中有"你",为什么却"不能""交流"?这样,中国的演员就不要费事非要把三个"自我"归并到一个"自我"中去才叫成功,而是老老实实承认时间有三个维度,"人"分"我""你""他",但三者之间又是可以相通的。中国戏剧通过"演员"把"角色""观众"沟通起来,也就是把"现时"和"过去""未来"沟通起来,虽然三者都"在场",但却不是单一的,而是多面的、多层次的。"角色"不是作为"自我"在场,演员也不是作为"自我"在场,就连"观众"也不是作为"自我"在场的。"观众"在剧场,不是"评判员",更不是"审判员"。在进入剧场时,"观众"虚其"自我",将"自我""托付"给"他人","接纳""他人"。"观众"去"看戏",看"演员"如何"表演""他人"的事。"观众"进剧场和出剧场时甚至可以不是一个"自我"。虚其"自我",才有"未来",才有新的"自我"。但"观众"仍不失为一个尺度,"演员"也必须考虑到"观众"的因素。

从这个理论的层次去看梅兰芳的表演艺术,可以体会出他的体系的精髓所在。《舞台生活四十年》中具体谈到了许多常演的剧目,指出了这些剧目中表演时应注意的地方,几乎每一处都照顾到角色、演员和观众三者之间的关系,尽量用高超的艺术技巧,把这三者的关系调整好。所以从这个角度看,也许我们可以说,梅兰芳的表演体系的"中心任务"——套用斯坦尼斯拉夫斯基的话,就是"演员"用表演技巧,协调"角色"与"观众"的关系,说得更理论化些,就是用"艺术""沟通""过去"和"未来"。这里,"艺术"是海德格尔在《论艺术之起源》里说的"第三者",而演员正是那个"第三者"。

梅兰芳演戏,不是"自我"表现,也没有钻到虞姬、杨贵妃、肖桂英、穆桂英这些古人的肚皮里去的"钻心术";梅兰芳在"表演",在做"艺术"这件"事",作为表演者的梅兰芳是"第三者","艺术"是梅兰芳的"事业","艺术""事业"使梅兰芳成为梅兰芳,梅兰芳因其"事业"而不朽。

既然是做一番"事业",就要认认真真去做,不能光靠"灵感",也不能死死板板去做,要运用聪明才智,才能做好,做得出色。"事业"继承着"前人",开往着"后人"。所以中国的演员强调演员之间互相学习,讲究师承,也讲究创造革新,这是西方的戏剧演员不是很特别强调的。当然,西洋的歌剧唱法也有传授关系,但学成之后,则强调独特之个性,似乎只对作曲家负责,对剧本负责,而演员之间的联系就不如中国戏曲那样受到重视。中国传统的艺术,作为"事业"本身就有很强烈的连续性,同样也是"历史性"的。梅兰芳《舞台生活四十年》以大量的篇幅记载了他和老辈的、同辈的、后辈的演员们之间的学习、合作、传授关系,从生活到艺术都有记载,学习过的,同台演出过的,合作时间长的,合作时间短的,以及文武场面、编剧作家,甚至票友、外行,都有所述。从这里,我们可以看到梅兰芳的"事业"做得很大,涉及的人、需要的人、参与的人很多,是一番"大事业"。所以,梅兰芳的表演体系,是一项"工程",而且是一项"大工程",其内容不限于一个演员的表演技巧上。

三、古典的和时尚的

梅兰芳表演体系这项伟大的"工程",凝聚了中国古典艺术的精华,体现了中国文化人文传统的特色,是一项"历史性"的"工程",因而既是传统的,又是现代的。中国戏曲,中国的艺术是中国地区性的,是民族的,但又是可交流、可沟通的,因而也是世界性的。梅兰芳表演艺术,不仅有民族的意义,而且是世界艺术之林中的一颗明珠。梅兰芳表演体系这项"工程",既是民族的,又是世界的。

就时空观念而言,西方人较早成熟的是空间性的,而中国较早成熟的则是时间性的。西方已经注意到他们传统意识中这一缺陷,并不断加强对"时间"问题的思考,提出了一些很有意义的思想,而中国却似乎也在走与传统相反的路,时常更加强调断裂的变革、革命,将绵延的时间分割开来。

"人"就个体而言都是"会死的",没有哪个人能够永存,就一代一代的"人"而言,都是有断、有裂的,"生命"不相连续;但"历史""生活"都是连续的,不仅前人的宫室器皿我们还在使用,前人的思想文化,我们在学习、应用,物质的事业和精神的事业,物质的工程和精神的工程,也都是延续的。当然,我们也改变前人的事业和思想,有所创造,有所革新,但就整体来说,不是"无"中生"有",而是"有"自身的变化、绵延。中国人文精神理解下的"变革"乃是传统自身的变革,在变革中保持自身的同一性,"变"

中发展自身，以求达到自身的"完善（美）性"，即使吸收新的因素而突破了自身，改变了自身的"同一性"，产生了"另一个"，或引进了新的"另一个"与其对应、对立，原有的"同一性"也不会"丢失"，因为此种已有相当"完善性"的艺术会成为"古典"的——在学术里为"经典"的，保持着马克思所说的那永恒的艺术魅力。

以梅兰芳为代表的中国戏曲艺术，像唐诗、宋词那样是古典的、典范的艺术，是中国艺术史上的"范例"，而不是一种"时尚"。

应该说，京剧也曾经是一种"时尚"，所以才有"时尚黄腔喊如雷"之唱。但是经过几代大艺术家的创造，京剧并没有因"时尚"流行一时之后就烟消云散，而是形成了一个古典的艺术剧种，找到了它在历史和社会中的应有的地位，只要有华人在，就必会受到尊重、维护和发展。京剧在从"时尚"成为"古典"的过程中，需要有一大批艺术天才，而梅兰芳则是他们在艺术精神上的总代表。所以提起京剧，必定要想到梅兰芳，就是很自然的事。

各个民族的"古典艺术"，之所以不会消失，是因为任何一代的人，为展示自己的文化素养，"证明"自己"配得上"自己民族的历史，就应该努力使此种已成"古典"的艺术得以延续，加以保护，并予以提倡和发扬。在这个意义上，"古典艺术"时常可以得到"复兴"。譬如，中国戏曲中早于京剧的昆曲（剧）就是一例。

我认为，中国戏剧到昆曲阶段已经相当成熟，在唱、做、念、打以及戏剧的文学性方面都有了很高的发展，是很高级的东方"诗剧"。"昆曲"也曾是一种"时尚"，一个"新腔"，后来渐渐"曲高和寡"起来，作为"时尚"为京剧所代替；但京剧从来就非常重视、尊敬昆曲。据梅兰芳《舞台生活四十年》中的记载，最初京剧班从学习到正式演出，昆曲都有相当的比重，而到他学戏时才已不从昆曲入手，但梅兰芳却很认真地学习、演出、提倡昆曲，有点像元代大书法家赵孟頫那样身体力行地提倡篆书，果然成绩卓著，在梅兰芳的保留剧目中有《游园惊梦》这样浪漫的佳作。

梅兰芳复兴昆曲，并不说明他"保守""复古"，因为他无意使昆曲重新成为"时尚"。他之所以提倡昆曲，在于他认识到中国戏曲之历史性的延续，在于他认识到昆曲作为"古典艺术"的价值，也在于他意识到他自己作为一代艺术家的责任："后人"要"配得上""前人"所流传下来的艺术"赠与"。

扩大开来说，一个民族，如果有哪一代竟然使自己的"古典艺术"——优秀文化"失落"，并不说明此种艺术、文化已经"过时"，或这一代人真的不需要此种艺术、文化，而只能说明"这一代人""配不上"此种艺术、文化。就连那最好"时髦"，最求"新奇"的西方的一些民族，也要耗巨资来修复古画、古迹，花大力气来保存古代希腊和莎士比亚的戏剧。参观法国的卢浮宫、中国的故宫，大概不太可能成为"时尚"，但此种参观，却是比"时尚"更为持久、更为高级的文化活动。

如今的中国社会，自改革开放以来，"时尚"是太多了，文化生活也丰富多彩，在艺术活动方面，人们有很大的选择余地；但在那众多的"时尚"潮流之外，尚存那"古典"的艺术，它"迫使"人们承认，并以它那"永恒的"艺术魅力吸引着人们。在"时尚"范围内是"时尚"的东西要适应我们的趣味，相反，在"古典"范围内，则要求我们去适应"古典"的东西，使自己的趣味、教养得到提高。因此，我们要去学习、去理解、去欣赏那"古典"的东西，以"证明"我们这一代人不是"失落"梅兰芳艺术精神的人，是"配得上"作为梅兰芳的"后代"的"人"。

中国过去有一句受到批判的话，叫作"不孝有三，无后为大"，带有封建的重男轻女、传宗接代的意思，当然很要不得，不过，如果我们借用一下，从另一种意义上来说这个"无后为大"，则可以理解为：我们要教育、培养出能够懂得、维护、欣赏和发扬一切优秀文化传统的下一代，而不使其"断"了"后"，才算是尽到了我们这一代人的责任而不致愧对古人。愧对古人也是愧对后人，因为我们没有尽责去使他们成为有文化、有教养、懂得历史的人。

社会生活在时间上是连续的，在空间上也是可以交往的，"时尚"可以跨越国界流传，"古典艺术"则更是全世界的共同财富。世界各民族的优秀文化都是相通的，相互之间是一定会承认的，因而是"公认的"。

从1919年起，梅兰芳多次带艺术团出国演出，每次都受到所到国家人民的热烈欢迎，说明这些国家是文明的国家，他们的人民是有教养、有文化的，他们"配得上""享受"梅兰芳的艺术，就像中国人民"配得上""享受"日本、美国、俄国的高超的艺术一样。

所谓"配得上"，并不是说西方国家的人民都能很深刻地理解了梅兰芳的艺术，就是对中国人来说，也并不是都有很高的理解程度的，而是说要有一个开放的胸襟，乐于承认、接受世界上一切美好的事物，有这样一个基础的文化教养，有这样一个文明的态度，才能进一步向这些优秀的文化传统"学习"。

对于"古典艺术"是要"学习"的，它是艺术上的"典范"，而"典范"的意思就是"提供"大家学习的。

很早以来，就有西洋人学演京剧，有一些还的确有较好的水平。改革开放以来，此种例子更有不少。当然，学演京剧的西方人不会很多，京剧在西方不可能"普及"，但我们中国人却有信心让西方有更多的人喜欢京剧，因为我们认为，尽管表演（现）的形式不同，但作为古典的艺术精神是相通的，因而可以指望，西方人不但会将中国京剧作为科学研究"对象"来"研究",而且也会将它作为艺术作品来欣赏,来理解。现代交往信息的发展,必将促进各民族文化传统和古典艺术的交流。当人们利用高科技的手段能够更加方便、更加完美地欣赏到各民族的优秀文化艺术作品时,当人们"看戏"已像"读书"那样方便时,梅兰芳生前所记录下来的精彩的节目,必将在更深的层次上,在更广阔的范围内,得到发扬光大。

当然,这并不是说,中国的京剧——梅兰芳的艺术会借助新的高科技手段重新成为一种"时尚",这不仅在西方,而且在现代的中国,都是不可能,更是没有必要,甚至是不应该的。对古典艺术的复兴——维护和发扬,并不是要把"古典的"降为"流行的",而是在精神上有更深的层次、在品位上有更高的水平这样一个方向上的弘大和发扬。"文化大革命"中的"样板戏",除了政治上的问题外,在艺术方向上也存在偏向。那时要求人人都学唱样板戏,力图造成一种"时尚"——"革命的风气"。在"(革命)时尚"的潮流中,这些戏的真正的价值,反倒表面化、肤浅化了。改革开放以来,这些戏不作"样板"来唱,也不要求人人都学唱,而其中的优秀剧目反倒在艺术上站稳了自己的脚跟,有了自己应有的地位。

一代人有一代人的"娱乐方式",是一种"时尚",不一定能维护得多久。现在即使是文化很高的人聚会,互相和诗联句的大概很少了。但"诗"的地位并未降低,应该说是提高了;"物以稀为贵",一般的"物"尚且如此,更不用说文化和艺术的产品了。只要是好"东西"(物),则可以不以数量胜,而以质量胜。京剧曾经是"堂会"里的主角,如今"堂会"已经"丢失"——或已彻底改变了形式,叫作"晚会"这类的词了,但"京剧"的地位得到了提高;京剧摆脱了"堂会",进入了古典艺术的"殿堂"。看京剧已不仅仅是一种娱乐,而是一种陶冶,一种艺术的教育。

梅兰芳是中国戏剧艺术"大师",是中国人民艺术上的"伟大"的"老师",接受老师的教育,即使是艺术性的,也不能仅仅是一种"消遣"。"古典"即"经典","经典"是要人去"学习"的。梅兰芳的艺术就是这样一种艺术上的"经典",是后人"学习"的楷模和典范,中国人民以有这样一种"经典"而自豪,以有梅兰芳这样一位艺术上的大师而感到幸福。

1994年10月21日

(原载《哲学研究》1994年第12期)

"诗"与"史"的结合——谈梅兰芳艺术精神

中国的戏曲是"诗"和"史"的结合,是诗意性的历史,也是历史性的诗,是真正意义上的"史诗"——不仅仅是西方传统的"叙事史"。

当然,西方很早就有历史的记载,但他们对历史的理解,侧重在诸"事件"之间的逻辑联系,注意在"事后"来理解历史事件的前因后果,后来才逐渐认识到"历史"是"绵延"的,不可"分割"为诸"事件",然后再以逻辑推理的方式将它们"结构"起来的;"历史"是"生命"的"延续",是"活"的,将其"分割"开来,就成了"死"的"事实"。

我们中国传统强调的正是"历史"的"活"的"生命性",因而"历史"对我们来说,就不仅仅是"过去"了的、"现在"已不存在的那些"事实",而是"现在"仍在起作用的一种"活"的因素。"历史"不仅仅是"事实性",而且展示了"可能性",不是"封闭"在"过去",而是"开放"于"未来"。我们看到,此种"史"的精神,实际就是"诗"的精神。

使"史实"和"诗意"和谐地表达出来,就戏剧而言,必定要通过"表演艺术"。"表演"之所以成为"艺术",而不是一般的"技术",正在于它着重点是在传达"史"与"诗"相结合的精神。而要

"诗"与"史"的结合——谈梅兰芳艺术精神

使"真"与"美"在舞台上相统一,则需要"演员"的巨大的艺术天才。梅兰芳正是这样一位伟大的艺术天才。

梅兰芳的表演——以及他作为"表演(导演)手册"的《舞台生活四十年》,不仅是美的创造,而且也是真的存留(记录);或者反过来说,不仅是真的存留,而且也是"美"的创造;是既保存了真,又创造了美。

有时候,诗人、艺术家眼里的"真"可能比史学家眼中的"真"更深刻。以梅兰芳常演的剧目《霸王别姬》为例。楚汉相争是中国历史上的大事,史学家多有研究,这当然是很有用的;项羽和虞姬的故事,或于史亦有证,而英雄美人、生离死别的故事,自亦可以打动人心。不过梅兰芳处理这个戏却不限于渲染此种表面的效果,而是把在楚汉相争的大背景中虞姬的独特的性格在项羽的衬托下,活生生地表现了出来。在梅兰芳的表演中,虞姬的死,竟有一种比项羽全军覆没更为震撼人心的效果。

虞姬随军征战,为项羽歌舞消愁,想是能文能武,不是一般的弱女子。但梅兰芳并没有把她演成了梁红玉,甚至不是《宇宙锋》里的赵艳容,在项羽的对比下,她似乎是一个柔弱得很的女性,而正是这样的女性,在紧要的关头,竟勇敢地"选择"了死。虞姬的死,不是一般的"殉情",而是表现了她的"自由",为"自由"而死,所以有一种悲剧的震撼性。项羽也是悲剧英雄,但在这出原本是刚柔相映的戏中,柔弱者竟能如此之刚强,相形之下,项羽倒显得"无可奈何"的样子。所以这出戏,在梅兰芳表演天才的照耀下,虞姬很自然地居于主位;而在史家的笔下,虞姬就不太可能成为主位的。这种情形,有点像希腊悲剧中埃斯库罗斯的《波斯人》。在希腊与波斯的那场著名的战争中,希腊史家自取希腊一方为主位,但艺术家却偏偏从另外一个侧面,从波斯人眼里来看这场战争的悲剧性。同样,在这里,艺术家似乎显得更为深沉些。

希腊的历史著作、科技著作,甚至哲学著作中所未能充分表达出来的精神——自由的精神、悲剧的精神,请到希腊的艺术中去寻找;同样,中国文化的传统精神,在"正史"中未能充分体现出来的,请到中国古典艺术中去寻找。

(原载《戏剧电影报》1995年1月6日)

程砚秋艺术的启示——程砚秋百年诞辰有感

我看程砚秋的戏不多,但我很喜欢程砚秋的艺术,尤其是他的演唱艺术,于凄楚悲凉中含有一种不可抵御的力度,真可谓外柔而内刚;就连他演《锁麟囊》中的初嫁少女,唱腔中也预示着一种深不可测的命运悲剧韵味,所以他把这个人物唱活了,即使在这个剧目被"否定"的日子里,人们仍然记得它。

用现在的眼光来看,程砚秋离开我们太早了,他完全可以活到现在,百岁老人如今并不罕见。可是程砚秋如同璀璨的彗星那样一闪而过,但是他那艺术的光芒,却永远照耀着我们的艺术舞台,他那艺术生命的光辉,仍然不可逼视,他的艺术的轨迹,仍然吸引着我们去思考。

百年以来,中国发生了多少变化!京剧艺术又走过了多少曲折发展的道路,在这个历史的过程中,又产生了多少艺术大师和天才人物!

毫无疑问,在中国近代艺术中程砚秋是一个艺术天才,而且是个成功的、完成了的天才,因为我们知道,相当一部分天才或者是埋没了,或者是流产了。

什么叫"天才"?人们对于"天才"的认识,也有一个过程。人们曾经认为,"天才"是可遇不可求的,他的出现,并非人们刻意培养，或者努力学习就能出现的。应该说，这对于理解"天才"，尤其是"艺术天才"，的确是捕捉到了本质的现象，在理论上有其深刻之处；但是"天才"并非真的是从"天上"掉下来的，似乎人们只能"坐等"他的到来，而可以无所事事。事实上，"天才"是从"大地"上涌现出来的，他植根于现实的生活之中。"天才"的出现之所以显得那样"不很确定"，不是因为他的出现不要或没有"条件"，而是因为让他出现的"条件"过于丰富复杂、不是理论上可以"推论"出来的，譬如有了良好的生活条件，加上个人的努力，似乎就一定出"天才、出"大师"似的。

"天才"是一种非常实际的、非常综合的产物，因其出现条件过于错综复杂，他对于我们的"理论思维"来说，也就过于复杂，不容易"总结"出行之有效的公式来，放之四海皆准，这样，他的出现真的常常就表现为"可遇而不可求"了。

"天才"是"天时地利人和"的综合条件的产物。

程砚秋并非出身梨园世家，他献身京剧艺术时，已有很多前辈大演员活跃在京剧舞台上，而且在旦角里已有梅兰芳同样的天才艺术家在前，程砚秋要在这样一块已经百花盛开的艺术园地成为鲜艳夺目的花朵，自非易事；然而他脱颖而出，独树一帜，使得这个园地因有了他的艺术而更加璀璨艳丽，自有他在艺术上的"创造"在内。

艺术原本是创造性的。

表面上看，中国的传统艺术，很强调传承，似乎只要"模仿着"前辈艺术家的轨迹，就能安身立命似的；当然人们也说，要"创造性"地"继承"，因而要"发展"传统，于是有在继承的基础上发展—创造之说，这当然是正确的说法，但是在理解上还是很不够的，我们还要进一步深入的思考。

"艺术"原本在"创造"的层面，因而，"继承"本就是"继承"那种"创造"。这里的"继承"和"创造"在精神实质上原本是"一回事"，而不是两件事情，我们"学习"那种"创造"，学习他人（前人）是如何"创造"的；甚至"模仿"，也是"模仿"他人（前人）是如何"创造"的。有了这种思想认识，"学习"和"模仿"就是"活"，而不是"死"的了。

这样"学"出来的艺术，就是你"自己"的艺术。

中国的艺术精神讲究要有"传授"，一如中国的学术精神学有所"本"，言之有"据"。这个"本"和"据"也还是要从"创造"精神层面来理解，这种精神一脉相承，犹如生命之延续。

我们做学术工作的，要在你的学问中，见出老子、孔子直至近诸家之精神，也要见出苏格拉底、柏拉图直至康德、黑格尔以及后现代诸家的精神；艺术亦复如是。这大概也是所谓"谱系学"的意思。"艺余"和"学术"自有"家门（门第）"，只是此种"门第（家门）"不是"世俗"的，而是"自由"的、"创造"的。

我们在程砚秋的演唱艺术中，"听出"了陈德霖的吐字和顿挫[1]，"听出"梅兰芳的甜润，甚至"听出"西洋声乐的特点，如此种种都"融会"在程砚秋"自己"的"声腔"中。在这种理解的意义下，我们可以说，程砚秋以"自己"的艺术，"延续"了前辈大师的"艺术"，也就是"延续"了他们的"（艺术）生命"。

中国艺术——以及中国学术——强调的是这种"生命——艺术生命、学术生命"的"延续性"，是一种"创造性"的"延续"。

---

[1] 最近《京剧大典》重新出版的CD中，经过技术处理收有陈德霖1908年和1925年两段录音，可以对比欣赏。

"非创造性"的"延续",不是"生命"的"延续",而是"死亡"的"重复"。"延续"必定是"创造性"的,是"自由"的;"非创造性"不是"延"而是"断"。

程砚秋的艺术成就,说明了这个道理。如果他只是"重复"前人的艺术,那他只是"替"前人"活"着,而"自己"的"艺术生命"则并未"完成",甚至并未"开显",这样他的艺术也就是一种"复制品"。程砚秋或许就会是陈德霖的"翻版",而并无程砚秋"自己"了。

"复制品"当然有其作用,尤其是在科技尚未发达到能够准确和普遍地"存留""声音"的时代,这种作用还是很大的;即使在"音像"已可用高科技的手段保存和普及的条件下,"重复"的"现场"演唱和表演,也自有其不可替代的作用;然而这个作用,毕竟被大大缩小了。人们如果可以比较容易地得到欣赏大师们自己的表演,通常就不会再热衷于观看、聆听那二三流的表演,即使是"现场"的,这大概也是人之常情。于是高科技的发达,迫使艺术家去"创造",使得那些"非创造"的艺术不容易存活。

和中国传统古典艺术相同,京剧艺术中有一些"流派"。艺术流派为保存艺术之"创造精神—活的精神"起到很好的"推广"的作用,也的确造就了许多人才,但是也为艺术的"复制品"制造了一把"保护伞","保护"了一些"平庸"的艺术,而"平庸"乃是真正"艺术"的大忌。所以我理解振兴京剧,不仅仅是振兴流派,而且要鼓励出现新的流派,重点还在"创造"。

艺术流派的创始者,当然是一些极富创造性的大艺术家,因为他们的创造性大了,成了系统,也就成了气候,或者在"形式"上的特点比较明显,如程砚秋、周信芳的唱法,于是被竞相模仿,出现一批"形似"的表演家,貌合神离地在舞台上"替"老师们"唱戏"。这样的演员，观众"等待"着他们模仿久了，"熟能生巧"，在"代替"中"开显"出"自己"的艺术"生命"来，这样，他就不再是"替""他人""活着"，而是"自己""活着"，亦即"创造性"地在舞台上展现自己的艺术生命。如果"创造性"大了，也可以吸引更多"他者"，形成新的艺术流派。梅兰芳、周信芳如此，程砚秋也是如此。

大艺术家不"替""他人"活着，要"自己"活着，并不是说，不要"师承"，不"吸收""他人"的艺术；其实，在大艺术家的艺术中，我们可以看到或听到许许多多艺术家的生命在跳动。在程砚秋的演唱中我们可以"听到"陈德霖，可以"听到"梅兰芳，等等，甚至也可以说，没有这些大师们的艺术，也就难有程砚秋的艺术"自己"；反过来说，这些前辈大师的艺术，在程砚秋艺术中，又注入了新的生命力，他们的艺术，都融入了程砚秋自己的生命，没有这个独特的艺术生命，这些"生命"的"因素"，也不会"跳动"，而只是"死"的"形式—程式"，这样"我"的艺术就只是一些"碎片"的拼凑。过去也有一些这样的演员，就像我们的学术工作那样，对于那些只会"死记硬背"的学者，我们当然也钦佩他们的博学和功力，但终非学来之上乘。

艺术是独特的，就像每个人的生命是独特的存在。生命是有限的，有始有终，超越个体的"生命"，是"个体""生命"之间的关系，是"代"与"代"的关系，是"生命"在"诸世代"的"延续"，而就"个体"来说，"生命"是"一次性"的。"艺术生命"在某种意义上或许可以说"大于—寿于（长于）""个体"的"自然生命"，但就完整的意义说，它也是一次性的、不可替代的。

程砚秋艺术，也是独特的、不可替代的，正因其不可替代，才弥足珍贵。回到文章开头说的，天才的艺术是天时地利人和各种复杂条件"综合"的产物。如今时间已经流逝,再要齐备那时候的各种综合的主客观条件,几乎是不可能的,也是没有必要的。正是这个原因,我们缅怀程砚秋那独特的艺术,犹如缅怀前人一切伟大功绩,激励后人"延续"他们的"生命"。我们不见得非要和他们做"同一件事",而正是在做"不同的事"中"延续"着他们的精神。

艺术,就"永在"。

2003年9月11日

(原载于《中国戏剧》2004年第1期)

京剧的不朽魅力

古典艺术有不朽的、永恒的魅力[①],这是马克思的意见。对于马克思这个思想,我们研究、体会得太少了。

"不朽的"和"有(要、会)死的"相对应。马克思说的这段话里的"艺术",是指古代希腊的艺术。在希腊,"不朽的"是指"神(圣)的",而"(凡)人"则总是"有死的";"神"比"人"活得更长,更有生命力。

艺术当然要有生命力,而这个生命力不是个人的,个人的生命总是短促的,但是艺术的生命却可以大于、长于个人的,在这个意义上,我们说,艺术有永久的生命力,也就是说,只要有人在,艺术总会开显它的意义,总是有吸引力——魅力的。在这个意义上,艺术比个人更"神圣"。

古典的、真正的艺术为什么会比个人的生命更长、更持久?

艺术品作为一件物品,它有物的属性,而它作为艺术性的物品,还有它超出物性之外、之上的文化、精神意义在,这种精神文化的意义,更具涵盖性,因而就更加经久。

---

① 参见《〈政治经济学批判〉导言》,载《马克思恩格斯选集》第2卷,人民出版社,1995年版,第28—30页。

过去以为，你如果说艺术的意义是永恒的，那么就一定是超时空的，是没有变化的；事实上，艺术的意义具有永久性，不一定就是凝固的，一成不变的，这正是强调了它在时空中的绵延性，只是说绵延有大有小，有长有短。我国古人有很好的词汇来说这种情形，叫大年、小年。相对于一个人，甚至一个群体、一个时代来说，古典艺术的绵延是大年，是高寿。它不是超时空的，而却可以是跨时空的。

经典的、古典的艺术作品为什么会比一个人、一个群体活得更长？原因当然很多，不过我想，这跟艺术品作为非直接实用工具的这一特性有关，艺术作品因不被直接实用而得享大年。

现在我们回到这次讨论的题目。

过去我们对于京剧常持一种急切的功利态度，因为它不能马上服务于一个社会的目标，就责怪它，并改变它使之适应这个目标。这样的态度和在这个态度指导下所做的工作已经有很长的一段时间了，积累了许多宝贵的经验，也有一些教训。

上海翁思再先生把百年来关于京剧的各方面的文章选编汇集成册，以王元化先生的研究论文做引言，洋洋两卷，为我们的研讨提供了很大的方便。

在这个汇编里，我们读到我们的前贤在致力于社会改革的同时，对于京剧所做出的判断研究和提出的要求，也看到针锋相对的辩驳和对京剧艺术特性的维护。我们对先辈的激情、敏锐和学养智慧，怀有真诚的崇敬。

作为后代，我们所要补充说的是他们的某些激烈的看法，乃出于把京剧作为这种古典的艺术，当作了一种社会改革的直接的工具，于是就觉得它很不适应；而当时因京剧自身发展的进程，却正处于兴盛时期，这种反差，致使当时推动社会改革的志士仁人，把它作为一种社会风尚来批评，自是事出有因。

京剧的晚出，使其作为一个社会时尚，受到了批评，乃是一个时代的错位，不是一个谁是谁非的问题。

京剧本不仅是一种时尚，因而它也不是社会改革的直接的工具；即使就时尚、工具来说，它是大时尚、大工具，不是小时尚、小工具。

就京剧诞生之日起，就有想把它当成小工具、小时尚的。清朝的一些皇帝大概就有这种打算，推动了一些清装戏。事实上，这个工具并不很灵；而编得好的、有生命力的清装戏也都成为古典、经典的剧目保留、延续下来了。

把古典艺术当作工具不一定表现在要它做一些力所不及的宣传工作，把它当作玩物也是一种直接的功利的态度。从清朝末年到民国时代，就有这种趋向。这对于京剧作为古典艺术的品质来说，危害也是很大的。

新中国的成立，彻底改变了这种情况，京剧出现了百花齐放的局面。当其时也，京剧的各个行当的大演员都还健在，一时间，京剧舞台的确大有可观。

不过好景不长，京剧作为一门古典艺术，也越来越卷入了政治运动之中。起初，京剧还只是任何人不可逃脱的各种运动的一个部分，后来所谓"京剧革命"居然成了浩浩荡荡的"文化大革命"的开路先锋，在思想上，反映了短视的功利主义已经到了极端的地步。在这个时期，那些前"文化大革命"时期的京剧改良派显得落伍也成了批判对象，当然其中政治因素占主导地位，但是也说明由于工具主义的升级，大多数过去的新文化工作者跟不上了。

京剧作为古典艺术，在这场运动中所受到的伤害大家都有深刻的体会。大演员们失去了自己的演出机会，剧目只剩下八个现代戏。尽管在这几个戏中也有编得好的,现在也成了保留节目,但是大批传统的保留节目,则全都是改革开放以后重新恢复起来的,而此时已是老辈凋零、事过境迁了。京剧艺术出现了"断裂"。时间、历史是延续的,而断裂就意味着"错位"。京剧作为古典的艺术,本不怕错位,古典艺术在任何的时代都会具有生命力,问题是要确认它的恰当的位置。如果把它定为一种急功近利的工具,则一切古典艺术只能是"自身错位"的。

从这个角度来看,京剧的问题就不仅是目前大家担心的"生""死"问题,它作为古典的艺术自是要"活"得更长;京剧的问题还在于我们要让它活得更好、更到位。

似乎总有一种观点,觉得京剧如果不普及了,就会逐渐消亡,就会死掉了,于是用各种办法来让它"进入寻常百姓家"。这个用意当然是值得称赞的。不过我们的社会生活,原就是个大综合,并不是现存的都是现代的,对于那些历史流传下来的东西,我们往往还更加珍惜,即使曾是最实用的东西,譬如那些锅碗瓢勺、坛坛罐罐,绝不舍得再去用它——可能它们也不太适合现代的用途,其中最好的,还要专门把它们收藏起来,为它们建造高楼大厦,专人管理,供人瞻仰。按你的意思,京剧要进博物馆了?我知道,许多人最恨这种意见,以为是要置京剧于"死地",是可忍孰不可忍!

我认为,关键在于我们对"博物馆"有一种偏见,认为进了博物馆就脱离了现实生活,就死了;实际上进了博物馆珍藏起来的东西比我们的日常用具要延续得更长。在你自己家里你想砸什么就砸什么,而到了博物馆,不能动那展品的一根毫毛。我写过一篇文章谈"文物"的意义,也是强调文物比一般的物、日常的物因摆脱了直接的实用功能,而展现了一个更广阔的、更深层的境界。

京剧是表演艺术、舞台艺术,它和一般的文物又有区别,它不是静止的物，它本身就是一个"过程"；"物"通过"空间"提示"时间"，而表演艺术本身就须有"时间"。它的"存放"形式，只能在活的表演之中，于是，在这个意义上，演员就是"存放"这种艺术的核心环节。

我们有各式各样的演员，有的歌星、影星、名模可以红极一时；在某种意义上，我们的京剧演员可能红的力度没有他们大，但红的时间要比他们长，因为京剧艺术本身要求他们适应这种古典艺术的训练和要求。我们当然要培养数量众多的京剧演员，以适应各种社会需要；但是更重要的，我们还要培养具有古典艺术修养的大演员，这样的演员不会很多，因此，还要在"少而精"上下功夫。任何古典艺术都是以质取胜。

对于有培养前途的演员，要爱护他们，保护他们，要让他们有一种意识，不一定参加大赛或节庆节目就是头等大事。我看电视时发现过去很有内涵的演员，演《将相和》"负荆请罪"一场，好像是"天霸拜山"那样。据说有些演员还是读过研究生课程的，可见书本的知识，没有现实的市场和名利场的力量大。

并不是反对名利，假清高也是骗人的；就古典艺术来说，要的是大名大利，而不是蝇头小利。大名大利是不是很空洞？其实小名小利才是空（洞）的，所谓"过眼烟云"，转瞬即逝，好像到头来都是"一场空"。

如果我们把自己的工作融入了历史的长河，我们的工作——我们的艺术，就会随着历史时间而绵延不断。梅兰芳已经故去多年，而他的艺术却一直存活到现在，我们大家都相信，今后也会一直存活下去。

这可能就是马克思所说的古典艺术的"不朽性"。

"不朽性"在古代是"神"的特性，是超越"（个）人"的生命的，因而是一种"神圣性"；一切古典艺术都具有这种"神圣性"，京剧也不例外。

"神圣性"是大功利，不是小功利。如果京剧也是工具的话，它应是"大器"。

近年很少看京剧，说的都是空话，请大家原谅。

2001年4月22日于北京

书法美学告诉我们什么

　　书法是我国一门有很悠久历史的艺术，而美学严格说来却是西方近代产生的一门学问，要把这一老一少、一中一西结合起来不是一件很容易的事。

　　先来说说美学的情形。"美学"这门学科一般都认为是近代十八世纪德国一位叫鲍姆加登的哲学家建立起来的，也就是说，"美学"首先是"哲学"的一个部分。那个时代的哲学都讲究"体系"，要把对整个世界（包括宇宙、人生、自然、社会）的看法（世界观）统统囊括在内，"美学"在这个大体系内占有一席之地，譬如，在鲍姆加登所属的那个学派里，"美学"是比起"理性知识"来说稍为低级一点、稍为模糊一点的知识，而"美学"这个词的本来意思，也就是指"感觉""感性"而言。所以，我们首先就有一个印象，"美学"本是"哲学"的一个分支。

　　但是，"美学"还有更为广泛的意思，它首先又是与"艺术"分不开的。"艺术"是人类很早就有的一种原始性的（或叫本源性的）活动，对这种活动做理论上的思考和研究又是"美学"的重要的核心部分，所以"美学"又与"艺术学"有密切的关系。如果从这个意义来说，那么西方的美学则又是很远古的事了。

　　我们知道，欧洲的文明起源于古代的希腊，公元前五世纪左右希腊诸邦、特别是雅典这个城邦已是繁荣昌盛的黄金时代。当时希腊的艺术，无论建筑、雕塑、绘画、戏剧等都达到了历史的高峰。艺术的理论问题也随之被有聪明才智的人（所谓"智者"）注意起来，成为当时"学术讨论"（柏拉图的对话）的内容，后来亚里士多德作了"总结"，但可惜他这方面的书失散了，他的《诗学》只留下了论悲剧的部分。亚里士多德这本书当然可以作"美学"观，所以《诗学》又常被认为是"美学"的开创性著作；只是当时绝无"美学"这门学问，连这个词也只是在日常语言的"感觉"意义上来使用，并没有学术性的含义。

无论如何，"美学"在欧洲是近代发展起来的一门学问，最初是"哲学"的一个分支，这一点是可以明确的。

正因为"美学"作为一门学科发展得比较晚一点，所以它本身还是不很成熟的，就连它到底研究什么问题、它的"对象"是什么也还是不很清楚的，学者们常常为这个问题产生争论。毫无疑问，"美学"应该研究"美"；同样毫无疑问的是"美学"必须研究"艺术"，但"美"和艺术"却又不是完全等同的概念，何况"什么是美""什么是艺术"本身又是一些说不清的问题。

现代大部分美学家都有一个共同的认识："美"并不是事物的自然的属性，并不能在事物中加进去一点"美"，事物就变"美"了，像加一点"盐"就变咸了那样。所以对于"美"也不能下一个定义，不是学了这个"定义"就一劳永逸地知道什么是美了。"什么是美？"这个问题是要你永远追问下去、永远思考下去，而不可能有现成的答案的。这个问题有点像"什么是生活的意义"这类的"价值"问题，也不太能有像自然科学那样的确定的答案。所以"什么是美"和"什么是桌子"这两个问题是很不相同的。

"什么是艺术"也一样没有现成的答案。我们要研究的"书法"

艺术，也难以给它确定的界说。譬如我现在写在稿纸上的字，就不堪言"书法"，但潘天寿先生在"文革"期间被罚抄的"大字报"就曾被人偷偷揭下珍藏起来；然而"好""坏"难道是"定义"的标准？做得"不好"的"桌子"，同样还是"桌子"。所以，就连"什么是书法"也不容易下一个确切的"定义"。或许，"艺术"也和"美"一样，根本不是下"定义"的问题。

以上这些话，无非想说明："美学"不告诉人"什么是美""什么是艺术""什么是书法"，或者说，"美学"不是"艺术几何学""美的数学"，美学是不给公式，也不下定义的。

学了几何学、数学的公式、定理，就会做几何、数学的题，会计算、会解题，"美学"给不出"美"和"艺术"的公式和定理，所以学了"美学"照样做不出"美的作品"，做不出"艺术品"来；学了"书法美学"照样写不出好字来，"书法美学"不保证出"书法家"，但"数学"却与"数学家"不可分。

"书法"作为一门艺术，有相当的"技术性"，因为"艺术"与"技术"本不可分，在一些外文里可以是一个字。"技术性"就个人的掌握来说，需要一定的锻炼，以达到熟练的地步。所以，一般说来，文学虽然注重"思想性"，但也讲究"铸词炼句"，也要有一定的"写作技巧"。别人可以"教"你艺术创作或写作方面的"原理"，但掌握技术和技巧，却是别人代替不了的，是你自己的事。"书法美学"不"教"你如何写字，主要不讲"如何执笔""如何布局""如何临帖"等技术性方面的问题，更不能代替你自己"练字"；不是说这些问题不重要，而是说"书法美学"不能越俎代庖。

"书法美学"也不能代替你自己去欣赏书法作品来提高自己的鉴赏力。我们前面说过，"书法美学"既不给"美"下定义，也不给"书法"下定义，我们只告诉你：关于"什么是美""什么是书法"

的"知识"是一种"直接性"的"知识"。"要知道梨子的滋味只有亲口尝一下",要知道"什么是书法",只有亲自去"看"作品。一切的艺术理论、美学理论都不能代替你亲自去"欣赏"艺术作品。尽管我在这本书里告诉你王羲之的字如何如何好,说得天花乱坠、头头是道,但你要真的"知道"王羲之的字如何好法,还得亲自去"看"它,"看"一次还不行,还得反复看、经常看才能体会出它的好处来。

你要当作家必须去"写",你要当画家必须去"画",你要当演员必须"演",你要当鉴赏家必须去"鉴赏。

看来,所谓"美学""理论"似乎一点用也没有了,倒也不尽然。俗话说"外行看热闹,内行看门道"。我们不是生活在孤立的世界上,"我"在"看"作品,"别人"也在"看"作品,"看"的经验可以交流,"创作"(做)的经验也可以交流,"理论"就不局限于"我"一个人的经验,而是把"别人"的经验也融会进去,来互相交流,经验多了,就由"外行"变成了"内行",所以欣赏也有"内行"与"外行"之别。美国当代有一个叫科普兰的大音乐家写了一本很受欢迎的小书叫《怎样欣赏音乐》,书中一方面指出直接欣赏音乐作品之不可替代性,同时也告诉人们如何从"外行的欣赏"变为"内行的欣赏",向读者介绍了音乐的基本常识。由于他本人就是大音乐家,所以他的介绍有相当高的水平,这是这本书受欢迎的原因。

"美学"的学习当然有助于欣赏能力之提高,但它与上述从艺术内部来提高欣赏能力的途径又有所不同,"美学"是在一个更为广阔的范围里来提高人们的欣赏能力,从这个角度来说,我们可以把"美学告诉我们什么"这个问题,简单地做出如下的回答:

"美学"告诉我们如何"理解""艺术","书法美学"告诉我们如何"理解""书法艺术"。

"理解"比直接的"欣赏"更进了一步，它是属于"理论"的范畴。

"字"是"人"写的，"书法艺术"是"人"创造的。"人"是完整，但又是复杂的。我们生来并不是光在"写字"，我们还做别的许许多多的事，但写字的和做别的许多事的又可以是"一个人"。不仅如此，"我写字""我做事"，"别人"也在"写字""做事"，于是就有许多的"人""事"关系。有"我""你""他"的关系，有"做写字这件事"与"做别的事"之间的关系。所以"书法艺术"是独立的艺术，但不是孤立的艺术，它是在各种关系之中独立出来的，我们要"懂得"（理解）书法艺术，就离不开"懂得"（理解）与书法有关的各种关系，这样我们的"懂得"、我们的"理解"才能深入、透彻。

"理解""懂得"什么？"理解""懂得"事物的"意义"。我们已经说过，"艺术""书法"似乎下不出一个"定义"来让人一学就"懂"，用我们美学的行话来说，"艺术""书法"本身不能光从"概念"上去把握，不能像平常所说的"人、手、足、刀、尺"那样去"把握"住它们是什么"东西"。"艺术""书法"要你去"体会"它的"意义"。

什么是"书法艺术"的"意义"？"书法艺术"的"意义"当然不是"字"的"意思"（字义），而是一种艺术的"内容"，有些美学家把它叫作"意蕴"，以区别于可以用公式、概念表达出来的"意思"。严格来说。任何艺术的"意蕴"都是"只可意会，不可言传"的，就连文学作品，读一篇"作品介绍"也是不能代替对"原作"的阅读的。因此按照当代西方一位大哲学家的意思，既然这些内容"说不清""说不得"，那么就请你"闭嘴"。

当然，我们这些研究哲学、研究美学的人并没有听他的话，而是不断地在"说"包括书法艺术在内的各艺术品的"意蕴",而并不因为"说不清"就不去"说"。"清"不"清"的问题是相对的,许多的科学性概念也并不那样"清楚",更不是一句话或几句话、一堆话能"说清楚"的。我们也可以这样看问题:正因为艺术的"意蕴"不是一两句话、一大堆话能"说清楚"的,所以我们要不断地"说",翻来覆去地"说",这就是"讨论"。艺术的"意蕴"永远在"讨论"之中。

美学就是告诉我们如何去"讨论"艺术的"意蕴",书法美学就是告诉我们如何去"讨论"书法的"意蕴"。真理愈辩愈明,"美"也是愈辩愈明,但这个"明"并不是自然科学或逻辑上"定义"的"明确性",而是"理解"的"透彻性"。

既然谈到"理解",就有分析和综合两个方面。我们在欣赏具体艺术作品时,常常是综合性的,是完整地体验一个作品。一幅精美的字可以把人们完全吸引住了,甚至来不及注意书家是谁,我们面对的就是"作品";但如果我们对"作品"作美学的、理论的研究,就需要"分析"。我们总是要问一下书家是谁,书家的大体的身世当然也在考虑之列,于是这件作品的时代背景、创作时的具体环境、作品本身的用笔、结构、布局以及纸墨笔的发挥等等,都会在考虑之列。于是,美学家对一个作品的研究和理解常常可以有两个侧重的方面:一个是侧重于心理方面,叫作审美(或创作)心理学(艺术心理学),一个是侧重于社会方面,叫作审美(或创作)社会学(艺术社会学),这是目前美学研究的两个大的方面。

心理学和社会学是两门具体的科学,它们在西方近代以来有很大发展,它们的研究成果被运用到美学中来,对我们理解美和艺术,有很大的影响。这种影响是双方面的、交叉式的。艺术学和心理学、社会学相互提问题、相互讨论,加深各自的理解。

艺术心理学吸收各心理学派的成果，研究艺术创作、艺术欣赏的心理过程，对艺术活动过程中思想、感觉、情绪等关系做科学的研究，包括一些实验性的试验，对于完善艺术（创作和欣赏）过程很有帮助。实验心理学派对剧场的设计、声音、色彩、心理效果的研究，不仅为西方艺术家们所重视，而且也为美学家所重视。随着这个心理学派的发展，美学也逐渐摆脱了早年经验主义者对"美感"的描述性的朦胧观念，而走向了实证科学的道路。

目前对理解艺术心理现象影响比较大的可能要数"完型心理学"（又按音译"格式塔心理学"）和"精神分析学"（或译"心理分析学"）这两大派。

"完型心理学"重点在研究"知觉"的性质，在这方面这派心理学有两条信念：一是整体先于部分，二是整体大于部分之总和。这第一条信念在心理学中是有开创性的，因为按过去经验心理学的说法，"感觉元素"是最为基本的，而"知觉"是"感觉元素"结合起来以后的事。完型心理学指出，人对世界事物的知觉是最基本的，它是整体性的，譬如对"桌子"的知觉，本是完整的，人"看"到的不仅是感觉给予的刺激，而是一张完整的"桌子"，只是后来经过科学的分析，桌子的"颜色""形状"等"感觉元素"才被厘析出来。我们看到，这个主张，不仅对艺术，而且对哲学（知识论）也有很大的影响。这个观念对理解艺术的重要性表现在：在感性知觉领域中也有了总体性把握的可能性，而这种综合性、总体性的态度是我们在进行艺术欣赏时的一个基本的体验。我们在欣赏书法艺术时就能体会到这种总体的直接性，而不是先有线条、黑白等"感觉元素"然后再综合起来的。

"整体大于部分之总和"这个观念也是非常重要的一种现代的观念。上面说过，普通的实证科学的方法是"先分后合"，把事物分成各种基本的元素，然后再使它们"复原"，以此来形成事物的"概念"。但是，就连这些科学家本身也意识到，这样先分割开来，然后"复原"的办法事实上是"复"不了"原"的。譬如最简单的经验对象"桌子"，无论我们用"圆形""四只脚""木制""能放物"……各种被"分析"出来的"概念"拼起来，也决不等于对"桌子"的完整的知觉形象。所以完型心理学说，"桌子"作为一个整体的知觉要多于、大于"桌子"所提供的诸"感觉元素"的总和。这一点对我们理解艺术的重要意义是不言而喻的。研究文学的人常说，"形象大于思想"，就是说文学作品中的形象，文学作品的"内容"要大于"概念""判断""推理"说出来的"思想"。譬如曹雪芹的《红楼梦》作为文学作品的内容绝不是"反映了社会本质"这句话所能概括得了的。同样，董其昌的字也不是"俊逸"或"潇洒"这类的概念所能说清楚的，更不是用"董字细长""笔涩多飞白""布白宽松"这类"感觉元素"所能"综合"得了的。艺术的总体性的知觉直接与艺术作品的"意蕴"相会，对于"诸感受之总和"来说，它是一种新的东西，不是这个"总和"所能涵盖得了的。这个观念对于哲学的影响，表现在哲学传统中"理念"说有了一种心理学上的根据，而这种"理念"作为一个世界，就是我们生活的世界，就是活生生的活的世界，它既不是单纯的感觉的世界（物质的世界）。也不是抽象的概念式的世界，这一点，也正是当前所谓"现象学""解释学"的基本立足点。

另一派对艺术理解影响较大的心理学是"精神分析学"。这一派心理学认为人的意识有两个部分：自觉的和不自觉的，前者是我们日常生活的正常的意识状态，后者则是因种种原因被压抑住了的意识，它会在某些条件下（如梦、白日梦、艺术活动等）表现出来而不自觉。后一种意识如果过于强烈，则形成"精神"上的病态，治疗这种病要有一种"精神"宣导的办法,把不明确、不自觉的意识明白清楚地表现出来,即"说"出来,则病就会霍然而愈。在西方,这派心理学的力量正在逐渐集聚、扩大,已经形成了一个叫作"心理医生"的专门行业,而它对文学艺术在理解上的影响之大,甚至早于它在学院心理学派(实验心理学派)中立定脚跟。这一派的心理学首先对西方美学上"模仿"和"表现"两大学说提出了自己的心理学的见解。艺术既是一种潜意识的流露,形式则必是"表现"无疑。当然,"艺术家"与"心理病人"不同,他有"清醒"的一面,表面上他是正常的,他把自己的潜意识的生活与真实的、正常的生活拉开了距离,用一种特殊的、文化性的崇高的方式表现出来,但他所创作的作品却不是"理性的"逻辑的产物,而是以特殊方式把那种非理性的潜意识表现出来,而这些潜在的东西因种种原因为社会正常生活所不容而被压抑了下来,因为我们要理解一部作品的真义,就必须透过作品表面的理性的结构,深入到内在的、深层的意识中去,于是从"符号""象征"意义上来理解艺术作品就有了一种心理学上的根据。当然,这一派学说的创始人把潜意识局限于"性"意识,虽然能解释一些现象,但不免以偏概全,已经被这派的继承人所纠正,对于"压抑"的理解也不完全限于社会正常的规范,人类抽象理性本身的不足,使一些深层的心理意识不能借助于概念推理的逻辑形式表现出来,而要寻求别的表现形式(艺术、宗教等)。这就扩大了"精神分析"的范围。譬如我们以写字为艺术,不仅仅是要模仿什么,也是要表现什么,要把"字义"所不能完全表现的东西表现出来。就"书法"来说,可以理解为抽象概念的"字义""压抑"了我们所要表现的"意蕴",但与社会习俗、道德观念无关,更与"性"的意识无关,只是觉得"言之不足",则"手之舞之,足之蹈之";"言之不足",则"写之、画之",于

"龙飞凤舞"的笔画中表现胸臆之"意蕴",比起点画之"感觉"或"字义"之概念来说,的确是更为深层的东西。这派心理学"非理性之潜意识"的观念,对当今西方哲学也有很大的影响,所谓"存在主义"与这派心理学思想的共通之处是很明显的,萨特把他的哲学叫作"存在的心理(精神)分析"当然不是偶然的。"存在"是被长期、大量的理性文化"沉积"(所谓"积淀")"压抑"住的"本源性状态",这派的哲学就是要把那些"积淀""渣滓""排出去"("括起来""揭示出来"),以使这种本源性的"存在""明朗"起来。

我们知道,人类的活动不仅是个体的活动,而且是群体的活动,因此心理也不能仅限于个体,而且有群体对个体的影响,比如我们书写不仅为自己"看""读",而且归根结底是要给"他人""看""读"的。于是,"整体"的观念也进入了"心理学"的范围,精神分析法的中坚人物、弗洛伊德的学生荣格力主不但个人有"潜意识",而且群体也有"潜意识",这种"群体的潜意识"表现在宗教、伦理、道德文章、民俗习惯等远祖的"原始意识"中,是人的意识中比"个人潜意识"更为深层的部分。这样,实际上,心理学的研究与社会学、人类学的研究就有了相当的联系。

艺术社会学在美学中占有重要的地位,它在西方也有一段很长的发展历史了。艺术社会学把人类艺术活动当作一种社会活动来研究,研究艺术的社会本质、社会功能以及与社会其他活动的关系。随着西方社会学本身的日益成熟,艺术社会学也有了很大的发展。这里特别应该指出的是,马克思主义的产生和发展,对于从社会角度研究艺术的本质带来了革命性的变化。在这方面,除了马克思主义经典作家们的著作外,早年普列汉诺夫的著作和现代卢卡契的著作,对艺术的社会本质作过深入的研究,有很大的贡献。由于"书

"写"和"文字"本身不可避免的社会功能，使得从社会角度理解"书法艺术"显得格外重要。我们将会看到，在探讨"书写"和"文字"的起源问题时，我们必定要借助社会学家和人类学家的研究成果，对原始民族的各种意识形态性的活动（巫、术、神话、宗教仪式等）有一个基本的了解，才能更加清楚地认识"书法"作为一种"艺术的活动"是如何产生出来和发展起来的。

然而，无论心理学还是社会学，说到底，总是一门具体的经验科学，它们的基本方法还是分析式的，即把"人"作为某一个方面（社会的或心理的）来着重考察，虽然并不否认各门科学之间的内在关系，但毕竟有点"先分后合"的味道，而唯有"哲学"才真正是从总体上、整体上来把握、理解"人"及其"生活的世界"，从方法上来说不落"先分后合"的窠臼。这就是为什么胡塞尔要大反"心理主义"，萨特要以"存在的精神分析"代替"经验的精神分析"，而马克思主义历史唯物论更要批评资产阶级社会学方法论的原因之一。

这样，我们的美学中不但有艺术心理学，有艺术社会学，同时也有艺术哲学。

什么是哲学？这个问题同样是不能下通常意义下的定义的。哲学研究"至大无外""至小无内"，上穷碧落下黄泉，而又似乎天文地理、风土人情无所不包，所以我们只能对哲学作一番"描述"、作一点"讨论"。我们常听说，"哲学研究世界之本质"，这是很正确的说法。但这个"本质"可不像"桌椅板凳"那样可以从世界里指出来。当然，我们可以说，世界里也指不出"桌椅板凳"的"概念"来，就是打开我们的脑子也找不出哪一块地方是这种"概念"的存身之处。这就是当代一些哲学家所共同承认的："概念""思想"并不"在"哪儿。但我们说，桌椅板凳"这些"概念"与"世界本质"这个"概念"还是有不同的地方。这就是说,"桌椅板凳"这些"概念"在现实世界有它们的"对应物",但"世界的本质"这个"概念"却没有。那么,"世界的本质"是不是像"妖魔鬼怪"那样是人们"幻想"的产物呢?我想,除了早期一些头脑僵化的所谓分析哲学家外,大家都会否认这一点。"世界的本质",是人类理性必然要追求的东西,而不是"幻想"出来的"无意义"的东西。哲学所思考的"世界的本质"是一种对世界的总体式的理解,所谓"本质"不是一个抽象的"概念",而是具体的、活的"意义"。哲学要求"全面"地把握世界,这个"全面"意味着不把世界作为一个静观的对象,当然更不把它当作完全实用的物质性的交往来对待,而是把主体与客体统一起来思考。这就是哲学从近代开始所常说的主客体关系,主客体的"同一性"。"同一性"就是"总体性""全面性",所以哲学从方法上来说不是分析性的,而是综合性的。从主客体的同一性来把握世界,于是有黑格尔的唯心主义辩证法(绝对精神),有现象学的"观念",有存在主义的"存在"。认真说来,不是"主体性原则",也不是"客体性原则",而是"同一性的原则",这才是哲学的真正的意义所在。那么,从主体与客体"同一性"的立场来理解艺术,而不是从"主体性"或"客体性"各自分别的原则来看艺术,会有什么样的启发,这就是艺术哲学要告诉我们的东西。

"美学"的情形大体上就是这些了。如果从"美学"包括了"艺术心理学""艺术社会学"和"艺术哲学"来说,"美学"就是一门交叉学科。心理学、社会学、哲学方面的研究都与美学有关,因此要了解美学,还必须有一点心理学、社会学和哲学的知识。

"美学"如此,"书法"的情形又如何?"书法"是我国历史最悠久的艺术部类之一,但对它的理论性的思考却发展得比较晚。这种情形，当然不限于"书法"，中国的古典艺术各部类都在不同的程度上有这种"理论"与"实际"不相适应的情况。一般来说，中国的"诗论"水平高一点，而"画论""文论""剧论""乐论"则远不及各自艺术实践中已达到之水平。"书论"的情形也好不了多少。

就广义的"书写"而言，中国的"书论"的精华在"文字学"和相应的"语音学""训诂学"，各领"形""声""义"一方；但能作艺术"的理解观的，自"卫夫人《笔阵图》"以来，"书论"著作寥寥可数。"书论"在近代以来有很大的发展，包世臣、康有为对书法的见解，也与古代书论有很大的不同，但仍离"美学"尚远。

当然，我们不能抹杀历代书论的价值，尤其是其中不乏绝妙的好文章，如孙过庭的《书谱》等，代表了一个时代对书法的艺术体会、理解的历史高峰，是不容忽视的。我们想要说的是：中国传统学问有中国传统学问的特点，当中国的历史进入近、现代以后，中国的社会在变化，中国的学问也在变化，我们学问的传统要与世界的学问潮流结合起来，使自己得到发展和丰富。在这个意义下，我国的传统学问本身也成了研究、思考的问题，所以我们的"书法美学"不但包括对"书法艺术"本身的思考，也包括了对历代"书论"的思考，总起来说，是对"书法艺术"的"再思考"，即把前人对"书法艺术"已经思考过的问题，按我们自己的方式"再思考"一遍。这样，我们的"书法美学"就既是"自己的"，又是"有传授的"，既是"新的"，又是"传统的"，既是"现代的"，又是"历史的"。

所以，"书法美学"告诉我们如何理解书法艺术，但就连这个问题的答案也不是现成的。"书法美学"让你自己去"想"，自己去"体会""书法艺术"的"意义"。那么，这样一说，似乎"书法美学"一点确定的东西也没有了？实际不是的，"书法美学"有确定的东西,"美学"有确定的东西需要学习,"书法"本身当然也有确定的东西需要学习,"书法美学"也有相当的专业性。

我们说过,心理学、社会学都是很实在的科学,艺术心理学和艺术社会学虽然还不很成熟,但也是需要学习的科学。"哲学"似乎无所不在,"专业性"不太强,但它是一门很古老的学问,有自己的浩如烟海的书籍,记录了前人的思想,我们要使自己的思想得到训练,除了与这些"思想家"对话之外,别无他法,而除了读他们的书以外,也没有别的办法和历史上的思想家对话,这些都是实实在在的事,要你踏踏实实地去做。书法本身也有许多"书论",不读是不知道的。历史的"书籍"、"他人"的"学说",都是现成的"事实",是改变不了的,只有老老实实地一个字一个字去"读"它,才能知道它的内容;这些书籍、学说都是些"死东西",要下"死功夫"去学,但我们却又不能把它们完全当作"死东西"来学,不能被那些"过去了"的传统思想或"他人"的思想牵着鼻子走,而是要用自己的"思想"来吸取那些"思想",使"传统"和"他人"融会在自己的思想之中,使它们"活"起来。所以"书法美学"告诉我们,我们对"书法艺术"的理解不是没有"根据"的,我们有历史的传统,有"他人"的"学说",作为我们思考的依据,我们自己的思想、理解是有传授、有渊源、有来历的,不是闭眼瞎说;但是,我们的思想又是创造性的,因为我们是把别人想过的问题用自己的头脑再想一遍,"重新"整理一遍,是"重新",而不是"依旧",所以我们的书法美学又是强调创造性思想的。

"书法美学"告诉我们如何理解书法艺术,但却不给、也给不出什么条条框框,给不出一个(或一些)固定尺度去"衡量"书法艺术,"书法美学"不是"规范学",好像"道德规范"那样教人"应该""如何"去做人。"书法美学"永远是启发式的、引导式的,它所提供的"他人"已建立起来的确定性东西，包括人类历史上一些最高超的智慧在内，在我们自己"理解"书法艺术时，都只是我们自己思考的"材料"和"依据"，而不是一成不变的"标准"或"准则"。"书法美学"不是"灌输式"的，而是"启发式"的学问。

（选自《书法美学引论》原理篇第一节）

"有人在思"——谈中国书法艺术的意义

人类基础性文化现象有许多共同处,各民族的具体文化状况,又有各自的特色,在这种特色中,恐怕要以中国的"书法"艺术最为奇特。

我在想,中国是唯一够得上称作"铭刻之邦"的国家。"铭刻",世界上许多国家都有。埃及的象形文字,巴比伦的楔形文字,古代希腊文、拉丁文……都有一些铭刻书版存在,但比起中国来,简直可以忽略不计。中国的铭刻可以称得上"森林"(碑林),而其他各国的,只能称"树木"。

这种不可比较性首先还不在于数量,而在于其"功能"。中国铭刻在记事、记功、记人方面大体和别国的差不多,但中国铭刻更在于其"审美"艺术的作用,这个"功能"(作用),在其他国家,是很不突出的。

当然,应该说,任何的"对象"——在我面前的东西,都可以作"审美观";但各种文字中,只有中国之书法才是真正的"审美对象"。中国书法乃真正意义上之"美术"(fine art)。

我们知道,欧洲文明的摇篮在古代希腊。希腊人不仅重视抽象的概念世界(逻辑的世界),也很重视物质的感性世界(艺术审美的世界),他们的雕刻艺术作品乃稀世珍宝;但希腊人并未把"文字"本身当做艺术品来看。我手边有一本从大英博物馆买来的《希腊的铭文》，从中国人眼光来看，其中有些铭文还是很有观赏价值的艺术品；但当其时也，希腊人显然是为了记事、记人、记功才刻的，别无他意。他们在用具、玩具等器皿上也刻些字，但大多是占有者的名字，有的刻得不错，有的则很不工整。希腊有些画瓶上也有字，但令人不解的是他们画瓶上的画有很高的艺术水平，而"字"则不仅不工整，而且随意乱放在画面上，严重破坏了画的艺术性。古代希腊人的艺术欣赏水平是不容置疑的，他们不至于连这种明显的不协调都看不出来，而只能说他们并不在意"文字"与画面的关系，并不把"文字"看作艺术品的一个部分——或者画和字竟是两个人作的。这种情形，和我们的传统形成了鲜明的对照：我国早期画家将画面上的"字"（款）写在不显眼的地方，以免破坏画意，后来则有大幅题款，但与画面融为一体，成为诗、书、画合璧的艺术品。中国人在这方面的创造性，是世上任何其他民族所不能比拟的。

铭刻（刻画）也许是文字的最早的形式，书写则是比较普及、成熟的书法。由于书写工具的先进，中国书写文字的保存，也是世界其他民族所不可企及的。用纸草、贝叶，当然不能长久保存，中国的帛、纸质地不同，而我国所用的墨，也是利于久存的。不过，我觉得不仅仅是物质书写条件限制了古代西方民族文字的艺术化，而且还在于古代西方人并没有（像中国人那样）意识到有保存自己文字的迫切性。也就是说，他们并不像中国人那样钟爱、欣赏文字本身的作品。我觉得，以希腊人的智慧，以罗马人拥有那么多的能工巧匠，想一个长久保存书写文字的办法，并不是不可能，而他们之所以没有想出那种办法，是因为他们并不觉得保存书写文字作品的原件、原作有什么特别重要的意义。

说到"文字作品",这里指的是"文字"本身的作品,而不是借"文字"传达的故事、道理、诗这样一些作品。借"文字"传达的故事、道理、诗的作品古代西方人当然也是非常重视保存的。他们有各种抄本,设立专门的图书馆来收藏这些抄本,这方面的工作他们是尽力而为的。然而,作为"文字"作品本身,则并非各种抄本所能代替,其意义和价值只有"原作""原件"才能真正体现出来——就艺术言,好的"抄本"当也是"原作",如唐人的各种抄经等。但就是这种意义上的文字作品,在西方则未见有"珍藏"的迹象。

　所谓"文字"本身的作品,也就是我们中国人所说的"书法",日本人从中国学去的"书道"。

　何谓"书法"?"书法"即指那种不同于"文字"所传达的故事、道理、诗的特殊的意义。这种特殊的内容是和"字"本身的形状(形式)分不开的,所以书法作为艺术言,它的"内容"并不是"字"所"说"的那些故事、道理;书法艺术的"内容"在"字里行间",不在那"所说"(所谓、指谓)的"事""理"之中。

　从这个角度来看,书法艺术有点像诗。诗原本也可以"说""故事","讲""道理",但"诗意"并不全在那"故事"和"道理"中,不在那"指谓"(所指)中,而是在那"能指"("语言""说"本身)中。所以"诗"不仅是"说",而且亦要"吟诵"。

　"书法"作为艺术则甚至不可"说",而且连"吟诵"也不能穷尽其意义——书法要"看",要"观赏"。"书"(book)可以"读"(read),"书法"则不可"读"。把一幅书法作品中的"字""读"出来,不等于"观赏"了书法艺术。历代书法作品中尽管有写错的字,也有至今尚未能读出的字(如某些草书及大篆),但一般并不影响我们欣赏它们。书法作品也尽可以和故事、道理、诗相结合,欣赏者也尽可以读其"文"而观其"字",但"字"的艺术究竟不全在那"书文"(故事、道理),甚至"诗文"之中。

如此说来,书法艺术是否有点"超越"(transcendent)的意味?的确,从"字"与"文"的关系来看,赋予"字"本身的意义则"超越"了"文"的意义。"字"的艺术不在于"文"中所说的故事和道理,而自有"意义"在,于是这个"意义"就是"超越"了"文"的"故事"和"道理"的,是一种"超越"的"意义"。中国传统的"书法艺术"终于也有一个时髦的名字,可以叫作"超越"的艺术,登上了在理论上很高级的层次了。

然而,我以为,一切"超越"的东西,原来都是很基本、很基础,甚至是很远古、很原始的。书法艺术之所以有这种"超越性",初不在于我们的祖先独具慧眼,从"字"里"看"出了什么高级的东西,而实际上原是一种远古意义的存留,只是我们历代祖先不但并未把这个历史的存留"遗忘"掉,而且还不断地维护、加工,使其成为多姿多彩的独特的艺术品,在这个意义上,我们的确非常感谢我们祖先的慧眼独具。

为什么说这种"意义"是很远古的?"文字"作为"语言"的记录符号,历史不过数千年,但作为人类活动的"刻画""痕迹",则是久远得多的事了。"刻画"是人类最原始的活动之一。远古时代,为了生存,人类有许多事要做,如狩猎、渔牧、农耕……,为此制造了许多工具,生产和生活的"工具"乃人类"文明"(civilization)的标志;人类又是有意识、有思想、有智慧的动物,从婴儿第一声啼哭,到"牙牙学语"(brabble)和"乱涂乱画"(scrabble),"人"显示了它的"存在"。

"刻画"的"道道",是一种"轨迹",它不是几何学的"线",不是"符号",而是实实在在的"有"。"符号"的意义在"他者"身上,而"轨迹"本身就有意义,是为"他者"提供"意义"的。这就是说,只要有"人"(他人)在,就能"识别"这个"轨迹"。所以我们说,如果要问这种原始的"道道"有何种"意义",那么回答是:这种意义在于它"显示"了"人"的"存在",即"有""人""在"。"刻痕"是"人"的"智慧"的"明证"(evidence,证物、证据),它是直接的、无可辩驳的,就像"人"的物质工具的存在"证明"了有"人"在这里"生活"(尽管是很简陋的)过一样,"道道"的"存在"则"证明"了有"人"在这里"思想"(尽管是很初等的)过。原始的生产和生活工具是人类原始"文明"(civilization)的"明证",而原始的"道道"则是人类原始"文化"(culture)的"明证"。

"牙牙学语"尽管也模拟风声鹤唳(拟声),但表明"人"要"想""说"点"什么";"乱涂乱画"尽管也模仿鸟兽虫迹,但表明"人""想"要"写"点"什么"。在这原始的阶段,这个(些)"什么"并不明确,但那个"想"却是确定无疑的。笛卡尔说,"我思故我在",要在"我说""我写(刻、划)"的意义上才是很有道理的,但那就只是说"我在说""我在写",因而"我在思"。所思(所说、所写)的那些"什么",是随着文明和文化发展而不断丰富的。远古原始人绝画不出飞机、大炮来,也"写"不出、"说"不出这些词来,但他们也有所"思",也有所"想",只是不待那个"什么"明确、丰富起来就有"证据"了。被识辨出来的人类的轨迹(道道)表明:"有""人""在""思",这就是最基础的事实,也是最基本的道理,其他的"什么"都是以后发展出来的;发展太多了,文化的层积太厚了,那个"有人在思"的基本事实和道理有时反倒给"掩盖"了、"埋葬"了,还要有大智慧、有很深洞察力的人来提醒,这是西方文明和文化的经验教训。

19世纪以来,西方的哲人主要任务在于挽救那久已沉沦的基本、基础"意义"。起初他们先批评怀疑论,后来转向寻求"超越"的"意义",揭示"意义"不是一般经验科学所研究的"世界是'什么'"的知识;而在20世纪西方高科技发展下,又大声疾呼,提醒人们不要只顾"什么"而忘了那个"是"(存在)。西方哲人这些道理当然很深刻,也有其历史渊源。但他们总想把那个存在性与思想性相同一的基础问题问出一个"什么"来,则不得不承认"什么"依时而变,因而并无一个基础性的"意义""在",这是他们所谓"后现代派"诸家的中心议题,而常常被人误解为对"意义"的完全否定。

相比之下,中国人对这个问题的理解在传统上并未受到太多的挑战。至少,中国的书法艺术为保存那基础性、本源性的"意义"提供了一种有价值的"储存方式"。说它有价值,是因为书法艺术的"超越性"和"原始性",可以避免对"有人在思"的怀疑。

人们"怀疑","怀疑"的是"这是什么"中的"什么",日月沧桑,"什么"会变,对"什么"的知识,也会越来越丰富、精确,但对这个"是"则无"怀疑"之余地,即"是""在",不容怀疑;因为你要"怀疑"到那个"是""在",则失去"怀疑"的根据。我们可以说,一切的"艺术品"都可以理解为在那"是"和"在"的度中,而不在那"什么"的度中。绘画的价值(意义)不在画"什么",小说的价值也不全在说的故事。这样,书法艺术的价值不在于写"什么",而就在那个"写","写"在"是""在"度中,不在"什么"的度中。

一幅画,如果我们问画的是"什么",则不是艺术家的问题。为避免这个"外行"的问题,西方一些画家故意画些"抽象"的画,叫你问不出这个问题来;一幅书法作品,就艺术言,也不宜问写的是"什么"。书家可以写一首"诗",一篇"文章",一个"题词",一般不影响书法作品的价值,书法作品的价值和意义就在那个"书"和"写"(刻和划),就像绘画的价值和意义在那个"画"一样。我们甚至也不宜问那幅艺术品是"什么",我们说"这是齐白石的画""这是王羲之的字"和"这是国宝"……都不能真正说明书和画的意义和价值。画就是画,字就是字,好像是同语反复,因为"是"就是"是",它本身就显示了自身的意义。当我们的祖先在画道道时,你不宜问画的是"什么"这个问题,因为这些道道什么也不是,但它却实实在在地"在"(是)那里,至于"划"(画)出一个葫芦瓢来,或"写"出一个斗大的"一"字来,那是后来的事,或者是"另外"的一回事。

历代书法艺术就是以各种丰富多彩有形式,即不同的"写"的方式保存了那个原始的、超越的"是"和"在"的"意义"。"写""刻""划"亦即"思",所以艺术性、文化性的"在"(是)实亦即"在思"。这样,书法艺术所保存的"意义",即"思""在思"的意义。

当我们面对历史书艺宝藏时,我们心中充满了敬仰和感激。感激我们的祖先和历代书家,用自己的智慧、创造才能和辛勤劳作,创造出如此变化多端、美丽绚烂的"道道",它与那有关"什么"(故事、道理)的"思"融为一体,但顽强地、突出地表现着自己的独立性、超越性,使我们能从那纷繁的"字义"("什么")中凸显出那原始的"有人在思""我在思"的意义来。这种"有人在思"的意义通过书法艺术的表现,使我们中国人不易失去对自身存在的基本价值的觉悟,在维系炎黄子孙的认同上起着重要的作用。在我们中国人眼里,书法艺术虽然是很古老的,但又是有生命力的,它不是"古董"(antiquity);它是历史的,也是现实的。因为所书"什么"因时而异,是"历史的",但"书"本身则始终为"是",为"在",总是"现时的"。

书法艺术是中国特有的艺术,但它又是可以、也应该向世界推广的艺术。西方人一直深感"存在的遗忘"的危机,他们甚至认识到他们受语言影响的文字只记录语言(标音字母),形成"语言(语音)中心论"传统,从而也想借鉴中国的文字,这是他们某些思想精英的想法(如法国的德里达)。我们愿意告诉他们,中国文字与语言的特点的确有利于中国书法艺术的产生和发展,但西方的语言和文字并非注定没有这方面的前途。西方人既然在理论上(哲学上)已经认识到"人"关于自身"存在"(是)的许多深刻的道理,在自己的丰富的艺术创造中也有许多尝试,特别是现代以来西方音乐、绘画中各种流派的尝试,都有许多可贵的经验,相信他们对自己的文字的理解,也会有一种飞跃。

无论如何,在对文字的理解方面,我们中国人是有西方人所未曾见及的独到的、先进的视角的。我国书法艺术的繁荣很清楚地表明:中华民族是最善于知根、知本的民族,是最善于从包括"文字"在内的一切"工具性"的"符号"中"看出"其"存在性"意义的民族,最善于从那大千世界的"什么"中"看出""是"和"在"的民族,也就是说,中国人是最善于透过"现象"看"本质"的民族;不过这个"本质"并不像西方哲学教导我们的那样是"抽象性的""概念性的",而恰恰是具体的、生动的、活泼泼的"根"和"本"。从中国传统角度来看,"文字"所表达的"什么"(故事和道理)是相对固定的"事实",是"什么"就是"什么",写的是"木兰从军",不能是"武松打虎",但那笔画行走飞动的轨迹,却不是"概念"(故事、道理)所能限定的,所以同样"木兰从军"或"武松打虎",你也可以"写",我也可以"写","写"出来的书法作品,则是不同的。

在书法艺术领域内,文字的"所指",有绝对确定的含义,而"能指"自身则是活泼生动,但又有很基本的"意义"的,因而不同于西方学问中"结构主义"的或"符号论"的意义,这是我们不能不辨明的。

(原载于《书法研究》1993年第3期)

王国维与哲学

王国维30岁以前，沉潜于哲学。他主要的兴趣在康德哲学，觉得有许多难懂的地方，转而研读叔本华的书，因为叔本华非常仔细地批审了康德的哲学体系，所以王国维钻研叔本华连带对康德哲学也能有所理解了。所以王国维早年哲学的兴趣，不但是着重在西方，而且在于欧洲大陆的哲学思想，这和更早的严复和康、梁的哲学兴趣又有所不同。当然在当时中国的学术界，对于欧洲大陆和英美的哲学之区别，不像现在这样清楚，但实证哲学和形而上学的分界，也还是有的。所以，我们可以看到，王国维选择了欧洲大陆的哲学，是一种根据自己的习性的自觉行为。

王国维研究哲学的时间并不长，而且其作品都写于青年时代，然而这些作品，现在读起来仍然可以感到作者的思想创造力和思考的认真缜密态度。我们完全可以同意蔡元培和贺麟的评价。蔡元培在他的《五十年来中国之哲学》一文中指出："严（复）、李（煜瀛）两家所译的，是英法两国的哲学……同时有介绍德国哲学的，是海宁王国维。"[①]在这篇不大的文章中，蔡元培以相当的篇幅引

---

① 高平叔编：《蔡元培史学论集》，南教育出版社，1987年版，第184页。

用了王国维的文字,这自然和他本人研究德国哲学和美学有关,但也可见他重视的程度。贺麟先生在更晚的时候以《五十年来的中国哲学》为题写了一本书,书中几次提到王国维,固然对王国维贬低康德而抬高叔本华有所批评,但仍然十分肯定了他对叔本华哲学的理解,贺先生在谈过梁启超后,接着说"其次王静安先生曾抱'接受欧人深邃伟大之思想'的雄心,而他的学力和才智也确可以胜任"。[1]的确,如果王国维继续他的哲学研究工作,则中国二十世纪当会多出一位哲学大师,这一点是可以相信的。

然而,王国维放弃了哲学,他放弃的理由自己说得很清楚。《静安文集续编》有两个"自序",第一个说他如何学习哲学,很详细;第二个序就完全对哲学采取了消极的态度,我们可以替它戏拟一个题目叫"告别哲学"。

这个序一开始就语出惊人:"予疲于哲学有日矣。"紧接着叙述理由:"哲学上之说,大都可爱者不可信,可信者不可爱。予知真理,而予又爱其谬误。"这句话说得也很直率,然后进一步道:"伟大之形而上学,高严之伦理学,与纯粹之美学,此吾人之酷嗜也。然求其可信者,则宁在知识论上之实证论,伦理学上之快乐论,与美学上之经验论。知其可信而不能爱,觉其可爱而不能信,此近二三年中最大之烦闷,而近日之嗜好所以渐由哲学而移于文学,而欲其中求直接之慰藉者也。要之,予之性质,欲为哲学家则感情苦

---

[1] 贺麟:《五十年来的中国哲学》,辽宁教育出版社,1989年版,第26—27页。贺先生在书中批评王国维不能完全理解康德哲学的意见,现在看还是很深刻的,他说:"这并不由于他缺乏哲学的根器,而是由于中国当时的思想界尚未成熟到可以接受康德的学说。"(同上书,第92页。)

多，而智力苦寡；欲为诗人，则又苦感情寡而理性多。"①

王国维是一个常好反躬自问的人，是一个敏感型的人。其实，哲学并不排斥感情，只局限于一般理智、冷静的人，未必对做哲学很够用；同时，他说哲学——形而上学"不可信"，甚至是"谬误"，则失之偏颇。即使就他喜爱的康德、叔本华、尼采的哲学，固有谬误而不可信，但也不是全无意义，就如实证的哲学，也会有不少谬误和不可信的地方，但仍然值得我们去致力一样。

从某个方面来看，王国维自觉放弃哲学，其主观性情上的原因要多于客观学问上的原因。像他这样的才智高、敏感强的人，致力于实证性强的学科，不失为最聪明的选择。王国维后来集中治史，成一代之宗师，但终因过于敏感而自沉于昆明湖，年仅50；设其投身哲学，成绩仍必辉煌，或因其内心矛盾之剧烈而更早辞世，亦未可知。

一、王国维与康德、叔本华、尼采哲学

按王国维自己的说法，他1900年东渡日本学习数理，次年夏天回国，至1902年才开始广泛阅读包括哲学在内的社会人文学科的书籍，到1903年春天开始研读康德《纯粹理性批判》，而1907年《静安文集续编·自序二》出版，宣布"告别哲学"，不过四五年时间，而集中研究大概也只有两三年的时间。在这样短的时间内，王国维对康德、叔本华、尼采哲学的理解和把握，不能不令人钦佩，在著述上所取得的成绩，也很让人惊讶。

---

① 《王国维遗书·静安文集续编·自序二》第5卷，上海古籍出版社，1983年版。

学哲学的人都深有所感，康德哲学是最难啃懂的。笔者从大学时代，跟郑昕先生做康德哲学的题目，毕业后又随贺麟先生继续研究，迄今四十多年，不敢言懂，每年都要重新阅读康德著作，所以王国维说他一开始读不懂康德的《纯粹理性批判》，凡读康德书的，对此只能表示同情。[1] 按贺麟先生说，王国维对康德哲学并无文字出版[2]，但我们看他撰写的《汗德（康德）像赞》，感到他对康德《纯粹理性批判》"分析篇"中所阐述的要点，已有概括的把握。他说到康德的"空间"（观外于空）和"时间"（观内于时），一个"外在的直观形式（空间）"，一个"内在的直观形式（时间）"，并有"因果关系——请果綮然，厥因之随"，而且他还指出，"凡此数者，知物之式，存于能知，不存于物"，这就是说，它们都是"直观"和"范畴"的"先天形式"，不依赖于"经验之物"，这些都是康德"知识论"的核心问题；王国维还指出，这些问题，"匪言之艰，证之维艰"，说明他的困难在康德那些论证的环节。

当然，王国维对康德的理解得自叔本华，这一点他自己有明确的交代。就康德知识论本身言，他的"范畴"不仅"因果"一项，叔本华只取"因果"加上"时空"，作为他的"表象世界"的基础——根据。

叔本华是王国维最钟爱的哲学家，就其钟爱程度言，这三家的次序是：叔本华、康德、尼采。我们看到，这是一个别具一格的排列，与当时和后世对这三人的重视程度不相吻合，但王国维有他自己的原因和理由。

---

[1] 顺便提到，牟宗三先生晚年重新将康德三大批判一一译过，可能也说明，他感到对他一生哲学思想起到重大影响的康德哲学，有必要重新再理解一遍。

[2] 贺麟：《五十年来的中国哲学》，辽宁教育出版社，1989年版，第90页。

我们知道，叔本华哲学，力图跨越费希特、谢林，特别是黑格尔，直接康德，他对这几位老师流露出极端的不满和藐视，他在学院教席上的失败，更增加了他的仇恨情绪，这我们从他的主要学术性著作里都能突出地感觉到。叔本华这种情绪，当然也影响到崇拜他的王国维，他对费希特、谢林、黑格尔也流露出不屑一顾的态度，越过这些人，特别是越过黑格尔来理解康德，难度就更加大。①不仅如此，我还觉得，这个态度也影响了王国维对（古典）哲学的态度，埋下了他很快就"告别哲学"的种子。

其实，叔本华和费希特、谢林、黑格尔一样，都在"化解"康德那个"物自体"（Ding an sich）。

康德既然在原则上划分了"现象（表象）"和"物自体"的区别，宣布"物自体""不可知"，后继者的工作就要让这个"物自体""可知"起来，以挽救哲学—形而上学的"知识体系"。

要使"物自体（本质）"可知，关键何在？关键在于要让"物自体"也要有它的相应的"直观—对象"。康德已经说了，一切的知识都是要有直观对象的，而"物自体（本质）"为"经验之全"，是"无限"，经验世界哪里能找出这些东西作为"对象"？你从大千世界一个一个"搜集"、"概括"无论耗时多久，也不可能出来一个"无限""大全"。

然而，从费希特开始，承认康德的前提即"本体"和"现象"的原则区别，但哲学恰恰不是关于一般"现象（表象）"的"经验知识"，而是"超越"这个"表象"的"绝对知识"，所以，"物自体—本体"是可知的，哲学仍然要在知识论的位置上，不过是在

---

① 贺麟先生有鉴于此，他的重点就放在了对黑格尔的理解上。

"居高临下"的"知识论"位置上。

"居高临下"这里是针对康德所说的"物自身"没有"直观对象"而言。"物自身"不能从经验世界"接受""材料（对象）"——因为这样"物自身"就成了感觉材料，有了"被动性"——但"物自身—本体"自己会"创造"对象，这个对象同样是可以"直观"的，因而就是"可以认知"的。哲学的认识是自上而下的，与经验的认识正相反，经验知识是自下而上的。

这对于（古典）哲学来说，是一个非常关键的思想转变，这就是说，"物自体"——长期以来哲学家所苦思冥想的"本体"，就不再可以理解为静止的、僵化的了，而理应被理解为"能动的""具有创造性"的了，于是，"本体"真的回到了亚里士多德的"纯活动"（pure activity）。

费希特如此，谢林如此，黑格尔亦复如是。黑格尔的"绝对精神"是有"创造性"的，这种"创造性"，不仅表现在对于感觉材料的"赋型"上这是康德做了的工作，而且表现在"创世"上，即，"绝对精神"的"直观对象"是"自己""创造"的。这个工作，是康德在《实践理性批判》里想做而没有做好的工作。

叔本华仍然是在这个哲学的思路上。不过，他认为，黑格尔的"绝对精神"—"理念"过于"概念化"，说这些概念"创造""世界"，过于牵强；为强调"本体""物自体"的"创造性"，叔本华提出了"意志"论。

在这里，即在哲学的"本体"的意义上，叔本华以"意志""代替"了费希特、谢林、黑格尔的"理性—理念—精神"。我们说"代替"，并非故意"简单化"叔本华。在"本体"的地位，以"意志""代替""理性"，其意义并不"简单"。

首先"意志"作为"本体"不在"时空""因果"之内，不构成经验之知识对象，这是"本体"所共有的特性；但叔本华并不把他的"意志"作"第一因"看，"意志"只是在冥冥中"支配""表象（现象）"，"本体"与"现象"的关系，并非"第一个""因果关系"，而这是从康德到黑格尔一致的共识，也是叔本华批评康德的主要之点。于是，我们看到，如果康德的"物自体—本体"尚可由费希特、谢林、黑格尔"挽救出来"由哲学之"思辨"加以"认知"的话，叔本华的"意志"则永不可见天日，也就是说，永远是一个"黑暗的地方"。这就是为什么叔本华贬损黑格尔而相当表扬康德的原因——原来，叔本华在"意志"的名义下把康德的"物自体"牢牢地埋入了地下。

然而，既曰"意志"，比起"理性"来，当然更是一个"创造"的"力量"，"意志"不甘心于躺在地底下。它"支配"着包括人在内的一切感性材料以及经过"理性"加工过的一切"科学"，以作为自己的"手段"，使之为自己服务。

同时，"意志"既然以"理性"为自己的工具手段，它本身也就不再是理性概念式的，而是活生生的实际力量，它"创生"出来的"世界"也就可以不是光有概念没有现实对象的"空洞的形式"。在这个意义上，它也比黑格尔他们更容易地让"本体"具有"直观性"。

不过，"意志"既然以"理智"为手段开出"表象世界"，则以此世界为对象的经验科学，最终要受"意志"的支配，因此也受"利害关系"的支配。我们看到，在这里，居于"本体"地位的"意志"，叔本华又让它带有了"利害关系"的性质，而这种关系，就哲学的传统来言，进不了"本体"的领域，属于"感性"的范围。在这里，叔本华的"意志"降为人的"七情六欲"（生活之欲）。于是，包括叔本华自己在内，也常常以"七情六欲"来理解他的"意志",而把"本体"的意义置于脑后。

王国维也正是从这个"七情六欲"的角度来理解叔本华的"意志",而对于它的"本体"的意义,往往只是理论的,而未能予以深究。王国维的思想重点在于如何"克服"这个"七情六欲",而达到包括审美艺术和哲学的对世界"静观"态度。叔本华说,只有在"克服"了"意志"之后,才开显出一个柏拉图所谓的"理念"(Idee)的世界来。

从王国维介绍叔本华的文章来看,他对于叔本华的"意志"作为"本体"的思想当然是把握了的,但侧重点却在于发挥他的"摆脱意志"开显艺术静观境界这一面,而对于"意志"作为"本体"的一面,未及深究。王国维讨论叔本华的重头文章《叔本华之哲学及教育学说》(收《静安文集》第三篇),就是着重发挥了"知识,实生于意志之需要","知力,意志之奴隶",以及"由意志生,而还为意志用者也",而后则重点讲解叔本华"暂时""解脱"之道:提倡"纯粹无欲之我"的"(艺术、德性)直观"。王国维在教育上主张强调"直观",从而重视艺术美育,在其论教育的论文、杂感、"小言",甚至《奏定经学科大学文学科大学章程书后》,随处可见。

叔本华在"本体"与"现象"之间嵌入柏拉图的"理念论",也来自康德。康德说,"物自体"在现象界只是一个"理念",而非经验知识。黑格尔说,"理念"是更高的知识,正是哲学的知识,"本体"的知识。叔本华既把"本体"理解为"意志",而要人"克服"了意志(本体)之后才出现"理念",并说这个"理念"为"意志"的"客体化",然而"意志"既已被"克服",如何又能"客体化"?所以这个"理念"无疑给理解他作为本体的"意志"设置了障碍,而不去对这个本体的意志作深入的探讨,从而满足于一般感性的"生活欲求"(七情六欲)之经验常识的理解。这自然不是王国维的问题。

尼采的"意志",就没有叔本华的那副阴沉沉的面孔。

尼采的"意志论"当然得自叔本华,这是尼采本人也承认的;但恰恰在对于"意志"的理解上,与叔本华有精神上的不同。尼采的"意志"具有传统上"本体"的彻底的"创造性",它使世界有一个天翻地覆的变化——所谓"价值的颠覆",所以尼采的"意志"有强力的改天换地的气派,这种精神是与叔本华、也是与王国维格格不入的。王国维对于世事采取的是一种保守的态度,这是和叔本华"克服(退出)意志""静观世界"的态度一致的,尽管叔本华本人的性格并非像王国维如此内向。

王国维有一篇文章专论叔本华与尼采,尼采关于"意志自由"全出自叔本华,其"超人"说也和叔本华"天才"说同出一辙。① 所以他说:"吾人之视尼采,与其视为叔氏之反对者,宁视为叔本华之后继者也。"② 其实,尼采与叔本华的区别王国维是看出来了的,因为叔本华的"天才",无论怎样"疯癫",仍是一个"观者";而尼采的"超人",则不是一个"(旁)观者",而是一个"作者",一个"(新价值的)创造者",是"始作俑者"。王国维在这篇文章的结尾,引用《列子》的寓言,批评尼采道:"彼有叔本华之天才,而无其形而上学之信仰,昼亦一役夫,夜亦一役夫,醒亦一役夫,梦亦一役夫。于是不得不驰其负担,而图一切价值之颠覆。"③ 可见,此间区别,王国维已了然于心,只是趋向不同而已。他批评尼采"无形而上学的信仰",也是很有见地的,尼采确实要颠破那

---

① 《王国维遗书·叔本华与尼采》第5卷,上海古籍出版社,1983年版。
② 同上。
③ 同上。

包括"形而上学"在内的一切固有的价值观念,而"从无到有"地"创造"一个新天地,所以他的"形而上学"的确不是"信仰",而是"知识",故其学说,不仅"可爱",而且"可信"。而在这一方面,尼采又不是王国维所批评的"实证主义"的①,他的"意志"恰恰不是"受制于""七情六欲"的,而是"自由"的。在这个意义上,也是"本体"的。尼采的工作正是要破除那从柏拉图以来的"理念",揭示它的虚幻性。撤除了"理念"这一虚幻的屏障,"意志"就能直接活跃于现实的世界,勇往直前地"开创"自己的新天地。这个精神,是王国维所不能接受的。

二、王国维与中西哲学的会通

在哲学工作方面,王国维不仅仅介绍、研讨了西方哲学——康德、叔本华、尼采哲学,特别是叔本华哲学,而且还努力把它和中国哲学的传统结合起来研究,应该说,他是我国在专业哲学问题上开创中西哲学交流、贯通的先驱者之一。

王国维对于中国的哲学,比起对于西方的哲学来,在材料上和思考上当然更为成熟,所以他在讨论中国哲学的传统问题时,总是贯通古今,左右逢源,显得那样得心应手;不过,我们看到,在他几篇专论中国哲学的文章中,却努力利用了他的西洋哲学的训练,使这些传统的问题,有一个更加坚实的理论基础,从而更加清楚明了地有一个解决途径。在这项工作上,王国维的成绩虽然还是初步的,在做中西哲学沟通时,有时不免有勉强的地方,但他的努力方

---

① 《王国维遗书·叔本华与尼采》第5卷,上海古籍出版社,1983年版。

向还是要把这两者融会贯通起来，不是乱贴标签，借以唬人的。

1904年一年内，王国维发表了两篇重要的论文，《论性》（原名"就伦理学上之二元论"）和《释理》，时年29岁。过了两年，又发表《原命》。这三篇文章涉及中国哲学传统中三大范畴：性、命、理，王国维都有相当深入的思考，可惜现在讨论中国哲学的都不很重视王国维的研究成果，而研究王国维的，往往侧重点自然就集中到他的文学、美学和史学上去；我孤陋寡闻，就我所知，在众多的研究著作中，只陈元晖先生的《论王国维》介绍讨论了这三篇文章。①

《论性》是王国维用力甚多的大文章，古今中外历史上有关"性善—性恶"的不同意见，都提纲挈领地有所讨论，最见作者学问功底之深厚，尤其是文章一开始，就与众不同，他把康德"二律背反"的论证方法运用到这个问题上，使问题一下子就明朗起来。

之所以开门见山地提出"性"问题之"二律背反"，王国维的意思是要指出：既然许多年来对于"性善""性恶"问题各执一词，各执一理，争执不下，则按康德处理形而上学问题之二律背反的精神，就应该老老实实承认该问题在经验知识上是"不可知"的，不该长期争论下去，浪费才力精力。所以王国维在文章结尾处说："予故表而出之，使后之学者勿徒为此无益之议论也。"②我们看到，这篇文章的开头和结尾都是运用康德的意思。

中国历史上"性善""性恶"之对立，早期以孟子与荀子为代表。这个问题之所以争论不休，是因为讨论的原本是"性"之"本

---

① 《陈元晖文集》下卷，福建教育出版社，1993年版。
② 《王国维遗书·论性》第5卷，上海古籍出版社，1983年版。

（体）"问题，而所举论证则全是经验的，王国维说，"苟执经验上之性以为性，则必先有善恶二元论起焉"[1]，而王国维把"性无善无不善说，及可以为善可以为不善说"称作"超绝的一元论"认为孔子（告子）近乎这个思想。[2]对于"超绝一元论"言，自不会发生矛盾，但一旦进入经验层次，如求有一统一理论，则矛盾骤起，陷于善恶二元论。这就是说，只有在把"性"作为本体，而所论问题又是经验的这个时候，"二律背反"式的矛盾才会出现，如果光就经验而言，"性"自然就有"善"有"恶"，并无"矛盾"可言。

如果把"善""恶"问题限于经验范围，则本体之"性"自无"善""恶"可言，则这里所谓"超绝一元论"必能自圆其说；但问题在于："性"有"本体"和"经验"两个层次，"善恶"当也可以有"本体"和"经验"两个层面的不同。其实，"善恶"如着重在"道德"的意义，则按康德的《实践理性批判》就必定会有"本体"的意义。

这里的关键在于如何理解"性"。如果我们静态地把"性"理解为"性质"（quality），则趋向于一种经验科学的"对象"，也有"质地""好坏"的区别，但这是相对而言，并没有绝对的意义；然而如果我们动态地理解"性"，则可以趋向于"超绝"地将"性"理解为"纯种行为"，实际上就是我们上面讨论的叔本华的"意志"，康德的"物自体"，黑格尔的"绝对精神"。如果没有这个"绝对的""动"，那么以后如何进入经验的世界，区分经验的善恶——按不同时代、社会的具体实际的伦理道德标准来区分的"善恶"如何

---

[1]《王国维遗书·论性》第5卷，上海古籍出版社，1983年版。
[2] 同上。

出来，就成了问题。

中国哲学有没有这个"动"的传统？当然是有的。《易传》里"生生之谓易"就是这个意思，后来用"生生"来说"仁"，"仁"也是"动"的；《老子》所谓"无"，也是一个"动"的"生力"。直至宋儒，也还有王国维提到的程明道发挥《易传》的思想，说出"万物皆有春意"这样的话来，不过王国维认为"其所谓'善'乃生生之意，即广义之兽，而非孟子所谓'性善'之'善'也。"①不过这个"善"，倒的确具有形而上的意味，正是值得深思的地方。

不错，孟子的"性善"是经验的伦理学概念，好像一个人的固有的"性质—品质"所以会有"性恶"论与之对立，但是"生生"的"善"却是"至高的善"，是中外哲学家都说过的"至善"。②

然而，中国的哲学家常常在这个问题上又为相反的说法所左右，不容易把这个道理贯彻到底。所谓相反的道理，就是王国维批评的经验的道理。《礼记》上说，"人生而静，天之性也；感于物而动，性之欲也。"其实，"感于物而动"乃是"被动"，而不是"主动"，不是"自动"、"自由"，这当然是经验的。所以，宋儒一方面讲"生生之道是谓易（善——《易传》之道'断吉[善]''凶[恶]'）"，一方面又讲"万物静观皆自得"，于是，这个"生"也是"有感而发"，而不是"原发性"的，不是叔本华讲的"意志"（自由）。

中国传统哲学中，对于西方近代以来强调得很厉害的"自由"

---

① 《王国维遗书·论性》第5卷，上海古籍出版社，1983年版。
② 参考康德《实践理性批判》里的两种意义的"至善"和《大学》里的"止于至善"。

概念，体会相对较弱。①在传统思想中，中国哲学的"自由"，不出庄子"庖丁解牛"和孔子的"随心所欲而不逾矩"的范围，这在王国维的思想上也有所反映。

《原命》是王国维讨论"决定论"——determinism，王国维译做"定业论"，以区别 fatalism，他译为"定命论"——和"意志自由论"的一篇短文。在这篇文章中，王国维很敏锐地看出了在我国传统哲学中实无"决定论"和"意志自由论"的坚硬的对立，他说："通观我国哲学上，实无一人持定业论者，故其昌言意志自由论者，亦不数数觏也。"②因为没有一个冲击的力量使二者分化，于是在中国传统思想的视野中，凡事既必有前因后果，则"意志"就不能"完全（绝对）""自由"；不过，既然凡事都是人做的，"事在人为"，人做了事，总会有一定的"责任"。于是，王国维在很清楚地介绍了康德、叔本华的"意志自由论"后，进一步发挥叔本华对康德的批评，指出"动机律"虽不是自然的"因果律"，但仍为行为之一种"决定"，则不可否认。因此，一切的行为，无论意识到与否，都是"被决定了的"，而之所以没意识到这种"决定"，乃是因时间久远被遗忘了，于是王国维的结论是："故吾人责任之感情，仅足以影响此后之行为，而不足以推前此之行为之自由也。予以此二论之争，与命之问题相联络，故批评之于此，又使世人知责任之观念，自有实在上之价值，不必藉意志自由论为羽翼也。"③

王国维这种对待"自由"的态度，和我国固有传统思想倾向有

---

① 古代希腊人对于这种绝对的自由也无深切的体会，西方人的自由观念固然与他们后来的社会实际有关，而在哲学理论上却是与基督教思想交锋中逼出来的。

②《王国维遗书·静安文集续编》第5卷，上海古籍出版社，1983年版。

③ 同上。

关，也是和他笃信叔本华非理性的意志论有关。这种关系，在他论述"理"的文章里表现得最为清楚。

《释理》也是王国维很下力气的一篇文章。他首先从历史和文字上考证了中外关于"理"字的意义，读这一部分，现在都能感到他在30岁的时候就有如此的学术根基，不能不令人钦佩。

他在作了一番字义考据和历史阐述之后，指出"所谓理者，不过'理性''理由'二义，而二者皆主观上之物也"[1]，他说都是主观的，自是根据康德、叔本华的说法，可暂时不论；我们这里要讨论的问题是他把"理性"仅限于一种"工具""手段"的地位，因而，不承认"理性"和"伦理学"有极密切的关系，这是他跟随叔本华反对康德的一个消极的结果，而这也和他上述对于"自由"的态度不可分。

我们已经指出，叔本华认为"理性"归根结底是为"意志"服务的，这种理性当然不是自由的，本身也没有什么伦理道德的意义，可以为善，也可以为恶，这一点，王国维文中举了不少历史的例证。然而，我们看到，从康德到黑格尔这一条德国古典哲学的路线，正在于强调了理性的绝对能动性，因而就不是一般的从经验出来的"理智"，而是一种先于经验的东西，他们把它和"理智"区别开来，叫作"理性"。这样，就与叔本华密切相关的德国古典哲学来说我们所谓"理"，就一分为二，一个是普通意义上的"理智"，德文为der Verstand，英文译understanding，而哲学意义上的"理性"，德文原文为die Vernunft，英文才译作reason。[2]

---

[1]《王国维遗书·静安文集续编》第5卷，上海古籍出版社，1983年版。

[2] Die Vernunft的中文译名比较一致，大多译为"理性"；der Verstand 的译名不统一，有译"悟性"，也有译"知性"。

应该说，德国古典哲学做出这种区别，并不完全出自武断。"静态"的"理智"，在古代希腊已经摆脱了当下直接的"实用"态度，把"事物"作为"知识"的"对象"来"研究"，已是一种"解脱"和"自由"，希腊人在科学性思维方式上对人类有极大的贡献；然而这种思想方式，归根结底确是要为人的生存服务，是一种"工具理性"，因为它是"静观"的，固不涉伦理学，正如王国维指出的，这种"所谓实践理性者，实与拉丁语之prudentra（谨慎小心）相似，而与伦理学上之善，无丝毫之关系者也"[①]；然而，康德之"实践理性"，正是在强调"理性"（Vernunft）之"实践性"而与"理论理性"（知识静观式）相区别，所以，正是这个理性才真正是涉及伦理道德问题。

这个"理性"既是"实践"的（不是"理论"的），则它是"（行）动"的，而唯有这个"理性"的"行动"才可能不受任何感性材料的支配，而完全出自"自动""自由"。我们看到，用希腊式的"静观""自由"来理解"自由"不够了，知识的自由是相对的，道德的自由才是完全独立自主的。这种完全独立自主的"行为"，才能"开显"出一个"绝对推卸不掉"的"责任"来。这就是说，"理性"在任何"（客观）情况"下，都是可以保持"自身自由"的。只有在这个意义上，我们才有权谈"责任"，也只有在这个意义上我们才有权谈善、恶；没有了这层意义，一切都是相对的，都是处理世事的"权宜之计"。

我们看到，德国古典哲学"理性"的这层意思，被叔本华反对掉了，他只承认静观性的理智，而不承认那个高于它的"理性"，而

[①]《王国维遗书·静安文集》第5卷，上海古籍出版社，1983年版。

在这个关键的地位,代之以他的"非理性"的"意志"。从这方面来看,王国维没有把持住从康德以来"理性"与"理智(知性、悟性)"的原则区别,应该说,是叔本华的"非理性的意志论"挡了他的眼睛。

唯有"理性"才能"自由",也惟有它才是"善—至善",所谓"生生之谓易","只是善",才是"皆有春意","万紫千红总是春"。

叔本华的"意志"既为"非理性"的,则它在伦理道德上是什么?

我们想说,它或许就是那个"原罪",那个"本原的罪",是人类"第一次""犯罪"。只有在这个意义上,才能理解为什么叔本华这个作为"本体—自在之物—本质"的"意志",竟然"需要""摆脱",才能得到"自由"。

三、王国维的美学思想

从"摆脱—解脱"才能说到叔本华、王国维的美学思想的哲学基础。

我们知道,"美学"可以从诸多的方面来研究,从康德到黑格尔,都有自己的美学思想,而这些思想又和他们的哲学体系紧密相连,是他们各自的哲学体系的一个部分。叔本华也不例外。王国维的美学思想既来自叔本华,以此来贯穿到具体的文学作品中去,当然也和哲学分不开。王国维后来研究中国文学,特别是对于中国戏剧开创性的研究,当然不必都和他的哲学观点扯到一起去,但谈到美学,不能离开哲学。

王国维的美学,最重要的当是他1904年29岁时的《〈红楼梦〉评论》。

按叶嘉莹先生所说，王国维此文最初发表于1904年，"比蔡元培所写《〈石头记〉索隐》要早十三年……比胡适所写的《〈红楼梦〉考证》要早十七年……比俞平伯写的《〈红楼梦〉辨》要早十九年"[①]；当然，《红楼梦》之探讨不自蔡元培、胡适诸人始，这从王国维此文的"余论"中可以见出。其时王国维已经批评了《红楼梦》研究中的索隐派，批评了非得找出书中人物在现实中的所指来方肯罢休的倾向，而他的研究重点则是哲学的、美学的和伦理的。

王国维看《红楼梦》，全是一种得自叔本华的哲学眼光，而不仅仅是一般的文学批评[②]，然而如前文所说，叔本华哲学自身，因为把作为"本体"的"意志"理解为非理性的盲动，就很容易降为感觉（感官）的七情六欲，从而给人带来"痛苦"，为要"摆脱"此种痛苦，则要另寻"解脱"之道。"意志"成了一种需要"克服"的东西，从而从根本上动摇了它作为"本体"的基础。在这种意义上的"本体—物自体"，只能是"最原始的恶"，它接受了（被动于）"最原始的诱惑"，而坠入了"生生（生活）"之"苦海"。为逃出苦海，叔本华汲取了古代希腊哲学的全部精华——特别是柏拉图的"理念论"，指出，只有"摆脱"生生之欲，对事物采取超功利的静观态度，亦即审美、哲学的态度，"生活的世界"才会"开显"为一个纯净的"理念"（Idee）的世界，从"生活世界"逃避到"理念世界"，是叔本华的"解脱"之道。于是，文学艺术、哲学（当然还有宗教）这些吃不得、用不得的学问，成了从生活世界（吃用世界）解脱出来的途径。但是，那个生生之欲的"意志"，毕竟居于"本

[①] 叶嘉莹：《王国维及其文学批评》，广东人民出版社，1982年版，第175页。
[②] 关于文学作品的哲学性批评，参阅牟宗三：《学问的生命·水浒的世界》，台湾三民书店，1994年版。

体"的位置，要想彻底摆脱它是不可能的，所以叔本华认为这种摆脱只是暂时的。所以，人们把叔本华哲学称作"悲观主义"的，自有其理由。

王国维的《〈红楼梦〉评论》正是从生活之欲的"无厌"作为生活之本质说起，论说到"痛苦"之不可避免，而要摆脱此种欲海和苦海，则"非美术何足以当之"？《红楼梦》正是通过贾宝玉等人之经历，揭示人世之虚幻与痛苦，是我国文学作品中可以与歌德的《浮士德》以及古代希腊悲剧比美的伟大悲剧。王国维认为，我国这种悲剧性作品不多，《红楼梦》乃一特例。

王国维理解《红楼梦》全从叔本华哲学出发，以无所不在的"意志"作为生活之本质，"意志"是"本体"的，"生活"是"现象"的，人生不过是"意志"的"表象"而已。王国维对《红楼梦》作此理解的根据在该书作者的楔子中，而一般对这个楔子"女娲氏炼石补天"只作寓言铺垫来看，王国维却从中看出全书（人生）故事（现象、表象）的"根源"，这块"灵性已通"的石头，因"不得入选，遂自怨自艾，日夜悲哀"。按叔本华的理论，即使是未炼之顽石，同样也是有"意志"的，不过是很低级的一种普遍的"力（势）"，等到"通灵"之后，这种"意志（欲望）"变得炙热而强烈起来，它所表现出来的"现象、表象"就清楚明朗起来，成为可歌可泣的"故事"。

所以王国维说："此可知生活之欲之先于人生而存在，而人生不过此欲之发现也。"[1]紧接着，王国维说的话就很值得推敲，他说："此可知吾人之堕落，由吾人之所欲，而意志自由之罪恶也。……

---

[1]《王国维遗书·静安文集》第5卷，上海古籍出版社，1983年版。

由此一念之误，而遂造出十九年之历史，与百二十回之事实，与茫茫大士、渺渺真人何与？"①

我们知道，"恶"之根源，乃是基教以及西方哲学的难题之一。按照西方从希腊以来的传统的办法，把一切感官、感性的东西归于"恶"的根源一边；而理性理智的东西，则归于"善"的一边。这种归法，当然简洁干净，但失之绝对，特别是完全否定人的感觉情欲的合理性，过于不合人情；更为严重的，自基督教"创世说"确立后，世间一切都是"神"从无到有地"创造"出来的，则"恶"岂不也是"神"造的？"全知、全能、全善"的"神"如何会创造一个"恶"来？所以，基督教中有那思想彻底的神学家像奥古斯丁这样的就提出"恶"不来自"自然（感觉、感性）"，而来自"自由"。这样一来，把"恶（罪）"责推到了"人"（的"自由意志"）身上，与"茫茫大士""渺渺真人"无涉了。

"通灵之石"，既无才补天，则理应安命乐天，顺其自然，偏偏要"起意"坠入凡尘，以逞一己（自我）之私欲，造成了人间的悲剧，实为"咎由自取"。《红楼梦》作为文艺作品——广义的"美术"，揭示了人间现象的虚妄性，所以有一种"美术品"之"解脱"作用。

用叔本华哲学来解释《红楼梦》，当然也会暴露叔本华哲学本身的问题。如果光说"红尘虚幻"，世事皆为"过眼烟云"，则佛家思想更为透彻；只是牵扯到"意志自由"，就会增添诸多麻烦。

在叔本华哲学，"意志"既为"本体"，当然是"自由"的，是"纯粹的主动"，而绝不"受（被）动"，但"意志"又是"生活

---

①《王国维遗书·静安文集》第5卷，上海古籍出版社，1983年版。

之欲",这个"欲",当"有所欲",于是必"受制于""所欲"之对象,在这个意义上,这个"欲"又是"不自由"的。因其"不自由",才"痛苦",才反过来又"(欲)求""解脱"。王国维意识到了这个问题,他在《论性》里问:"然所谓拒地生活之欲者,又何自来欤?"[①]"拒绝生活之欲"的"欲"乃是"受制于""生活欲望之痛苦",故要求"解脱"之。

在《〈红楼梦〉评论》第二章"《红楼梦》之精神"一开头,王国维引诗人 Buerger[②] 所问人间事物来自何处,又复归于何处,答案自在"生活之欲"中,而"生活之欲"实是一个"生活之必然",是一个命定的铁律,但却又要归于"意志自由","咎由自取",这又是叔本华把"意志""非理性化"的一个苦果。设若"意志"为"理性"的,则它至少在理论上可以自圆其说地"摆脱"感性、感官、感觉之"受动",从而达到一个与感觉世界原则不同的世界,这个意志如果为"恶",当然只是"咎由自取""责无旁贷"。

叔本华为要"摆脱""生活欲望"之苦,仍需借助"理性",他的"解脱"之道,正是从古代希腊柏拉图以来的"理念论",而一切文学艺术所开显的正是这个"摆脱了实践意志"的"理念"的世界。

将艺术之对象作"理念"观而与"现实"世界区别开来,乃是从康德到黑格尔一贯的做法。康德在《判断力批判》里强调的"审美之无功利性"其根据并非出自"(审美)经验",而是出自他的"批判哲学"之理论;同时,"艺术"是黑格尔"绝对理念"发展的

[①]《王国维遗书·静安文集》第5卷,上海古籍出版社,1983年版。

[②] Gottfried August Buerger,1747—1794,德国著名诗人,叔本华最为欣赏者,见《静安文集》中王国维译叔本华论遗传。《王国维遗书》第5卷,上海古籍出版社,1983年版。

一个阶段,而不是"经验知识"范围里的事。不同的是叔本华既以"非理性之意志"为"本体",则他这个"理念"就是比"意志"次一等的东西,不是最根本的东西,所以在叔本华,最后支配一切的仍是这个"非理性的意志",所以他说"理念"的"解脱"只是暂时的,最终还都得在"意志"的笼罩之下,因为你毕竟要"回到"现实的生活中去。

叔本华这个悲观的思想,给了王国维以深刻的影响,他在《〈红楼梦〉评论》第四章向叔本华提出的质疑,正是把"解脱"之暂时性发展到"不可能性"的一种趋向,遂有"无生主义"与"生生主义"之议,在肯定《红楼梦》"救济"价值的同时,感到"解脱之事,终不可能"[①],只是加重了叔本华已经很深的悲观色彩。

王国维后来从词学上提出"境界(意境)说",已经成为美学和文艺批评上通常的语言,可见影响之大、之深;就其哲学思想的基础来说,自有中国传统哲学的渊源,当仍以叔本华所运用了的"理念"论为理解的关键。这个"理念"论,在西方哲学中固是源远流长,但到叔本华,因为"受制于""意志"而更具有虚幻缥缈的"理想世界",面对这个世界,适足徒增悲悯之情,在情趣上又不同于柏拉图、黑格尔之"理念";不过"境界"作为"理念世界",其为"具体共相"——作为"个体"与"一般""主体(有我)"与"客体(无我)"之统一融合,而作为"本体(本质)"之"开显",这个理解的路数,则是相通的。王国维用它来体味"词""曲"和"剧"的意义,的确有开创之功,这已是大家的共识。

---

① 《王国维遗书·静安文集》第5卷,上海古籍出版社,1983年版。

作者附记：四十多年前作者刚从大学毕业，写过两篇论王国维"境界"的文章，当时陈翔鹤先生正编《文学遗产》，不嫌它们浅陋，都给予发表，并约见谈话，予以鼓励。后来陈先生突然故去，我一直发愿，要好好写一篇谈王国维的文章。蹉跎岁月，未能偿愿。适吴小如老师命为《燕京学报》作文，遂草就此文，一来向吴先生交卷，二来也为怀念陈翔鹤先生。

1999年9月17日于中国社会科学院哲学研究所

（原载《燕京学报》1999年新9期）

"思无邪"及其他

《论语》"为政"孔子说："《诗》三百，一言以蔽之，曰：'思无邪'。"

"思无邪"出自《鲁颂》，形容郊外牧马之气势，"思无邪"居末首，谓"思无邪，思马斯徂"，前面几首与其相配的，依次为"思无疆，思马斯臧""思无期，思马斯才""思无斁，思马斯作"。按这个意思，"思无邪"似与前面不很匹配。前三句都是说"思"无可限制，没有尽期的意思，最后出来一个"邪""正"的问题，殊不可解；于是或以为乃孔子按自己的意思去发挥。

不过孔子的发挥，在深层次的意义上，或也可贯通全诗。

后来叫作《诗经》的那三百多首诗，在古代可能也是作为学习的教材用的，但都具有社会和政治的意义，或许是由官员搜集存放起来作为读本来推广的，这类教本，汉代厘定为六种——诗、书、礼、乐、易传、春秋，更古似乎还有其他的书籍像"三坟、五典、八索、九丘"等，都失传了。

将民间流传的诗歌收集、整理，作为教育人民的材料，在古代应是一个通例，古代希腊如此，埃及、印度等，无不如是；即使到了现代，知识分子也常常收集、整理、创作诗歌来帮助教育群众；"为艺术而艺术"，大概是晚近的一种思潮。强调艺术的特殊性，也要看如何理解艺术，实际上仍是时代社会的一种声音，只是比古代更加复杂，环节更加曲折丰富而已。古代的诗歌，大都具有鲜明的社会政治意义，这种意义，也正是孔子筛选流传诗作的标准。孔子说："《诗三百》，一言以蔽之，曰：'思无邪'"，"无邪"是他的遴选尺度。

一、"诗"与"思"

孔子说"思无邪"，"思"与"诗"是有关系的。"诗"的本质在"思"。

"思"不仅是抽象的"思维"，"思"在原始的形态上与"诗"的密切关系，表明了"思"原本不是抽象概念式的，而是具体生动的。

"思"在古代，意义是很丰富的，这种原始的丰富性，一直留存在现代语言中，只是一谈到"思"，人们常常会认为只有那用抽象概念的"思想"才是其"严格"的、真正的意义。

"思"原本是具体的，具有时代性、历史性。抽象的思维是"非时间性的"，即无关乎"时间"的，这是一种逻辑式的形式性思维，这种思维当然是很重要的，对人们的实际生活有很大的作用；但是它还不能涵盖"思"的本意。

什么叫"时间性"的"思"？"时间"大体分作"过去—现在—未来"。"思"不仅仅是"立足""现在"，"回想""过去""筹划""未来"；实际上"思"，在本原的意义上，或许可以说是经常"立足—（站）在""未来"的立场上，这样"现在"也是"时间—历史"的一个"环节"，因为"现在"也会"成为""过去"。"现在"的"完成"，就是"过去"。一切的"完成"都成为"过去"，"站在""未来""看"一切，都是"过去"。这样，"思"就有

"思念"的意思，而且是很本质的意思。柏拉图说，"知识"就是"回忆"，当有另一层的意思，但按此处的意义或也可说得通。

反过来说，只有"有"了"未来"，才"有""过去"。凡没有"未来""前途"的，也都没有"过去"，没有"历史"。人们只是因为有了"未来"，才能有"过去"，有"历史"。不是"现在""存留""历史"，而是"未来"才"存留""历史"。所谓"子子孙孙永享"是也。于是，有了"未来"，才有了"思念"，没有"未来"，也就没有"念头—念想"。断了"念想"，也就断了"历史"。此为"无后"，这对于"家"，对于"国"来说，在古代，都是"大逆"。

于是。"思"，就是"思前""想后"，而无"想后"，则无"思前"；或者把"前""后"反过来用，亦复如是

上述那首诗，也体现了这样一种历史性的"思"。前三段强调的是"思无疆""思无期""思无斁"，亦即强调的是永久的意思。子孙万代可以永久"思念"下去，犹如良马，可以永久奔驰，悠悠万载，无边无垠，何等的深远！

"思""什么"？"问女何所思？"（《木兰辞》）"思"和这个"什么"不可分。胡塞尔说，"（思）想"，总要"（思）想"些"什么"，这个"什么——What——Was"涉及诗的内容。

《礼记》上说，"诗言志"。"志"一般理解为"意志"，"意志"为"愿望"，是一个"理想"。既说是"理想"，则尚未"实现"，当然更未成为"过去"，"理想"属于"未来"。

然而，这里的"志"，又可解为"标志"，把已然的事物"标志"出来，是为"志"。那些事物已经过去，诗人把它们"标志"出来。于是"诗"虽面向未来，但又以"回忆"的形式出现，可见，"过去"与"未来"息息相通，甚至可以互换。还是《木兰辞》说，"问女何所忆？"

"理想"与"回忆"原不可分，柏拉图的"理念论"与"回忆说"是为一体。站在"未来""理想"的立场，"过去"是为"过去"，"现在"又何尝不是"过去"？因为"现在"即将"过去"。

诗人将包括"即将过去—现在"的"事"，"标志"出来，这个"事"，就是他的"思"，他的"志"的内容，那个"什么"。

诗人为什么要把那些"事""标志"出来？诗人将那些事标志出来，是为了"保存—存留"。诗人要将那些"已经不存在"，或者"正在不存在（消失）"的"事""存留—保存"下来，"传诸久远"，诗人的作品，保存了"存在"，不使"消失"，使之"存在"。"诗"保存了"事"，保存了"（历）史"。

大千世界，芸芸众生，人生之无常，觉今是而昨非，而"今是"也会成为"昨非"，甚至"今是"就是"昨非"，"是""非"不是一般道德论的意义，而是存在论的意义，"存在"与"非存在"交替出现，原本也是"一"。苏东坡说，"盖将自其变者而观之，则天地曾不能以一瞬；自其不变者而观之，则物与我皆无尽也"（《前赤壁赋》）。自其"非存在"观之，一切皆归于"无"；然则世间尚有"存在"在。"诗"就是使"存在（什么—事）""存在"的一种方式。"诗"为"思（想）"方式，也是"存在"方式。"诗"将"存在""标志"出来。

"诗"不仅仅是将"过去"的一些"事实—facts"列举出来，或者揭示诸事实之间的因果关系，不是将已经"消失"了的事实"存放"在"语词"之中，"诗"中的"事情"并未"消失"，并未成为"非存在"，"诗"不使"事物""消亡"，而是"挽救"事物之"消亡"。

如从实际"功用"角度看事物，世间万物，莫不"被消耗"。就具体事物言，莫不从"有"到"无"，海枯石烂，日月沧桑，然则此情绵绵又并非仅仅为诗人的夸张。并非是这个精神性的"思"，反倒比"石头"还要"坚硬";只是说,"诗"不"消耗"任何"事物",而只"存留""事物",甚至包括它自己所用的"语言"。

"话"出如风,人们常是"得意"而"忘言"。语言作为交往的"工具",的确只是一种"形式",其"意义—意思"是主要的,"理解"了"意思","语言"的"形式"是次要的。

"诗"的语言则不同。"诗"不"消耗"自己的"语言",并非"得意"就"忘言"。"诗"的"意"和"言",不可分割。"意"就"住""在""言"里。"诗"的"什么"与"是—存在"不可分。"诗"的语言不是"抽象"的语言。

"诗言志","言"和"志"不可分,二者合而成为一种"存在"方式。"诗"固为"意识形态",但也是一种"存在形态",体现了"意识"与"存在"的同一性,"思维"与"存在"的同一性,因为它们都不是抽象的,而是具体的,时代的,历史的。

"诗"中的"事"不是抽象的"事实",不是某种或某些抽象的"属性"所能概括得了的。何谓具体的、历史的、时代的"事"?

"事"是"人""做"的,"人"是生活在一定的历史、时代条件之中,是有"限制"的,于是"人"之所作所为,也都是具体的、有限制的。亦即,"事"都有其"情况—status",亦即希腊人以及晚近福柯说的"ethos",所以,我们说"事物",也说"事情","事物"是有"情况"的,不是抽象的。

这个"事物"的"情况"之"情",不仅仅是"感情—情绪"这类的主观欲求和情绪,而带有客观的历史性。它是"事物"的实际—真实"情况",而不是"事实"属性之间的单向关系。

如果把"历史学"作为一般的编年史——如同古代希腊人那样,则无怪乎亚里士多德要说,"诗比历史还真实"(《诗学》)。此种"历史",只是单纯地记录"过去"了的"事实",而"诗"则是全面地"存留"着"历史"的"存在"。"历史"记载着"非存在（过去了的，现已不存在的）"，而"诗""标志"着"存在"。"历史"面向"过去"，"诗"则面向"未来"。单纯的"历史"竟然可以是"非时间性"的，"诗"才是"时间性"的。既然一切现实、真实的东西都是"时间性的"，于是，就古代希腊的情况来说，亚里士多德就有理由说"诗比历史还真实"。

二、"邪"与"正"

孔子说，他筛选的三百篇"诗"，有一个总的标准和特点，就是"思无邪"。

"邪"与"正"对，"无邪"即是"正"。"正"在古代儒家思想里占据重要的核心地位，这是历代学者的共识。

在古代儒家思想里，"天下—天道、天命之下"万物各自有"性"，这个"性"，不仅仅是事物的自然属性，而是原始的、本源的"性"，类似于西方哲学的"事物自己-物自体-物自身"，但在古代儒家那里这个"自己"，被"天命""定了""位"，"知"了"天命"后，才"知""自己"的"位"——按孔子自述，他是五十岁以后才"知天命"的；然则，"天命"固然难知，仍然为"可知的"，而不像在康德哲学里那样属于"不可知"的领域。

"天""命——令"什么？其实，"天"是"命——令"一个"名"。"名"有"正"与"不正——邪"的问题。孔子所谓"思无邪"跟他的"正名"观念密切相关，而不仅仅是一般意义上的"端正思想态度"的问题。

孔子谓诗三百篇"思无邪"乃是指，诗中所说，都是"名正言顺"的"事情"。

譬如开篇《关雎》，"窈窕淑女，君子好逑"，言天下男女爱慕之情，"淑女""君子"其"位"既定，其性得自于"天命"，于是此诗"言也顺""名也正"，乃天下之正声，人伦之大义，后世虽禁锢如宋儒，不可夺也。炎黄子孙仰仗孔子厘定之功，得以保护男女爱慕正当之情欲，美其名曰男女之"大欲"，这与西方耶教亚当、夏娃之"原罪"观念，大相径庭。耶教"原罪"观念，固有其深刻之处，但不若中国"大欲"观念之切近情理，而且以"天命"之下万物之"自己"——男女各自之"自己"之间的本质关系，受到"（上）天（命）"之保护，也有自身的理路。

"天命之谓性"（《中庸》）。"性"乃是万物之"本性"，万物之"自己"，既得自于"天"，就带有某种"神圣性"，匹夫（凡人）不可夺也。

"命名"乃是一件"神圣"的事情。当然。具体起名字都是"人为"的，这样"名"就有"正"与"不正—邪"的区别，"名"如果"正"了，这个"名"也就具有"神圣性"。

何谓"神圣性"？这里"神圣"相对于"世俗"而言，"神圣"与"凡人"相对。

古代希腊对于"凡人"与"神圣"二者区分得比较清楚。"凡人"和"神圣"都是"生命体"，只是"凡人"的生命比较短暂，生活的能力比较弱，处境也比较悲惨；相对而言，奥林匹斯山上的"诸神（圣）"活得较长，力量较大，处境也比较快乐。古代希腊人有一种朦胧的观念，"凡人"是"有死的"，"诸神"是"不死的"。在这个意义下，凡生命力超出凡人的，都具有某种神圣性。古人没有望远镜，抬眼望天，天空的日月星辰，似乎亘古不变，而俯视大地万物，却如过眼云烟，瞬息万变，于是形成一个观念，"天"是永恒的，因而是神圣的，"地"则是变幻的，因而是世俗的。古代希腊的"望天者"——那些经常做哲学思考的人,或因观察天象,或只是昂头思想,常无视足下之坑坑洼洼而跌倒,遂得此雅号——如此,中国的"天不变,道亦不变"亦复如是。

然则,"天""地"之间固有某种"关系","变者"受"不变者"支配,"世俗的"受"神圣的"支配,以致"变"中有"驻"。地上何者为"变"?又有何者为"驻"?

地上事物之所以有"驻",也会有某种神圣性,也正是因为地上有了"人"这样一个族类。这个族类,固然被希腊人称作"有死者",但毕竟界乎"天—地"之间,是能成为"有智慧者",而"智慧"也带有"神圣性"。

古代希腊人对于"诗",有两种不同的理解,一是"模仿",一是"灵感",而后者似乎是更加"通神"的,因此被强调万物"理念"的柏拉图接纳进他的"共和国—理想国";然而,"模仿"也不是简单复制,不仅仅是形式的,而可以理解为对于事物之"神圣性"之揭示,在这种理解下,被柏拉图的弟子亚里士多德所接受,而他的持这种观点的《诗学》,成为欧洲文艺理论、美学的正统。"模仿"和"灵感"两种观念的区别,现在猜度起来,也许源于两种不同的文艺体裁,我们看到,直到晚近,莱辛尚有"造型艺术"与"抒情艺术"区别之论,以"现实主义"与"浪漫主义"不同艺术精神写出了《拉奥孔》长篇论文。

无论如何,"人"介乎天地之间,与"神圣"的东西有一种"沟通"的关系,这在古代,是许多民族共同的观念,中国也不例外。

中国古代"神圣"观念,最初大概也是"智慧型"的,古代儒家注入了"道德规范"的观念,使"圣"和"神"有了区别,而"圣"原本也是"聪明智慧"的意思。

古代的"神"和"上帝"也是似乎有区别的,神"只是说的能知"阴阳变化"所谓"阴阳不测是为神",至今汉语仍保存了这层意义,而并非如基督教那样是一个人格的超越者。有能力把握变化莫测者,就是能与"神""沟通"的"人——占卜者、巫师等"。能掌握阴阳不测者自己就能顺应这种变化,而在流变中永生,所以"神仙""不死"。"神仙"为"仙家",不是"神(家)","仙家"住在"山"里,云游四海,永久"快活",是我国道家的理想;儒家注入"圣人"观念,强调的是"坚定性","万变不离其宗",也是"永久性"的"圣明者"。

然而,"人"总归是"有死者","有死者"如何"不死","凡人"如何会具有"神圣性",是一个须得面对的问题。以古代希腊为文明摇篮的欧洲诸国,有一个"灵魂不灭"观念,这在柏拉图对话《斐多》篇中,有原始而又清楚的表达。中国古代对于"人"作为一个族类之生命绵延,也有多种说法,道家与儒家也许有不同的解释方式,比较突出的,也许是由祖先崇拜延续下来的传统观念。

人靠自身的繁殖绵延自己的生命。当人们的思想已经成熟到有能力反省这种自身绵延现象时,就会有种种解释。从这里,产生出儒家对于生命绵延的历史性观念,而在这种绵延观念中,"名"居于核心地位。

当人们反思这种绵延现象时,人们发现,原来人间的事情,竟然全都是"名存实亡"的。这就是说,"实"是不可能很持久的,当"实"消亡之后,只有"名"尚能延续一个阶段——"名"的寿命大于"实",相比之下"实"为"小年",而"名"为"大年",故有"名垂青史"之说,可见"名"实在是比"实"更重要、更神圣的。

这种骨子里头重名轻实的思想,有许多的弊病,已受到很多的批判,这个批判当然是很应该的,因为这种重名轻实的思想的确产生了慕虚名轻实事的不良影响;然则究其底里,当是求"实""名"之长

"思无邪"及其他

存，而并非完全教人徒慕虚名的，为此，孔子有"正名"之论。

"虚名"为"邪"，"实名"为"正"，"正名"仍以"实"为准则，"名"不副"实"，则非"正名"，然则这个"实"并非全"指"事物之经验存在，而是真实之本质，"名"要符合事物的"本质"，才是"真正"的"名实相符"。与事物"本质"相一致的"名"才是"（真）正（的）名"，"正名"即是事物"自身"。"事物自身"随"名"而传诸久远。"语言是存在的家"，"存在"随"语言"而流传、延续。

"徒有虚名"尚有一层意思："名""实"不符，问题出在"实"的方面，因为"实"随时事而变，有了一个"名（位）"，就要行这个名位的事情，如果做不到，则是典型的"名不副实"，"徒有虚名"。

在现实生活中，要想做到"名""实"相符，是不很容易的。孔子说"君子疾没世而名不称焉"《论语·卫灵公》），一方面是说君子死后没有得到"正名—好名声—令名"，另一方面或许也意味着自己一生做得不好，与"君子"的称号不相符合。不但"名"要"符合""实"，而且"实"也要"符合""名"。

同时，在中国古代，人的"名分"，可以"继承—遗传"，至少传个两三代，天子和封国之君，更是"子子孙孙永葆"的。

就哲学的理解来说，"思（想）"靠"概念"，"名"是不可缺少的。"思无邪"意味着，所思之"名"，皆是"正名"，而不是普通的"名字"。孔子说："小子何莫学夫诗？诗，可以兴，可以观，可以群，可以怨。迩之事父，远之事君，多识于鸟兽草木之名。"（《论语·阳货》）

孔子这句话，是理解古代诗（经）作用的根据之一。"兴""观""群""怨"说的是社会作用，"鸟兽草木之名"说的是知识作用，大体是对的；但是如果进一步再问何谓"兴、观、群、怨"就不很详细，"鸟兽草木之名"大概也不全是说的自然的知识。"诗"固是一种教本，但可能不全是科学知识性的，面是社会政治性的，是人文性的。

"兴、观、群、怨"大概是一套礼仪形式，"兴"是"起（始）"，礼仪程式的开始，"观"是"陈示"，"群"是观者一起参与合唱之类的，"怨"也许是讥讽时弊，发牢骚的意思——在古代，对于不合"名分—名位"的事情进行批评指责是正当的行为，民人对这些"邪"事发怨言，是在位者须得听取的。伯夷叔齐不食周粟，向着新朝的人难免也有批评，孔子为他们辩诬，当子贡问他，"伯夷叔齐何人也？"孔子回答一语定性，"古之贤人也"，再问他"怨乎？——有什么可批评的吗？"孔子曰："求仁得仁，又何怨？"于是，在《公冶长》篇里，孔子说的"伯夷叔齐不念旧恶，怨是用希。"其中"不念旧恶"乃是具体到他们两位贤人身上的"仁"的标准，达到这个标准，别人也就没有什么可以抱怨、批评的了。

"兴、观、群、怨"是一种礼仪，所以孔子才说，"迩之事父，远之事君"。"君王"以"诗"来款待客人和臣民下属，当不成问题；"事父"则不可以现在的小家庭来想象。现在的小家庭会有诗歌演唱卡拉OK，但不会是一种礼仪形式，而古代的家庭大概很大，可能是一个家族，这样"父亲"犹如"国君"，"事父"犹如"事君"。

接下来"多识于鸟兽草木之名"除了有明显的知识性意思外，大概也有社会政治的作用。古代社会作为一个整体，涵盖了人们居住的环境，涵盖了周围视野的一草一木，鸟兽草木也都被赋予了社会生活的意义，而并不单纯作"自然对象"观，"诗经"中的这些品类，也都有象征的意义。

"思无邪"及其他

诗的兴、观、群、怨具有礼仪形式的意思，当然并不像孔子研究、演习的"周礼"那样有固定的一套程式，所以有时它又和"礼""乐"分别开来说的，《泰伯》篇里孔子说，"兴于诗，立于礼，成于乐"，这大概又是一套更大的仪式过程，起兴是诗，继之以礼，以乐而告终。"诗"可以当作"开篇"，然后有一些礼仪，最后奏乐结束。

仪式—礼仪当然更有"邪""正"的区别。鲁国的季氏就因为用了不合身份的"八佾"作乐起舞，被孔子斥为"是可忍也，孰不可忍也"（《论语·八佾》），"怨"就不是"希"，而是"怨是用多"了。

礼仪是保证—帮助"正名"的，是"正名"的一个重要环节，也是使"正名—已正之名"得以持久延续的一个重要环节。"诗"作为"（正）名"的存在方式，也是礼仪的一个重要组成部分，这一点在孔子思想中也是明确的。

于是，在古代，诗、书、礼、乐似乎是完全相通的，都具有"传诸久远""子子孙孙永葆"的"神圣性"。"诗"是实现这种神圣性的方式之一。"诗"使"正名—令名"传诸久远。

海德格尔在1943年为写于1929年的《什么是形而上学》一文所做的补充中说过，"思者述说存在，诗人为神圣之物命名"[①]。

诗人是"神圣之物"的"命名者"。并不是说诗人为这些事物另起一些特别的名字，而是意味着诗人将这些名字接纳到诗里来，保存其神圣性，使之传诸久远，因而，"命名—names"是为"叫出这些事物的名字—Namengebung—Namenanruf"。

[①] 我用的是 Walter Kaufmann 编辑并英译的 *Existentialism, From Dostoevsky to Satre*, New American Library, 1975年版。

于是，孔子所谓"多识于鸟兽草木之名"还有一层形而上的意思，这些名字并非一般常识之名，认识了它们也不仅是增加了常识，而是认识到那"久远"的——或许已经"失传"了的"名字"，学诗就能使之"流传"下来，使"失传"的事物——"名"接续下来，流传下来，正是一件带有神圣性的事情，因此，在孔子心目中，学诗不仅仅是增加常识—知识，而且是可以"事父事君"的"大事"。

"传诸久远"就是使之"有""未来"。神圣之事物不仅有"过去"，也不仅有"现在"，而且更重要的是有"未来"。

"传诸久远"乃是"长存—永存"，所以海德格尔把"诗人"与"思者"并称，谓"思者""述说""存在"。

三、"有"与"无"

"有—存在—存有—在"为一义，不仅仅指抽象的"是"。抽象的"是"乃是逻辑的联系动词，而"存在论—本体论"意义上的"是"，乃是含有"是什么"那个"什么"的存在动词。没有"是"的"什么"只是"理念论"；没有"什么"的"是"，则只具逻辑、语法功能，从亚里士多德开始，就可以用符号代替，而无论胡塞尔还是海德格尔都是要超越这种单纯的符号论的。这个思想，也是与更早的从康德到黑格尔的德国哲学古典传统一致的。

然则，这个"是什么"的"什么"有一个发展的过程，也有一个从"抽象"到"具体"的发展过程。黑格尔说过，抽象的"有"，和"无"是一个意思。

不仅抽象的"有""无"是一个意思，"有—无"如作"时间"的过程观，也是一个意思："有"的过程，同时也是"无"的过程。"有—无"乃是同一个过程。

世间万物都"在""时间"之中，经验的事物都有个产生—发展—消亡的过程。黑格尔说，凡"有限者"都会"消亡"，世上没有万古长存的东西；然则事物在物质形态上的"消亡"，并不意味着事物的影响—作用的完全"消失"，事物"意义"的"存在"，大于—寿于事物作为"实物"的"实存"，用海德格尔的话来说，即，"存在""大于—寿于""诸存在者"；亦即黑格尔意义上的"无限"就"在""有限"之中，"有限"之中"有""无限"。"有"中"有""无"，"无"中"有""有"。

"名"是在"有限"之中"保存"了"无限"。"名""存""实""亡"，"实"虽"亡"而"名"尚"存"。"名""保存"了"无"，也"保存"了"有"。凡"保存—存留"下来的"有"和"无"，都具有"神圣性"，因为它"大于—寿于""实有"。

"诗"正是这种"保存—存留""有—无"的形式，是"有—无"的"神庙"，"神圣性""住"在"诗"里——海德格尔所谓"语言是存在的家"。

海德格尔所谓"语言是存在的家"，表面上看起来有点荒谬，但他的意思并非说"存在""住在""如风"的"话"里（话出如风），好像"存在"是那样的虚无缥缈，那样的随心所欲；理解海德格尔这句话的关键还在于他对于"存在"和"语言"都有自己独特的解释，而这种表面看来很独特的见解，却是最为基本而为常识所经常忽略的。

海德格尔区分"存在"与"诸存在者"，"存在"不是经验的实物，"存在"是事物的"本质"，而这个"本质"又非仅仅是"主观思想"的"概念"，它却是实实在在的"存在"，是事物的全过程，"从无到有"，也是"从有到无"。所以人们常说，海德格尔的"存在"是"时间性—历史性"的。"存在"并非"瞬时性"，而是"历时性"。

"存在"不是"（抽象）概念"，不"住在""（主观）思想"里。

然而在原始（本原）的意义上，"（存）在"与"思"同一，因为"思"在本原意义上亦非"抽象"的。"思"与"在"在"时间性—历史性"上"同一"。"时间—历史"已经蕴涵了"意识"的"度"。

于是"思"与"在"都"住在""语言"里。

这里，"语言"并非理解为"交往（流）工具"。

一般"工具"，以"功用"为归依；作为"工具性""语言"，亦以"意义"为归依，人们"交流"的是"意义"，"交往"的也是"意义"。于是有各种的"语言—汉语、英语、德语、法语等等"，但"意义"为"一"，所以不同语言，原则上可以"翻译"，而一旦"意义"得以"交流"，则语言形式已经完成任务，所谓"得意忘言"是也。凡交往性工具语言，无不具有"得意忘言"的特点。作为交往工具语言的"意义"可以"脱离"具体语言形式，在这个意义下，它们是"抽象"的。

然而，"诗"的语言就与一般交往工具性语言不同，它是不能"得意忘言"的。人们欣赏诗作，并非只是理解诗中所言的语词意思，而是连同"诗的语言"一起领会的。所以人们常常感到"诗的语言"是很难甚至是不能"翻译"的。在"诗"里，"语言"与"意义"同在——同一。脱离开"诗的语言"的那种"意义"，乃是"无家可归"的一堆抽象概念，它们可能也合逻辑的形式，但却是干巴巴的、孤零零的，在"现实"生活中无所依托，漂泊流浪，似乎可以"到处为家"，实际只是孤苦无依，没有生活的养分——没有食物，没有水，没有床，总之没有"自己"的"家"。

"家"总是具体的，"四海"同样是"家"；"古今"亦复为

"家"。"家""在""时空"中,"在""历史"中。

"诗"的"语言",不随"交往"完成而被"消耗"掉。一切"工具"固然比使用工具的人更加稳定,更加经久,但终究会被"消耗";但"诗的语言"不被"消耗",如同哲学的"思"一样,不会像经验科学那样,在形成(完成)了"定理—公式"之后,"思"就消失在它们之中。"哲学"不"消耗""思",而使"哲思"绵延;"诗"不"消耗""语言",而使"语言"成为"存在"的"家园"。

于是"思—诗—史"成为一体。

"《诗》三百,一言以蔽之,曰:'思无邪'。"

"诗"与"思"已为一体;"无邪",必得其"正","正"必得其"仁"——"仁"者于人伦(群)关系中得其"正"位(天命之性),于是"正"必得其"传",必得其"寿","仁者寿"。"思无邪"乃是"思"之"正"位,亦是"诗"之"性命";"天命"之"性",得"性命"即得"生命",乃是"活"东西,而"活东西"当得其"传",得其"寿","传诸久远",绵延不绝。"思无邪",则"诗"必为"史","有""过去""现在"和"未来","有""历史","有""流传","有""时间",即"在""时间"中,或"时间"中之"在"。

"思无邪","邪""正"皆不仅可作道德解,亦可作本体观。

"思无邪","思者""无邪","思者"无辜","诗人"亦"无辜"。"思者—诗人""天真—无邪—无辜"。

"思"这种思念(对过去),这种欲念(对未来),皆得其"正",是为"天真"。"无邪"即"天真","天然之真实","天命"之"性""自然而然"之"性",乃是"本性"。

尽管"过去"已往—不存在,"未来"尚未存在,但"思无邪"

则"必""存在","必"为"有",因为天下之"正名"必为"天真—天然真实",必为"有"。"名不正,言不顺"则"事不成"、"不成"之"事","不成其为事"。为"无事",为"无"。"思有邪"则终将"事不成",终将归于"无"。

于是,"思者述说存在,诗人命名神圣者",思者—诗人皆"无邪"。"思者—诗人"得天下之"正",皆为"无辜"。孔子以儒家宗师,为"诗""定性":"《诗》三百,一言以蔽之,曰:'思无邪'。""思者—诗人"何辜?

作者补记:本文打至六七千字时,因操作失误,保存了一个空白文件,沮丧万分,因无法恢复原来的思绪,打算放弃。同事陈志远先生利用"五一"长假,找出文本的大部分,欣喜望外,遂得以完成此文。只是打断多时,后续部分已不尽如人意,奈何。

2004年5月27日 于北京
(原载于《中国哲学史》2005年第1期)

守护着那诗的意境——读宗白华《美学与意境》

我本该更加熟识宗先生的！一九五二年，我考入北京大学哲学系，那时刚院系调整，全国只留下北大一个哲学系，所以这个系集中了中国百分之九十的哲学方面的教授学者，但我在校期间，这些老师们很少授课，而我又不像有的同学经常拜访他们，所以尽管我一直喜欢美学，这几年里连宗先生的面都很少见到。六十年代，我在《美学原理》教材编写组，住在西郊，所以有几次机会到宗先生家里去拜访，又读了他那个时期发表的一些文章，听他在一些学术会议上的发言，才渐渐认识到宗先生在中西文化修养方面的深厚的根基和他对多种艺术部门的真切而独到的体会。宗先生的《美学散步》前六七年就出版了，可惜我没有读到，却谈到了新出版的《美学与意境》[1]，但宗先生已经去世一年多了。

这样，我和宗先生的实际接触可以说是太少了。但不知怎的，我却有一个非常顽固而主观的看法：宗先生当然是一位德高望重的学者，但更是一位充满青春活力的诗人。并不是说，宗先生写过诗、喜爱诗，而是说，宗先生的一切文字，都有诗意，他从诗的眼

---

[1] 宗白华：《美学与意境》，人民出版社，1987年版。

光来看哲学、文学、艺术,因为他是从诗的眼光来看生活、看世界,我想说,宗先生是"诗意地存在着"。

宗先生融贯中西艺术精神之精髓,谈艺术侧重"意境"二字。"意境"说当然不是宗先生首创,他也没有作为一个"美学范畴"去考订它的来龙去脉,而只谈自己的体会。《中国艺术意境之诞生》是宗先生少有的几篇长文中的一篇,把它和《论中西画法的渊源与基础》《中西画法所表现的空间意识》《论文艺的空灵与充实》等文章配合起来读,可以看出宗先生对于"意境"有相当充实的看法。

"意境""境界"是什么?"意境""境界"就是"世界",就是我们"生活的世界"。"世界是物质的","人本也是物质的","人"与"世界"的关系本也是"物质的关系"。但人又是有思想、有意识的,人正是以这种有思想、有感情、有意识的血肉之躯来和"世界"打交道的。"世界"养育我们,给我们以物质的资源;"世界"也是我们"研究"的"对象",我们以科学的、逻辑的概念系统来"把握"这个"对象";然而,"对象"的世界在"我"之"外",供我生活的世界则在"我"之"内",成为"我"的"延伸";而真正说来,"世界"既不在我之外,也不在我之内,而恰恰是"我"在"世界"之中。在这个根本的、本源的意义下,所谓"世界",就既不仅仅是我生活的"环境",也不仅仅是我科研的"对象",这种"世界",我们中国人有一个很好的词,叫作"境界"。中国的"境界"很难译成欧洲的语言,胡塞尔、海德格尔想说一种既非纯物质的、又非纯思想的"世界",费了许多的笔墨,才让人懂得他们的意思;而中国的"境界"虽不能够完全等同于他们要说的,但总是相当接近他们的意思了。

习惯于抽象思维的西方人,一定觉得中国的"境界""意境"很神秘,其实却是最为普通的,只需要最基本的日常经验就可以体会出来的：因为谁都是生活在实实在在的世界中，而不是生活在"纯物质的世界"，或"纯思想的世界"中。区别于物质功利和概念抽象的世界，所以"境界""意境"为"诗意的世界"。"诗意的世界"，在广义的、而不是在文体意义上来理解"诗"，则是最为基本的、本源性的世界，是孕育着科学、艺术（狭义的），甚至是宗教的世界。在本源性定义下，诗、艺术与生活本为一体，"诗"是"世界"的存在方式，也是"人"的存在方式，所以最初艺术原是生活的一个部分，艺术活动是节庆活动。在这个意义下，"艺术、诗的世界"，就不是各种"世界"中的一个"世界"，而是，各种世界得以产生的本源世界。

这样的世界，是生活的世界，是活的世界，就是宗先生说的"灵境""心境"，不过宗先生的说法偏重于"空灵""心灵"方面，但他真正的意思还是肯定"境界"的"情""景"交融，"虚""实"相生的。说"活的世界"不是主张"物活论"，也不是宗先生早年倾向的那种"泛神论"。实际的关系正好相反，"泛神论"之所以得以产生，正因为我们的生活的世界，不是"死寂的世界"，而是向我们展现着一种活生生的意义的世界。"活的世界"就是"人的世界"；"心境""灵境"实为"人境"。

"人境"是人的基本的生活"环境"，是我们工作、学习、生活、交谈的日常世界，我们在这个世界中经历着生、老、病、死、成功、失败等等悲欢离合的"事"，这是一个最为基本的世界，只是由于社会事务、科学技术日益繁复之后，人常常容易遗忘这个基本的世界，而"诗"和"艺术"主要的作用就是把这个"失落"和"遗忘"了的世界显示出来，唤醒人们的"记忆"，从而牢牢地铭记、守护这个世界，哲人们同样也是要把这个被"蒙蔽"着的"世界"揭示出来，所以哲人和诗人在做同一件事。

宗先生对这个本源性世界的深刻体验，得力于他那坚实的哲学修养。他研究过康德、尼采、叔本华、柏格森等人的哲学思想，这些修养使宗先生具有透过现象看本质的锐利的目光。西方的哲学，近年来有许多变化和发展，但它的主要意图仍然是要把握住、守护住那过去叫"本质"的本源性、基础性的世界。从胡塞尔、海德格尔到如今尚称活跃的伽达默尔以及法国利科、德利达诸家，都在用不同于古典性的方式来"想"这个世界，想方设法地让世人"懂得""理解"这个世界，他们当中大多数人也都意识到这个世界和历来讨论的"诗的世界""艺术的世界"有着密切的关系，甚至他们当中已有一些人早已注意到中国关于文化艺术的思想，对他们理解本源性的世界会有许多的帮助。果如是，我倒觉得，中国学者、特别是宗白华先生对于中国艺术"境界"和"意境"的体会，是很值得他们重视的。

"意境""境界"离不开"境"，所谓"境"乃是"地方""处所""环境"，因而是一个"空间"。西方的科学和哲学对"空间"的问题研究得是很多了，但他们的着眼点大多集中于知识性的科学的世界，就连康德虽然看出了"空间"的先天性，即前科学、前知识性，但仍坚持它只能被运用于科学的世界。直到近几十年以来，才有人想到如何理解那个本源性世界的空间关系是一个大问题。

宗先生在讨论"意境"时，首先提出的就是这个空间问题。在解释龚定庵的话"西山有时渺然隔云汉外，有时苍然堕几席前，不关风雨晴晦也"时，宗先生说："西山的忽远忽近，不是物理学上的远近，乃是心中意境的远近"（《中国艺术意境之诞生》）。现在来看，后一句话当然会引起误解，但前一句话却是很有理的。"远""近"原是一种"尺度"，物理学、地理学都有自己的相当精确的计量标准，但在最基本的生活中，谁也没有先学了物理学和地理学之后再来谈"远""近",正相反,物理学和地理学的精确标准,是在这个基本世界中,"远""近"关系的基础上发展、完善起来的,而且今后还会不断发展、完善起来。基础世界中的"远""近",我们不妨叫作"本源性""基础性"的"远""近"。"天涯若比邻"说的(吟诵的)正是这个基本的世界中的"事",而不是科学性世界的事。

西方文明早期,古代希腊的哲人曾说"人是万物的尺度",这句话常常被误解为主观唯心主义,而产生这种误解的,首先是西方人自己,因为长期以来,有不少西方哲学家把"人"理解为"纯思想性""纯精神性"的主体。事实上,倡导这句话的"智者学派"理解的"人"是活生生的、感性存在的"人",是生活中的"人",他们所谓的"尺度",正是这里说的"原始的""基本的"尺度。这个根本的尺度后来被西方人遗忘了,经过漫长的岁月,才又想起了它:原以为由抽象概念和物质利益所把握的世界是靠"近"我们的,但实际上是最"远"的;原来以为那深不可测的"本源的""本质的"世界是最"远"的了,实际上却是"近"在眼前的。

关于艺术境界中的空间关系,宗先生有一篇很有意思的文章叫《论文艺的空灵与充实》,文中宗先生以空与充、虚与实的对立统一来谈中国艺术境界中的空间关系,这可以说是涉及了本源性空间的最基本的特性,是中外哲人的共同的问题。在西方,古代希腊的原子论者讲世界之本源并不先是"原子",而认为"虚空"同样是一种"始基",这在哲学思想史的发展来说,要比巴门尼德的"铁板一块"的"存在"的"世界"进了一步。有了"虚空",世界才是"动"的,"活"的,这是古人的想象,但也是最基本的经验。为了维护这个基本经验,古代的人还想象出一种最为"稀薄"的"物质"〔或"灵魂"(气),或以太〕能"穿透"一切物体。庖丁的"刀""无厚",才能"游刃有余"。事实上,中国古代老子的"道"就是"空"的,所以才能运行万物。但只是"空",也形不成世界,所以孟子说,"充实之谓美"。本来,从物理上来看,世界就是"充实"的,世界充满了物质,而物质是不可入的,所以用单纯的物质是打不进去的——古代的"原子"没有缝隙,原子之间只能"相撞",只有"人"才能打入这个"充实"的世界,因为"人"不是单纯的物质,而是有思想、有感情的活生生的存在,人是有"灵"气的,这点"灵"气可以打入物质世界。"世界"只有对"人"才有"缝隙";自从世上有"人"在,"世界"的必然就接纳了"人"的"自由","人"以自身的"自由"打入了"世界"的"必然"。并不是庖丁的"刀"真的"无厚",而是人的"灵巧"的"技艺""改造"了世界、肢解了牛。这样看来,萨特所谓"无",在老子的"道",苏东坡的诗(宗先生所引:"静故了群动,空故纳万境")中,已经意识到了。世界找不出"灵气""思想""情趣"到底"在"何处,所以说它在存在论上为"无",但又可以无所不在,而中国的艺术境界,正可以说是有无、虚实的统一。

宗白华先生对中国绘画中空间布置的研究是大家所熟悉的,宗先生在新中国成立以后更进一步把他的体会贯穿于中国传统戏曲中,从演员表演的"造境"作用,来谈中国戏曲舞台空间的虚实、有无,也是很值得重视的。宗先生在一九六一年发表的《中国艺术表现里的虚和实》一文中说:"中国舞台表演方式是有独创性的,我们愈来愈见到它的优越性。而这种艺术表演方式又是和中国独特的绘画艺术相通的,甚至也和中国诗中的意境相通。"在这段话后面,宗先生特别注明要读者参阅他一九四九年写的《中国诗画中所表现的空间意识》,可见对于中国艺术"意境"中的空间特性,宗先生是有一个融会贯通的看法的,无论绘画、雕刻、建筑、书法、戏曲、音乐，都离不开"境界"和"意境"——一种基本的、本源性的"空间"。

宗先生体会中国艺术的意境，重在一个"通"字，他从中国的诗词文字、绘画雕塑、戏曲音乐中看出了一种共同的艺术精神，一种共同的意境，在这种意境中，空间和时间本是不可分的，所以在宗先生的眼里，中国艺术的意境，境界，不是几何式的框架，而是活的生命的节奏。

1979年，宗先生在他1949年后发表的一篇长文（《中国美学史中重要问题的初步探索》）中提出"从线条中透露出形象姿态"，以"流动的线条"来看中国的艺术境界，在绘画中，则以"线的韵律"与西洋的"光""影"技法作对比，的确很有见地，我想补充的是：中国绘画（书法）中的"线"既非几何式的，而本身就是"占空间"的，"线"在空间中运动，而不是"超空间"的"记号"。相对于"几何式的""线"言，时间不是"线性"的"绵延"，而是"放射性"的"延展"。这样，"时间"是"空间"的，"空间"也是"时间"的，这就是基本的、本源性的时空关系。从这个意义看，我觉得宗先生在《中国艺术意境之诞生》一文关于"舞"的思想，很值得重视，在这篇文章中，宗先生甚至说："'舞'是中国一切艺术境界的典型"。

"舞"不是"纯时间"的，也不是"纯空间"的，"时""空"都在"运动"之中，并不是说，只有"时间"才"动"，而"空间"是"静"的，"空间"本也"动"，"时间"也有"止"，"动"非无规则，"止"非无"延续"，"空"也有"间"，"时"也有"间"，"动""止"相生，"连续性"与"非连续性"相结合，才有"节奏""韵律"。这一切的意味，似乎都在一个"舞"字。

在基础的、本源性的世界中，在"境界"中，一切都在有韵律地活动，人在"舞"，连山、水也在"舞"。画家笔墨的运动，使纸上的山水"动"起来，但画家笔墨技巧是把那本已是充满生命韵律的山山水水强调出来，所以这"动"是山水作为人的生活的一个组成部分，不是作为地理学对象本身就具有的。由于人们长期习惯向山水索取物质的资源，并在这种目的的支配下进行着对它们的概念式的研究，它们的本来的"意义"，它们和人的生活的最基础的、最根本的关系，时常被掩盖了，画家和诗人要把这个"意义"揭示出来，还那山山水水的"诗意地存在"的本来面貌，这就是画家、诗人不同于"常人"的地方。专业的艺术家以各种方式、各种技巧"造出"各种"境界""意境"来，以"教育""训练"人们从纷繁的事务中看出"世界"的本来意义来，从而使人们在自己的实际生活中也能更加自觉地珍爱这种意义，使自己的实际生活也有一种"境界"。所以艺术家、诗人都是"教育者"。

然而，诗人与哲人这种不同"常人"的"教育者"，都只有那"最最""平常"的人，才能充当，诗人、哲人固然也有"专业"，却是一种"最最""普通"的"专业"，因为他们所看到的、塑造的、讨论的、探讨的"世界"，原是一个"最最"基础的、"最最"根本的、"最最"普通的世界。所以哲人与诗人也是"最最"普通的人，宗白华先生就是这样一种人。

至少，从我知道宗先生以来，他始终是一位宁静淡泊、潇洒超脱的长者。"淡泊"不是"不进"，"超脱"也不是"出世"，恰恰相反，宗先生很忠实于他那哲人与诗人的"使命"，孜孜不倦地探索着哲学和艺术的问题，"超脱"和"淡泊"正是为了"入世"，进入那最根本、最基础的世界，体察那最真实的、本源的世界，有所为而有所不为；在更多的人为各种实际事务奋斗的时候，守护着那原始的诗的境界。诗的意境有时竟会被失落，并不是人们太"普通"、太

"平常",而是因为人们都想"不平常""不普通"。

  当然,世事纷繁,各业相殊,更多的人要为科学技术的进步而奋斗,也不应一般地反对在各种竞争中"出人头地"。但只要人类存在,那宇宙人生的最普通,最根本的意义总不会完全失落的;社会毕竟需要哲人和诗人,也必定会有哲人和诗人在,即使有时只有很少的人数。从这个意义上说,宗先生的精神和事业也是不会泯灭的。

(原载《读书》1988年第8期)

附录一

叶秀山作品年表

1957年
《什么是美？》，原载文艺报编辑部编《美学问题讨论集》第二集，作家出版社。

1958年
《也谈王国维的"境界"说》，《光明日报》1958年3月16日《文学遗产》第200期。
《朱光潜先生的〈克罗齐的美学批判〉一文剖析》，《新建设》1958年第12期。

1959年
《漫谈京剧的派别》（署名秋文），《新文化报》1959年第10期。

1960年
《京剧音韵杂谈》（署名秋文），《戏曲音乐》1960年第4期。
《也谈山水花鸟画》（署名秋文），《美术》1960年5月号。
《书法是一种艺术》（署名秋文），《文汇报》1960年11月27日。

1961年

《品》,《文汇报》1961年1月23日。

《言菊朋演唱艺术欣赏》(署名秋文),《上海戏剧》1961年第2期。

《从余派谈京剧唱腔的"韵味"》,《文汇报》1961年5月24日。

《马派与谭派表演风格之比较——兼谈表演风格之朴实和华丽》(署名秋文),《人民日报》1961年6月28日。

《"美学"正名》,《文汇报》1961年7月4日。

《中国传统戏曲舞台形象之美——梅兰芳〈舞台生活四十年〉的一些美学问题》(署名秋文),《上海戏剧》1961年第9期。

《论京剧流派》(署名秋文),《文汇报》1961年第24期。

《王国维的文艺思想简评》,《文学遗产》1961年第A8期。

《为欣赏者留有余地》,《上海文学》1961年第5期。

《黑格尔论艺术的真实和历史的真实》,《文汇报》1961年9月8日。

《舞台艺术中美的内容和形式》,《新建设》1961年第11期。

1962年

《京剧流派欣赏》(署名秋文),上海文艺出版社。

1963年

《论话剧艺术的哲理性》,《文汇报》1963年2月23日。

1964年

《康德的道德哲学》,《新建设》1964年5—6期合刊。

1965年

《论京剧〈红灯记〉》,《新建设》1965年8—9期合刊。

1974年

《批判康德的"天才"论》,原载汝信、叶秀山、傅乐安主编《欧洲哲学史上的先验论和人性论批判(论文集)》,人民出版社。

1978年

《费希特早期政治思想及其哲学体系的建立》,原载中国社会科学院哲学研究所西方哲学史研究室编《外国哲学史研究集刊》第一辑,上海人民出版社。

《论古希腊米利都学派的主要哲学范畴》,《哲学研究》1978年第11期。

1979年

《中国书法艺术的特点》(署名秋文),原载《文艺论丛》第6辑,上海文艺出版社。

《试论悲剧的美学意义》(署名秋文),原载《美学》第一期,上海文艺出版社。

1980年

《古代雅典民主制与希腊戏剧之繁荣》,原载《美学》第二期,上海文艺出版社。

1981年

《关于苏格拉底的历史评价问题》,原载《哲学研究》编辑部编《外国哲学史论文集》第二辑,山东人民出版社。

《中国戏曲艺术的美学问题》,原载《文艺论丛》第12辑,上海文艺出版社。

1982年
《前苏格拉底哲学研究》,三联书店。

1983年
《喜剧的本质与中国古典喜剧的特点》,原载《中国古典悲剧喜剧论集》,上海文艺出版社。

1984年
《梅兰芳——中国古典审美理想的化身》(署名秋文),《戏剧论丛》1984年第3期。

1985年
《论美学在康德哲学体系中的地位》,原载《外国美学》第1辑,商务印书馆。
《试论维特根斯坦从〈逻辑哲学论〉到〈哲学的研究〉转变的哲学意义》,原载《外国哲学》第5辑,商务印书馆。

1986年
《古代希腊之艺术观念和艺术精神》,原载《外国美学》第2辑,商务印书馆。
《历史性的思想与思想性的历史——谈谈现代哲学与哲学史的关系》,《哲学研究》1986年第11期。
《符号哲学与符号美学——论苏珊·兰格的哲学和美学思想》,原载《美·艺术·时代》第二辑,百花文艺出版社。
《苏格拉底及其哲学思想》,人民出版社。

1987年
《欧洲形而上学的历史命运——记1987年斯图加特国际黑格尔哲

学大会》,《哲学研究》1987年第10期。

《艺术·神话·历史——读卡西尔〈论人〉》,原载《外国美学》第4辑。

《书法美学引论》,宝文堂书店。

1988年

《谈"美育"》,原载《美学研究》第1辑,社会科学文献出版社。

《中西文化之"会通和合"——读钱穆〈现代中国学术论衡〉有感》,《读书》1988年第4期。

《守护着那诗的意境——读宗白华〈美学与意境〉》,《读书》1988年第8期。

《古中国的歌——京剧演唱艺术赏析》(署名秋文),宝文堂书店。

《思·史·诗——现象学和存在哲学研究》,人民出版社。

1989年

《"哲学"面对"历史"的挑战》,《史学理论》1989年第1期。

《意义世界的埋葬——评隐晦哲学家德里达》,《中国社会科学》1989年第3期。

《现代西方美学主要思潮和表演艺术》,原载《外国美学》第5辑,商务印书馆。

1990年

《论福柯的"知识考古学"》,《中国社会科学》1990年第4期。

《学者的使命》,《读书》1990年第10期。

1991年

《读那总是有读头的书——重读黑格尔〈精神现象学·序言〉》,《读书》1991年第4期。

《哲学的希望与希望的哲学——利科对解释学之推进》，《中国社会科学院研究生院学报》1991年第4期。

《"诗言志"小注》，原载《中国诗学》，人民出版社。

《戏剧作为一种艺术形式》，原载曹其敏《戏剧美学》，人民出版社。

《中国戏曲表演体系在世界戏剧表演流派中的地位》，原载曹其敏《戏剧美学》，人民出版社。

《美的哲学》，人民出版社。

1992年

《评伽达默的美学观》，《外国美学》第9辑，商务印书馆。

《"现象学"和"人文科学"——"人"在斗争中》，《中国社会科学院研究生院学报》1992年第2期。

《我读〈老子〉书的一些感想》，原载《道家文化研究》第二辑，上海古籍出版社。

《沈有鼎先生和他的大蒲扇》，《读书》1992年第9期。

1993年

《希腊"神话"——作为理解世界的一种方式》，《东方论坛》1993年第2期。

《今人当自爱》，《艺坛》1993年第3-4期合刊。

《中西哲学话"长生"》，《中国哲学史》1993年第2期。

《关于"文物"之哲思——参观台北"故宫博物院"有感》，《哲学研究》1993年第7期。

《"有人在思"——谈中国书法艺术的意义》，《书法研究》1993年第3期。

《论巴门尼德的"有"与芝诺悖论》，原载《哲学评论》第1辑，社会科学文献出版社。

《街上匾额,观之不尽》,《书法通讯》。

1994年
《在〈中国书法〉杂志座谈会上的发言》,《中国书法》1994年第2期。
《谈黑格尔哲学的意义——怀念丕之同志》,《哲学研究》1994年第5期。
《重新认识康德的"头上星空"》,《哲学动态》1994年第7期。
《中西关于"形而上学"问题方面的沟通》,原载《场与有》第1集,东方出版社。
《"画面""语言"和"诗"——读福柯的〈这不是烟斗〉》,原载《外国美学》第10辑,商务印书馆。
《论艺术的古典精神——纪念艺术大师梅兰芳》,《哲学研究》1994年第12期。
《叶秀山哲学论文集——无尽的学与思》,台湾:仰哲出版社。

1995年
《"诗"与"史"的结合——谈梅兰芳艺术精神》,《戏剧电影报》1995年1月6日。
《古典的和时尚的》,《中国文化报》1995年1月8日。
《说"人相忘乎道术"》,《读书》1995年第3期。
《从Mythos到Logos》,《中国社会科学院研究生院学报》1995年第2期。
《"哲学"要"化解""宗教"的问题——读凡乎策〈利科哲学论圣经的叙述性〉》,《国外社会科学》1995年第4期。
《我敬畏的金先生》,原载《金岳霖的回忆与回忆金岳霖》,四川人民出版社。
《说不尽的康德哲学》,《哲学研究》1995年第9期。

《何谓"人诗意地居住在大地上"》，《读书》1995年第10期。

《漫谈庄子的"自由"观》，原载《道家文化研究》第8辑，上海古籍出版社。《无尽的学与思——叶秀山哲学论文集》，云南大学出版社。

1996年
《与叶秀山先生谈书法》，《书法研究》1996年第1期。
《余叔岩艺术的启发》，《艺坛》1996年第2期。
《道家哲学与现代"生"、"死"观》，《中国文化》1996年第2期。
《愉快的思》，辽宁教育出版社。

1997年
《从脸谱说起》，《戏剧电影报》1997年1月29日。
《康德的"自由"、"物自体"及其他》，《中国社会科学院研究生院学报》1997年第1期。
《世纪的困惑——中西哲学对"本体"问题之思考》，《中国哲学史》1997年第1期。
《无尽的学与思——访著名学者叶秀山研究员》，原载《思想者》（山东大学哲学系内部刊物）1997年第2期。
《"舞蹈"进入"哲学"的视野》，《读书》1997年第4期。
《"哲学"如何"解构""宗教"——论康德的〈实践理性批判〉》，《哲学研究》1997年第7期。
《说"五十而知天命"》，《开放时代》1997年第4期。
《论科学的人文精神》，《人民政协报》1997年9月8日。
《缓称"梅学"》，《戏剧电影报》1997年10月9日。
《中国艺术之"形而上"意义》，《中国文化》1997年12月第15-16期合刊。

1998年

《论时间引入形而上学之意义》,《哲学研究》1998年第1期。

《我说"开卷有益"》,《齐鲁晚报》1998年3月17日。

《世间为何会"有""无"?》,《中国社会科学》1998年第3期。

《"和谐"——孔子和苏格拉底的共同"理想"》,《中国哲学史》1998年第2期。

1999年

《哲学的"回忆"与哲学的"希望"》,原载董驹翔、董翔薇编《哲人忆往》,中国青年出版社。

《京剧的学术意识——读蒋锡武〈京剧精神〉有感》,《人民政协报》1999年1月27日。

《论海德格尔如何推进康德之哲学》,《中国社会科学》1999年第3期。

《语言、存在与哲学家园》,《文史哲》1999年第2期。

《"哲学"须得把握住"自己"——从海德格尔解读黑格尔〈精神现象学〉想到的》,《哲学研究》1999年第6期。

《我的一些老唱片及其他》,《园林好》1999年9月20日。

《古典哲学的永恒魅力》,《美中社会和文化》1999年12月。

《叶秀山学术文化随笔》,中国青年出版社。

《当代学者自选文库·叶秀山卷》,安徽教育出版社。

2000年

《论哲学的"创造性"——重谈德国古典哲学》,《开放时代》2000年第1期。

《试读〈大学〉》,《中国哲学史》2000年第1期。

《试读〈中庸〉》,《中国哲学史》2000年第3期。

《由谭鑫培七张半唱片谈起》,《戏剧电影报》2000年9月4日。

《哲学还会有什么新问题》,《哲学研究》2000年第9期。
《书道贵新》,原载《李国超书法艺术》,人民美术出版社。
《王国维与哲学》,《燕京学报》2000年11月新九期。
《利科的魅力》,原载《利科北大讲演录》,北京大学出版社。
《哲学作为创造性的学问》,《哲学门》2000年第2期。
《叶秀山文集》四卷,重庆出版社。
《说"写字"》,辽宁教育出版社。

2001年
《试释尼采之"永恒轮回"》,《浙江学刊》2001年第1期。
《希腊哲学从宇宙论到伦理学的过渡》,《江苏行政学院学报》2001年第1—2期。
《京剧的不朽魅力》,作于2001年4月22日。
《何谓"超人"——尼采哲学探讨之二》,《浙江学刊》2001年第5期。

2002年
《说"诚"》,原载《论证》第2辑,广西师范大学出版社。
《从屈原的死谈起》,《浙江社会科学》2002年第2期。
《试论尼采的"权力意志"——尼采哲学探讨之三,兼论尼采的哲学问题及其在哲学史上的地位》,《浙江学刊》2002年第3期。
《尼采的道德谱系》,《云南大学学报》(社会科学版)2002年第3期。
《从康德到列维纳斯——兼论列维纳斯在欧洲哲学史上的意义》,《中国社会科学院研究生院学报》2002年第4期。
《中西智慧的贯通——叶秀山中国哲学论文论集》,江苏人民出版社。

2003年

《尼采在西方哲学中的地位》,原载文池主编《大学演讲录》第二辑,新世界出版社。

《斯宾诺莎哲学的历史意义——再读斯宾诺莎〈伦理学〉》,《江苏行政学院学报》2003年第1期。

《尼采论悲剧》,原载《清华哲学年鉴》(2002),河北大学出版社。

《哲学作为创造性的智慧——叶秀山西方哲学论集(1998—2002)》,江苏人民出版社。

2004年

《程砚秋艺术的启示——程砚秋百年诞辰有感》,《中国戏剧》2004年第1期。

《哲学的三种境界》,《江苏行政学院学报》2004年第1期。

《康德之"启蒙"观念及其批判哲学》,《中国社会科学》2004年第5期。

《为什么还要读康德的书?——康德逝世200年有感》,《中国社会科学院院报》2004年11月18日。

《西方哲学的主要问题——危机的哲学与哲学的危机》,《云南大学学报》(社会科学版)2004年第6期。

《西方哲学史(学术版)》第一卷 总论,江苏人民出版社。

2005年

《"思无邪"及其他》,《中国哲学史》2005年第1期。

《岁末的思念》,作于2005年1月10日。

《人,诗意的栖居》,原载徐怀谦《智慧的星空——与思想者对话录》,昆仑出版社。

《康德论哲学与数学及其他——读康德〈纯粹理性批判〉"先验

方法论"想到的》,作于2005年2月20日。

《"哲学"与图像—声音—文字》,作于2005年5月16日。

《"他者"与"自我"——再读黑格尔〈精神现象学〉的一些感想》,作于2005年9月30日。

《哲学作为哲学——对哲学学科性质的思考》,《中国社会科学》2005年第6期。

《中国社会科学院学术委员文库·叶秀山文集》,上海辞书出版社。

2006年

《"在""自由者"之间——黑格尔"对立之统一与和谐"思想再思考》,《江苏行政学院学报》2006年第1期。

《"移步不换形"之"形"的深层意义》,原载蒋锡武主编《艺坛》第四卷,上海书店出版社。

《"进入""时间"是"接近""事物本身"的唯一方式》,《学术月刊》2006年第1期。后收入金惠敏主编《差异》第5辑,河南大学出版社。

《柏格森——"时间—绵延"引进哲学的先驱》,原载程广云主编《多元2006》,首都师范大学出版社。

《哲学要义》,世界图书出版公司。

2007年

《哲学须得向科学学习——再议哲学与科学的关系》,《江苏行政学院学报》2007年第1期。

《列维纳斯面对康德、黑格尔、海德格尔——当代哲学关于"存在论"的争论》,《文史哲》2007年第1期。

《作为精神家园的哲学》,原载陆挺、徐宏主编《人文通识讲演录·哲学卷(一)》,文化艺术出版社。

《哲思中的艺术》,作于2006年10月27日,《古中国的歌》和

《说"写字"》二书2007年新版共同的后记。
　　《古中国的歌——叶秀山论京剧》，中国人民大学出版社。
　　《说"写字"——叶秀山论书法》，中国人民大出版社。
　　《永恒的活火——古希腊哲学新论》，广东人民出版社。

　　2008年
　　《黑格尔论"自由"的现实性——读黑格尔〈精神现象学〉第四章"意识自身确定性的真理"》，《江苏行政学院学报》2008年第2期。
　　《欧洲哲学视野中的"知识"和"道德"——读列维纳斯〈存在之外〉一些感想》，《世界哲学》2008年第5期。

　　2009年
　　《哲学作为爱自由的学问》，《江苏行政学院学报》2009年第1期。
　　《德国古典哲学对中国哲学研究的意义》，《中国社会科学报》2009年6月23日。
　　《学与思的轮回——叶秀山2003-2007年最新论文集》，江苏人民出版社。
　　《科学·宗教·哲学——西方哲学中科学与宗教两种思维方式研究》，社会科学文献出版社。

　　2010年
　　《康德的"批判哲学"与"形而上学"》，《南京大学学报》（哲学·人文科学·社会科学版）2010年第5期。
　　《美的哲学》，世界图书出版公司，补有"重订本前言"。北京联合出版公司2016年重版，内容不变。

　　2011年
　　《试释"逻各斯"》，《中国社会科学院研究生院学报》2011年第1期。

《重新研究德国古典哲学》,作于2011年3月28日。

《试析康德"自然目的论"之意义》,《南京大学学报》(哲学·人文科学·社会科学版)2011年第5期。

《小文章,大问题——读康德〈论哲学中一种新近升高的口吻〉》,《浙江学刊》2011年第6期。

2012年

《人有"希望"的权利——围绕着康德"至善"的理念》,《世界哲学》2012年第1期。

《康德的法权哲学基础》,《江苏行政学院学报》2012年第1期。

《"一切哲学的入门"——研读〈判断力批判〉》,《云南大学学报》(社会科学版)2012年第1期。

《我们在何种意义上有权作出"预言"——康德论"预言"之可能根据》,《江苏社会科学》2012年第4期。

2013年

《德国古典哲学的基本观念及其发展路线——在这种视野中关于"存在"的一些理解》,《世界哲学》2013年第1期。

《启蒙的精神与精神的启蒙》,《江苏行政学院学报》2013年第1期。

《黑格尔哲学断想——围绕着"自由"与"必然"问题》,《中国社会科学院研究生院学报》2013年第1期。

《格己致知——从德国哲学论哲学之为"知己"的科学》,《华中师范大学学报》(人文社会科学版)2013年第2期。

《确信"自由"的"存在",追求"存在"的"自由"》,《浙江学刊》2013年第4期。

《从"理智—理性"到"信仰"——克尔凯郭尔思路历程》,

《世界哲学》2013年第6期。

《启蒙与自由——叶秀山论康德》，江苏人民出版社。

《"知己"的学问》，中国社会科学出版社。

2014年

《欧洲哲学从"知识论"到"存在论"的"转向"》，《江苏行政学院学报》2014年第1期。

《欧洲哲学史上的时空关系——从柏拉图〈蒂迈欧篇〉所想到的》，《中国社会科学院研究生院学报》2014年第1期。

《你给我"自由"，我给你一个"德性"的世界——拟"哲学"与"宗教"的"对话"》，《云南大学学报》（社会科学版）2014年第1期。

《转向"经验"的亚里士多德哲学》，《陕西师范大学学报》（哲学社会科学版）2014年第5期。

2015年

《"神性"，太"神性"了——克尔凯郭尔的"神"》，原载金泽、赵广明主编《宗教与哲学》第四辑，社会科学文献出版社。

《"感性世界"的挑战》，《江苏行政学院学报》2015年第1期。

《"理性"的"求（务）实""精神"》，《清华大学学报》（哲学社会科学版）2015年第1期。

《欧洲中古"神学"的"天国"》，《云南大学学报》（社会科学版）2015年第1期。

《中国哲学精神之绵延》（一），《清华西方哲学研究》2015年第2期。

《"否定"的意义——研读黑格尔〈精神现象学〉的一点体会》，《世界哲学》2015年第2期。

《佛家思想的哲学理路——学习佛经的一些体会》，《世界宗教研究》2015年第2期。

《论"瞬间"的哲学意义》,《哲学动态》2015年第5期。

2016年

《对于中国哲学之过去和将来的思考》,《江苏行政学院学报》2016年第1期。

《读〈老子〉书札记》,《中国社会科学院研究生院学报》2016年第1期。

《东西哲学的交汇点——〈作为意志和表象的世界〉再读》,《哲学动态》2016年第1期。

《中国哲学精神之绵延(二)——扬雄〈太玄〉的哲学意义》,《清华西方哲学研究》2016年第1期。

《中国哲学精神之绵延(三)——理学(道学)的产生和程颢—程颐的哲学思想》(遗稿),《清华西方哲学研究》2016年第2期。

《海德格尔、列维纳斯及其他——思想札记》,《世界哲学》2016年第2期。

《〈庄子〉的"反讽"精神——读〈庄子〉书札记》,《浙江学刊》2016年第6期。

2017年

《胡塞尔先验现象学对欧洲哲学发展的贡献》,《哲学动态》2017年第1期。

《在,成于思》,商务印书馆。

《哲思边缘——叶秀山散文精选》,海天出版社。

2019年

《哲学的希望——欧洲哲学的发展与中国哲学的机遇》,江苏人民出版社。

中国现代美学大家文库

《美在境界——王国维美学文选》
《美育与人生——蔡元培美学文选》
《美是情趣与意象的契合——朱光潜美学文选》
《美从何处寻——宗白华美学文选》
《美即典型——蔡仪美学文选》
《从美感两重性到情本体——李泽厚美学文录》
《从美的理念到美的实践——汝信美学文选》
《美在创造中——蒋孔阳美学文选》
《实践本体论美学思想——刘纲纪美学文选》
《体验人生价值美——胡经之美学文选》
《美是和谐——周来祥美学文选》
《美的哲学——叶秀山美学文选》
《审美是自由的生存方式——杨春时美学文选》
《实践存在论美学——朱立元美学文选》
《生态美学——曾繁仁美学文选》